David K. Ferry

詳説　半導体物性

理学博士　落合　勇一
理学博士　関根　智幸　共訳
博士(材料科学)　青木　伸之

コロナ社

Semiconductors

Bonds and bands

by

David K. Ferry

Copyright © 2013 IOP Publishing Ltd

This book was first published in English by IOP Publishing Limited.
Copyright in the book is owned by IOP Publishing Limited.
Japanese translation rights arranged with IOP Publishing Limited, Bristol, UK
through Tuttle-Mori Agency, Inc., Tokyo.

訳者まえがき

　この度機会があり，フォノン物性，低次元系物性および光物性が専門の関根先生，ナノスケール伝導探査が専門の青木先生，および半導体電気伝導を研究しています落合，この3名が，フェリー先生の著書翻訳者となり，本書を出版することになりました。長い間大学院生向け関連講義を担当されてまとめあげられた本書は，まさにナノスケール伝導の基礎を学べる教科書として最適であります。

　落合らは，以前からフェリー研との国際共同研究を実施し，フェリー先生の千葉大学での英語講義担当にても，大変お世話になっております。最前線の研究者・技術者にも大いに参考となる本書ですが，関連分野を勉強の学部・大学院の諸君も含めて，ナノ電子伝導物性最前線を勉強できる教科書であります。

2016年2月

訳者を代表して　落合　勇一

著者まえがき

　本書は，1991年に出版された『Semiconductors』という題名の教科書改訂版です。なお，旧版も含めて，半導体電子物性の大学院学生向けの教科書として，同大学等にて多年にわたり講義等に利用されています。半導体の電子物性は，金属や絶縁体のそれらとは基本的に異なっている部分が多く，また，半導体そのものは多くのマイクロ・エレクトロニクスやマイクロ・オプティックス関連で多用されて，現在，大変重要な電子部品のひとつになっております。こ

の教科書では，とりわけ，半導体デバイスの電子伝導を理解する上で重要かつ基本となる電子バンド構造，格子力学，そして電子-フォノン相互作用等の基本概念も加えて，最近の最先端半導体材料の紹介も含めた解説も行っています。そして本書は，現在も大学院初年度コースの講義で教材にされている内容です。

David K. Ferry

著 者 紹 介

David K. Ferry

　本書の著者，フェリー先生は現在，アリゾナ州立大学の終身名誉教授であります。先生は，大学等での講義や講演，そしていくつかの学会活動参加等のため，現在でも米国本土を始めとして，世界中を駆け巡っております。また，先生はナノエレクトロニクス関連の優れた研究業績によって，IEEE学会より名誉あるCledo Brunetti賞を1999年に授与されるとともに，これまでにも多くの受賞歴があります。フェリー先生の数多くの著書・論文など著名な業績に関しては，先生のホームページ http://ferry.faculty.asu.edu にて見ることができます。

目　　　　次

訳者まえがき
著者まえがき
著者紹介

1.　序　　　言 ……………………………………………………1
1.1　デバイスモデル ………………………………………………3
1.2　この本の特徴 …………………………………………………7
演習問題 ……………………………………………………………10
引用・参考文献 ……………………………………………………10

2.　電 子 構 造 ……………………………………………12

2.1　周期ポテンシャル ……………………………………………13
　2.1.1　ブロッホ関数 ……………………………………………14
　2.1.2　周期性とエネルギーギャップ …………………………16
2.2　ポテンシャルと擬ポテンシャル ……………………………21
2.3　実空間手法 ……………………………………………………24
　2.3.1　一次元バンド ……………………………………………25
　2.3.2　二 次 元 格 子 …………………………………………30
　2.3.3　三次元格子-四面体配位 ………………………………34
　2.3.4　第一原理と経験的取扱い ………………………………42

2.4　運動量空間手法 ……………………………………………… 44
　2.4.1　局所擬ポテンシャル手法 ………………………………… 46
　2.4.2　非局所項 …………………………………………………… 50
　2.4.3　スピン-軌道相互作用 …………………………………… 54
2.5　k・p 法 ………………………………………………………… 57
　2.5.1　価電子帯-伝導帯近似 …………………………………… 59
　2.5.2　波動関数 …………………………………………………… 65
2.6　有効質量近似 …………………………………………………… 66
2.7　半導体合金 ……………………………………………………… 71
　2.7.1　仮想結晶近似 ……………………………………………… 71
　2.7.2　合金秩序化 ………………………………………………… 74
演習問題 ……………………………………………………………… 77
引用・参考文献 ……………………………………………………… 80

3. 格子力学 …………………………………………………… 83

3.1　格子波とフォノン ……………………………………………… 84
　3.1.1　一次元格子 ………………………………………………… 84
　3.1.2　2原子格子 ………………………………………………… 86
　3.1.3　一次元格子の量子化 ……………………………………… 90
3.2　変形可能な固体中の波 ………………………………………… 94
　3.2.1　（１００）方向の波 ……………………………………… 98
　3.2.2　（１１０）方向の波 ……………………………………… 98
3.3　誘電関数と結晶格子 …………………………………………… 100
3.4　フォノン動力学の計算モデル ………………………………… 103
　3.4.1　シェル（殻）模型 ………………………………………… 103
　3.4.2　価電子力場模型 …………………………………………… 105
　3.4.3　ボンド-電荷模型 ………………………………………… 107
　3.4.4　第一原理アプローチ ……………………………………… 111
3.5　非調和力とフォノン寿命 ……………………………………… 115

  3.5.1　非調和項ポテンシャル ……………………………………… 115
  3.5.2　フォノン寿命 ………………………………………………… 118
演 習 問 題 ………………………………………………………………… 119
引用・参考文献 …………………………………………………………… 120

4.　電子-フォノン相互作用 …………………………………… 122

4.1　基本相互作用 ……………………………………………………… 123
4.2　音響型変形ポテンシャル散乱 …………………………………… 126
  4.2.1　球対称バンド ………………………………………………… 126
  4.2.2　楕円体バンド ………………………………………………… 129
4.3　ピエゾ（圧電）相互作用散乱 …………………………………… 130
4.4　光学フォノン散乱とバレー間散乱 ……………………………… 133
  4.4.1　ゼロ次散乱 …………………………………………………… 134
  4.4.2　選　択　則 …………………………………………………… 136
  4.4.3　一　次　散　乱 ……………………………………………… 138
  4.4.4　変形ポテンシャル …………………………………………… 139
4.5　極性光学フォノン散乱 …………………………………………… 144
4.6　その他の散乱過程 ………………………………………………… 147
  4.6.1　イオン化不純物散乱 ………………………………………… 147
  4.6.2　二次元でのクーロン散乱 …………………………………… 151
  4.6.3　表面粗さ散乱 ………………………………………………… 156
  4.6.4　合　金　散　乱 ……………………………………………… 159
  4.6.5　格子欠陥散乱 ………………………………………………… 161
演 習 問 題 ………………………………………………………………… 165
引用・参考文献 …………………………………………………………… 166

5. キャリヤ伝導 … 171

- 5.1 ボルツマン輸送方程式 … 172
  - 5.1.1 緩和時間近似 … 178
  - 5.1.2 伝導度 … 180
  - 5.1.3 拡散 … 184
  - 5.1.4 磁気伝導度 … 186
  - 5.1.5 高磁場での輸送現象 … 190
  - 5.1.6 緩和時間のエネルギー依存性 … 199
- 5.2 輸送現象におけるスピンの効果 … 201
  - 5.2.1 バルク反転非対称性 … 203
  - 5.2.2 構造反転非対称性 … 206
  - 5.2.3 スピンホール効果 … 208
- 5.3 アンサンブルモンテカルロ法 … 208
  - 5.3.1 自由飛行モデル … 212
  - 5.3.2 散乱後の終状態 … 214
  - 5.3.3 時間同期 … 217
  - 5.3.4 非線形過程での棄却法 … 218

演習問題 … 224
引用・参考文献 … 225

索引 … 227

翻訳分担

1, 2章 落合 勇一

3, 4章 関根 智幸

5 章 青木 伸之

1 序言

　21世紀を迎えてすでに10年以上が経過し，この間のマイクロ・エレクトロニクスの急速な進歩は驚くべきものがあり，まさにこの恩恵によって，ライフスタイル革命が始まっている。この進歩の原点は，前世紀に開始されたIT革命であり，今世紀に入ってからも，日々の生活に浸透し続けており，明らかに急速な展開をみせている。この発展成長には終わりが見えず，今後も日々の生活に影響し続けることであろう。

　このようなマイクロ・エレクトロニクスの急速な成長は，単一集積回路中のトランジスタ素子数の高密度化に支えられており，その高密度化速度はムーアの法則として知られている。最初のトランジスタが前世紀半ばに登場してから現在までをムーアの法則で考えると，ほぼ$1\,cm^2$のシングルチップ中に，トランジスタが数十億個あることになる。画期的なこの技術の立役者は高純度のSi（シリコン）結晶であり，微細加工技術によって，ほぼ自由自在に物性制御が可能となり，かつ単純で安定した半導体材料，絶縁性酸化物SiO_2との組合せに負うところが大きい。従来から，Siは，赤外線撮像素子やマイクロ波通信素子等，多くの光技術でも重要とされ，特殊な用途のための高性能新素材としても扱われている。ある特定の物質の上に，原子スケールでほかの物質を積み上げる革新的な技術の出現は，半導体のバンドギャップ等の基本定数を制御し，さらに混晶比も同時に制御可能となって，思いどおりの化合物半導体を成長させる技術として登場し，これにより本質的に特性が異なる新たな物性を持つ人工格子やヘテロ構造の製造手段として，現在も発展し続けている。

　なぜこのような技術が可能となったのかは，半導体の特徴である幅広い諸特

性に秘められており，それと同時にある程度一般的に協調しあう性質も有しており，柔軟かつおたがいに共通した動作特性を受け入れる下地があるからである。これは，有用となるほとんどの半導体材料が，単純立方，閃亜鉛鉱型，またはより一般的なダイヤモンド構造になっていることにもよるのかもしれない。三次元物質とは，もちろん構造的には異なるが，最近登場の炭素グラフェンなども，半導体での研究が進んでいるので，さらにユニークな近未来の半導体素子として重要になるであろう。このように，半導体に見られる広い範囲の諸特性は，個々の原子の位置の微かなずれや微妙な特性変化から生じることは事実であるが，大局的に捉えてみるならば，結晶構造等の類似性の程度によっても，諸特性が変化することになっている。

半導体は 1833 年に Faraday[1]† によってすでに発見されてはいたが，その後，金属-半導体接合素子が初めて登場し，実際に使用可能になった時点で市民権が得られた[2]。この接合素子の動作原理は，数十年経ても十分な説明がなされなかったが，ベル研究所[3]での最初の（接合）トランジスタの発見が契機となって，実働トランジスタや電界効果デバイスに関する動作提案である，多数の研究が出現した。そして，ほんの数年前までの半導体電子輸送や半導体デバイスの機能動作の研究では，それらは移動度の概念と拡散係数のみを用いた簡単な擬一次元デバイスモデルと単純な輸送現象によって，ある程度合理的，かつ多少詳しく説明することができた。しかしながら，実はこの時点ですでに問題が現れていて，このような単純なモデルでは破綻が生じていたのであり，置換すべきデバイスモデルの探査のために，多大な努力を費やすことになった。私たちは現在，伝導解析用フル（全）バンド・アンサンブルモンテカルロ法を利用することができるので，開発と研究，両者に適するシミュレーションツールを駆使することができる。このフルバンドという意味は，最新のナノスケールデバイスに現れる高電場下でも，ブリユアンゾーンの広範な領域についての伝導が起こるとき，電子と正孔（ホール）を含めたバンド構造全体にわた

---

† 肩付き数字は，章末の引用・参考文献の番号を表す。

るブリユアンゾーンでのシミュレーションが可能であるということである．このアンサンブルモンテカルロ法は，ボルツマン輸送方程式の粒子表示を用いる伝導厳密解にも対応できる．これらのシミュレーションパッケージの利用は，ブリユアンゾーン内の電子バンド構造の完全理解につながっていて，結晶格子の動力学的振動であるフォノンの振舞いや，電子とフォノンの相互作用が運動量やエネルギーによって変化する様子なども見ることができる．そして，上記シミュレーションパッケージを作成するには，必要とされるいくつかの関連の伝導現象を理解しなければならないが，これも本書の目標の一つになっている[†]．以上により，本書の読者は，ある程度すでに結晶構造やブリユアンゾーンの基礎的な知識があり，かつ量子力学にもある程度精通していることを想定している．

1.1 デバイスモデル

　これまでの半導体デバイス解析では，ドリフト移動度と拡散係数を用いて，単純かつ緩いバンド傾斜のチャネル近似を用いる解析法で伝導をモデル化し，輸送現象を考察してきた．このようなデバイス基礎理論は，学部カリキュラムの一つとして講義されている．実際に，適切な短チャネル補正や速度の飽和を考慮することにより，比較的良好な解析をすることができる．しかしながら，今日では一般的な能動デバイスである MOSFET のような小さいサイズの場合であっても，簡便なポアソン方程式の解を用いることによって，より体系的にモデル化することができるようになっている．実際に，比較的単純な輸送モデルと結合させたポアソン方程式によるモデリングを行うと，遅延時間（スイッチング速度）やエネルギー散逸と遅延時間との積などの予測計算値は，実験結果との良好な一致が得られている．しかし，デバイス物理学の細部にわたる詳

[†] 訳者注：もちろん，本書は計算機シミュレーションそのものを目標とするのではなく，むしろ新しいナノ炭素系等含め，それらの電気伝導の教科書として十分活用可能となっている．

細な追求を行うためには,歪みが有効質量や移動度,およびゲート酸化膜を通してのトンネル効果に及ぼす結果などを考慮する,より複雑かつ微視的なアプローチが必要とされる。

一般的に,数値シミュレーションはデバイス物理の研究者が日々使用するツールとみなされ,とりわけいくつかの典型的な場合には,以下三つの例にあるように,ほぼルーチンワークとして使用されている。すなわち,(1)素子特性が非線形になってしまう場合,あるいは見つけ出した微分方程式が適正に閉じる解の形式になっていない場合,(2)つぎには,今日の CMOS 技術開発に考えたような歪み Si の導入など,新たなプロセスでの物理探査実験などでは,あまりにもコストが嵩むので,初期段階のつかみどころのない開発段階での探査実験の代わりとして使用する場合であって,(3)最後の場合としては,回路やチップレベルでのコンピュータ応用の設計である。興味深いことに,(2)は,以前の実験と理論[4]への貢献に加えて科学研究の第三のパラダイムと呼ばれている計算機科学の新領域でもあり,複雑な輸送現象の研究に貢献できる。もとより,この新しい(当時)† アプローチは理論的な実験,あるいは実験的な理論とみなされるものであった。ここでは,それが一つの拡張子やほかのオリジナル概念を越えているものであるとして理解が得られるならば,現時点での半導体デバイスの設計に重要な貢献をもたらす。

半導体デバイスのシミュレーションとモデリングには,いくつかの要点が伴うことに注意する必要がある。まず初めに,電位や電荷の分布を自己無撞着に決めると同時に,粒子の運動を引き起こす内部電場を決めることであり,いわゆるセルフコンシステント・ポアソン方程式である。つまり,この粒子の運動とともに,デバイス内の格子振動,表面,および不純物からの散乱も考慮する必要がある。従来,後者は拡散係数と移動度により推定されていた。その後,散乱過程に対しては,緩和時間近似のボルツマン輸送方程式を用いていた。しかしながら,現在のアンサンブルモンテカルロ法の出現により,個々の

---

† 訳者注:1991 年の出版当時と考えられる。

粒子の流れの追跡や，キャリヤ密度と速度を決めるための局所平均を用いることが可能となっている。しかしながら，デバイス自身も進化し，かつより複雑になっているので，さらなる改良が必要であり，ここで議論しているフルバンド・アプローチによる，半導体の詳細なバンド構造の構築が必要となっている。

例えば，Siデバイスではエネルギーがおよそ$0.4\,\mathrm{eV}$以上の光子が放射されることが，よく知られている。しかし，実際のバンドギャップは$1.0\,\mathrm{eV}$以上となっているので，エネルギーが$0.4\,\mathrm{eV}$程度の光子は，伝導帯から価電子帯への遷移には関与できないことになっていて，このような低エネルギー域の放射の説明には少々問題がある。これに関しては，いくつかの難解な説明がなされていたが，答えは一見単純のようでもあり，実際にはより複雑な状況である。図1.1には，低いほうの伝導帯（図の中央部分）と価電子帯の上部が示されている。バンドギャップは，Γ点にある価電子帯の頂上から，斜め右上にあるX点近くの伝導帯の底までの間になる。このギャップは，$1.0\,\mathrm{eV}$を多少上回る値になっている。バンドギャップ内では伝播できる波動の状態がないので，価電子帯から伝導帯への光学遷移は，バンドギャップの値よりも大きなエネルギーに関与した遷移となる。つまり，フォトンエネルギーがバンドギャップよりも大きい場合の光学遷移が起こるはずである。ここでは，X点での最

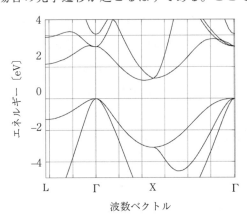

図1.1　経験的擬ポテンシャル法により計算されたSiのバンド構造。電子波が存在できない0から$1\,\mathrm{eV}$まで間の領域にバンドギャップがある。

低伝導帯（第一伝導帯）は第二伝導帯に隣接しているので注意する必要がある。実は予想外であるが，詳細な輸送シミュレーションの結果によると，先の議論での低エネルギー光子の存在には，第二伝導帯から第一伝導帯への光学遷移が関与していると考えられている。つまり，キャリヤとなりうる電子の存在はブリユアンゾーンの広い範囲にわたって存在していて，単に伝導帯の底部近傍のみにいる電子だけではないことが明らかとなっている。このようにして，半導体や半導体デバイスの電子輸送と散乱の物理を詳細に追求することにより，その理解を深めているが，ある意味，複雑にもなってくる。この問題の正しい理解のためには，さまざまな散乱機構のなかでもとりわけ重要となる，電子-フォノン結合過程の理解が必要である。例として，グラフェン電子系におけるフォノンと電子の結合の強さについて，図1.2に示す。実際この描像から明らかなのは，この結合強度は通常想定しているような一定値ではなく，運動量状態 **k** に依存していることである。セル化したモンテカルロ法の計算形式[5]では，モンテカルロ法を改善するために，運動量の始状態と終状態を考慮した散乱の方程式を用い，かつ運動量依存の結合強度も考慮にいれている。

今日のデバイスシミュレーションにおいては，上記二つの例でもわかるように，バンド構造全体を考慮する完全追求が必要になってくる。アンサンブルモンテカルロ法を全伝導帯に用いた考察が，Hess と Shichijo によって，シリコンでのインパクトイオン化現象の解明に初めて利用された[6]。その後，このアプローチは，Fischetti と Laux によって，IBM のダモクレス・シミュレーション・パッケージを開発する際に利用されている[7]。今日では，このようなフルバンド・モンテカルロシミュレーションの各種パッケージについては，個々のソフトウェア会社などでの諸事情にもよるが，多くの大学で利用可能となっている。ところが，これらすべてのパッケージは，フルバンドやモンテカルロ法のアプローチが完全に同一ではないので，使用する際には多少注意が必要である。半導体デバイスの性能とその物理原理の的確なシミュレーションを行うためには，プログラムコードに何をセットアップして，何を取り外すのかを，完全に理解したうえで実行することが必要である。つまり，バンド構造，格子

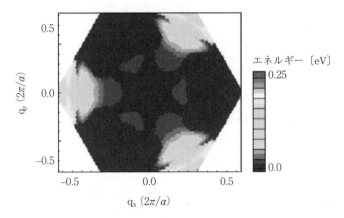

図 1.2 グラフェンの光学フォノンによる，ブリユアンゾーン内の K 点以外の点への散乱に対する K 点での電子の相対散乱強度．明るい緑色は強い結合定数を示し，より多くの散乱によるものである．この散乱計算結果は，ユタ州ダラスの Max Fischetti 氏によって，擬ポテンシャル計算法によって得られ，彼の許可を得て掲載された．

> ※カラーの図が下記サイトの原書電子版にあります．ご参照ください．
> http://iopscience.iop.org/book/978-0-750-31044-4
> また，「Semiconductors Bonds and bands」のキーワードで検索しても見つけることができます（2016年2月現在）．

振動，電子-フォノン相互作用の詳細，および輸送現象まで含めて，これまで説明してきた物理がコード内に組み込まれている必要がある．そして，これらの概念による条件設定や適用限界の正しい理解がなければ，プログラムコードを適切に探し出したうえでの解析計算の実行は不可能となるので，有意な結果を得ることはできない．

1.2 この本の特徴

半導体と半導体デバイスのシミュレーションの物理を理解するには，ある程度詳しい知識が必要であることを前節で説明した．しかし，この本の目的は，それらに必須となる物理の概念の修得であり，特に，電子バンド理論，格子力学，および電子-フォノン相互作用の理解を主としている．

ここで，半導体結晶中の電子の運動を検証する場合

$$H = H_{el} + H_L + H_{el-L} \tag{1.1}$$

のような全体系のハミルトニアンを考えることができる。電子の直接関与するハミルトニアンは

$$H_{el} = \sum_i \frac{p_i^2}{2m_0} + \sum_{i,r \neq i} \frac{q_i q_r}{4\pi\varepsilon_0 |\mathbf{x}_{ir}|} \tag{1.2}$$

となる。この方程式では，最初の項が電子の運動エネルギーを表し，2番目の項は電子間のクーロン相互作用を表している。ここで，各下付き小文字は電子の変数としての表示であり，ベクトル表示 $\mathbf{x}_{ir}$ にも二つの電荷間の距離として表現されている。同様に，ハミルトニアンの格子部分の表現は

$$H_L = \sum_j \frac{P_j^2}{2M_j} + \sum_{j,s \neq j} \frac{Q_s Q_j}{4\pi\varepsilon_0 |\mathbf{X}_{js}|} \tag{1.3}$$

となり，ここで，最初の項は運動エネルギーを表しているが，2番目の項は原子間のクーロン相互作用を表す。この式では，大文字が原子の座標等を表現している。さて，後者はよく絵や図で表すような半導体の価電子結合ボンドにおける正味の原子間結合力であり，それぞれの価電子結合から生じている。そして，上記の方程式 (1.1)～(1.3) は，すべての原子の電子と構成原子のすべてが含まれるものとして表現される。次章で扱う電子構造や3章で扱う格子振動の場合には，少し異なった表式を用いる場合もある。

最後の電子と原子の間の相互作用は

$$H_{el-L} = -\sum_{i,j} \frac{q_i Q_j}{4\pi\varepsilon_0 |\mathbf{x}_i - \mathbf{x}_j|} \tag{1.4}$$

となり，ここで，この式を書き直してみると，以下の二つの項で表現することができる。すなわち

$$H_{el-L} = -\sum_i q_i V(\mathbf{x}_i) \tag{1.5}$$

となり，ここで

$$V(\mathbf{x}_i) = \sum_j \frac{Q_j}{4\pi\varepsilon_0 |\mathbf{x}_{ij}|} \tag{1.6}$$

は，電子に働く原子のポテンシャルエネルギーである。したがって，ポテンシ

1.2 この本の特徴

ャルの形式を，以下に述べる二つの場合に分けて考えてみると，（1）結晶構造で決まる原子の中心位置（ある意味で平均位置でもある）でのポテンシャルエネルギーと，（2）その位置の周りで原子の運動によって生じ，電子の性質を変化させるポテンシャルエネルギー変動分からなる，二つ項を考えることができる。

　このような状況を直視するならば，この全体の問題の完全解決が困難であることが理解できる。その代わりに，例えば電子と原子が異なった時間スケールで運動しているような仮定をする，断熱近似を適用してみる。この近似では電子の運動を追求する場合は，原子は電子に比べてずっと遅く運動していると考えて良いので，ある短い時間内では結晶構造で決められた格子位置に，ほぼ静止しているとみなして良いであろう。次章において，エネルギーバンドを考慮する際には，原子の運動は無視し，原子の存在（格子振動）を単にエネルギーシフトとして取り扱う。このような仮定に基づいて，各原子を規定位置に固定させた周期ポテンシャル中でのエネルギーバンドが計算可能となっている。一方，ゆっくり運動している原子からの相互作用を調べる場合には，電子は瞬時に原子の動きに追従して運動すると考える。これにより，電子は原子に割り当てられ，そこに凍結する。つまり，断熱的に電子は原子の運動に追従してしまうことになる。このようにして，3章での格子力学を学習する際にも，電子の運動を無視するような近似をすることができる。最後に，重要となることは，電子が感じる，原子の平均位置における原子微小振動である。これは小さな効果であるが，摂動論を用いることにより，電子‐格子相互作用によるキャリヤ散乱効果として取り扱うことができる。そしてこれは4章の主題となっている。

　最終の5章では，緩和時間近似を用いたバンド端での電子伝導の基本的な伝導理論を議論する。これにより，移動度，電気伝導度，ホール効果等を含むいくつかの電子伝導主要パラメータについて，考察できることになる。

演習問題

問1.1 電界効果トランジスタ内に，ゲート電極誘起による電荷が蓄積された状況をここで考えてみると，この電荷は

$$Q = -n_s e = C_{ox}(V_{gate} - V_T - V(y))$$

となる。ここで，V_{gate} はゲート電極に加えられた電圧であり，C_{ox} は酸化膜の静電容量，V_T は閾値電圧（蓄電開始電圧），そして $V(y)$ は，半導体の酸化膜界面での表面ポテンシャルである。そこで，$E = -dV(y)/dy$ で，電場 E が加えられたときのソース-ドレイン電流は $I = Qv = Q\mu E$ となるので，チャネルのソース端で表面電圧が 0 で，ドレイン端では V_D とすると，流れる電流値 I は

$$I = \frac{W\mu C_{ox}}{L_G}\left(V_{gate} - V_T - \frac{V_D}{2}\right)V_D$$

となることを導きなさい。この式において，W はチャネルの幅，L_G はソース，ドレイン間の距離を表す。

問1.2 電場 E が印加されたときの移動度を μ として，以下の式を考える。

$$\mu = \frac{\mu_0}{1 + \dfrac{\mu_0 E}{\nu_{sat}}}$$

ここで，ν_{sat} が飽和または最高速度であるとした場合，問1.1で考えたようにして，電流 I の表現式を導出しなさい。

問1.3 電子1個当りの平均入力電力は，$evE = e\mu E^2$ である。ここでは，線形近似で考えるとすると，ドレイン電圧が，$V_{gate} - V_T$ に比べて小さいとした場合，問1.1において電子1個がチャネルを通過する際の入力電力の表式を求めなさい。（ヒント：電子の位置の関数としてのチャネル電圧を最初に考えなさい。）

引用・参考文献

1) M. Faraday：*Experimental Researches in Electricity*, Ser. IV, pp. 433-439 (1833)
2) F. Braun：*Ann. Phys. Pogg.*, **153**, 556 (1874)

3) J. Bardeen and W. Brattain : *Phys. Rev.*, **74**, 232 (1948)
   W. Shockley : *Bell Syst. Tech. J.*, **28**, 435 (1949)
4) The concept of *computational science* is generally attributed to K. G. Wilson, and although not mentioned as such, is contained in his introductory lecture at a NATO Advanced Research Workshop: *High Speed Computation*, Ed. by J. S. Kowalik (Springer-Verlag, Berlin, 1984). Esssentially the same version is published as K. G. Wilson, *Proc. IEEE*, **72**, 6 (1984)
5) M. Saraniti, G. Zandler, G. Formicone, S. Wigger, and S. Goodnick : *Semicond. Sci. Technol.*, **13**, A177 (1988)
6) H. Shichijo and K. Hess : *Phys. Rev.* B, **23**, 4197 (1981)
7) M. V. Fischetti and S. E. Laux : *Phys. Rev.* B, **38**, 9721 (1988)

2 電子構造

　結晶中を多数の電子が運動している電子系では，結晶を構成している多数の原子からの結晶ポテンシャルの影響を受けており，当然のことながら，自由空間での運動とは大きく異なってくる．つまり，結晶中の電子波はきわめて多数の量子力学的な力や結晶ポテンシャルからの影響を受けている．このような電子構造を理解するには，多くの力やポテンシャルをより縮約した形式で議論する方法が望ましい．そこでは電子の多くの性質を持つが，これらとは異なる特徴も持った，いわゆる準粒子による電子描像の考察がなされる．そのような系で重要な一つは，有効質量の導入であり，これも量子力学的力の縮約の代表例である．いかにしてこのような転換を導入することができるのかを議論するには半導体の電子構造の理解が必要であり，すなわち，これらの議論とその理解がこの章での内容である．

　しかしながら，最初に，結晶格子原子の存在とその周期的ポテンシャルが電子構造にどのように影響しているのかを議論する必要がある．ここでは，結晶中の原子波動関数と格子結合（ボンディング）から，この結晶のブロッホ関数の構築を議論する．すなわち，指向的混成軌道状態がどのように導入されるのかを理解すると，結晶の周期性によって結晶バンドが形成される過程がよくみえてくる．そして，半導体のエネルギーバンドを計算する種々の方法に反映できるので，実空間と運動量空間での変化に富んだ種々の議論が可能となる．さらに，どのようにして電子スピンが電子バンドと関係しているかを見るために，スピン–軌道相互作用による摂動論を考える必要があり，有効質量近似を用いての議論も可能となる．この章の最後では，異なる半導体結晶を組み合わ

せた場合である，合金半導体の話題も紹介する．

2.1 周期ポテンシャル

多くの半導体結晶においては，結晶を構成する原子核，つまりその格子原子との相互作用を無視するわけにはいかない．しかしながら，格子はそのエネルギー構造をもたらす結晶格子特有の対称性を有している．ここで最も重要なのは，ほぼ自由な電子系に見られる結晶ポテンシャルに現れる周期性である．ここで，一次元結晶を考える．そこでも，十分に要点の説明はできる．格子上の任意のベクトル L に対して，結晶ポテンシャルの周期性を考えてみるとつぎの式で表現できる．

$$V(x+L)=V(x) \tag{2.1}$$

ここで，L は格子ベクトルと呼ばれていて，n は整数で，a は原子位置間隔とすると，$L=na$ となる．すなわち，L は特定の値をとる定数であり，連続変数ではない．L は結晶の周期を示す．ここで重要なのは，この周期性が，つぎに示すシュレーディンガー方程式の波動関数にも反映されることである．

$$-\frac{\hbar^2}{2m_0}\frac{\partial^2 \Psi(x)}{\partial x^2}+V(x)\Psi(x)=E\Psi(x) \tag{2.2}$$

ここで，当然のことながら m_0 は自由電子の質量を表す．もし結晶ポテンシャルが弱い場合には，あとで軽く触れるように，波動方程式の解はほぼ自由電子の場合に近いものとなる．さらに重要となるのは，式 (2.1) のような周期性を有している場合，波動関数 $\Psi(x)$ の解も，この周期性に基づいた振舞いを示すことになる．波動関数そのものは複素関数であるが，この波動関数から決定される電子の存在確率はこの周期性を有していなければならない．すなわち，多くの構成原子の中から1個の原子を特定して，そこでの電子の運動状況を見ることは不可能であるので，すべての原子のそれぞれにおける電子の存在に関連した確率は，同一でなければならない．したがって

$$|\Psi(x+L)|^2=|\Psi(x)|^2 \tag{2.3}$$

となることを意味し，この式は，すべての L において成立する．これは，隣り合った二つの原子位置でも成立するものであり，波動関数そのものの性質として，次式のように，少なくとも位相差の存在を認めざるを得ない．

$$\Psi(x+a)=e^{i\phi}\Psi(x) \tag{2.4}$$

一般的に，この論点では原子位置の並びは無限ではなくて，有限の長さであることも認識しておく必要がある．結果として，このような一次元原子鎖（チェーン）の終端には依存していないということを仮定するためには，周期的境界条件を導入する必要がある．ここで，一次元原子チェーンが N 個の原子でできているとし，また $\phi=ka$ とおくと

$$e^{iN\phi}=e^{iNka}=1, \qquad \phi=ka=\frac{2n\pi}{N} \tag{2.5}$$

となるが，ここで n は整数とする．波数 k（0 以外）の最小値は，$2\pi/Na$ であり，一方，最大値は $2\pi/a$ となっていることになる．先に述べたこの周期性の要請により，N 番目の原子は，0 番目の原子，すなわち出発点に戻って良いことになる．

2.1.1 ブロッホ関数

ここで，$2\pi/a$ の値はブリユアンゾーンでの基本となる定数であるので，重要な数値として認識されている．このことを見るために，波動関数をフーリエ変換によりつぎのように展開してみる．

$$\Psi(x)=\sum_k C(k)e^{ikx} \tag{2.6}$$

同時に，このような周期性を考えて，基本格子定数で表現されるポテンシャルのフーリエ変換を考えると

$$V(x)=\sum_G U_G e^{iGx}, \qquad G=n\frac{2\pi}{a} \tag{2.7}$$

となる．ここで，n は任意の整数とする．つまり，このフーリエ変換での G は，ポテンシャルの基本空間周波数の高調波となっていることがわかる．これら二つのフーリエ変換をシュレーディンガー方程式に入れてみると，以下の式

を得る。

$$\sum_k \left[\frac{\hbar^2 k^2}{2m_0} C(k) + \sum_G U_G C(k) e^{iGx} - EC(k) \right] e^{ikx} = 0 \quad (2.8)$$

すなわち，フーリエ変換された空間では，式（2.4）のような関係式をまねて，移動演算子を用いて，以下のような漸化式が成立する。

$$C(k-\lambda) = e^{i\lambda x} C(k) \quad (2.9)$$

その結果，式（2.8）の角かっこ内の2番目の項の移行機能が理解できる。この章の後半でも述べられている重要な観点であるが，式（2.9）の指数関数項は演算子であり，そこでは x は運動量空間での微分演算子となることに注意する必要がある[1),2)]。この移動演算子の役割は，量 $C(k)$ のように表現された波動関数の（運動量空間における）位置を移動させるものである。式（2.8）に対して要求される十分条件とは，先に示した移動を使って角かっこの中をゼロと置くことであり，これにより，以下のようになる。

$$\left(\frac{\hbar^2 k^2}{2m_0} - E \right) C(k) + \sum_G U_G C(k-G) = 0 \quad (2.10)$$

この結果，これは k の個々についての全セットを表現し，フーリエ係数 $C(k)$ の解を見つけるための方程式となる。第二項は，展開係数とポテンシャルのフーリエ係数との畳み込み（convolution）である。この方程式はバンド構造の決定の基本なので，この章においては，多少異なった形式で何度もこの方程式をみることになる。

また，式（2.10）から明らかであるが，ここでのフーリエ係数は連続スペクトルとして現れないことがわかる。事実，周期的境界条件により，ベクトル k は離散的に番号付けされた形式で導入される。この番号付けは，結晶の（格子定数 a の）単位胞の個数である N までである。しばしばこの N が，結晶中の原子数 n と考えられるかもしれないが，これは単位胞に1個の原子がある場合のみにて正しいのであって，一般的には N と n は異なる。そして波数 k の値も，G の値によって決められることに注意しよう。後者の値は，運動量空間での逆格子を形成し，式（2.5）で表された k の組はこの逆格子の単位胞1個

を構成する。この単位胞は，逆格子の（第一）ブリユアンゾーンと呼ばれている（ここで付け加えとして，普通 k は，$-\pi/a < k \leq \pi/a$ の範囲である中心の第一ブリユアンゾーンの値をとる）。さて，式（2.6）に戻って，この式で式（2.10）の2番目の項でずらしたベクトルの形式で表現する。

$$\Psi(x) = \sum_G C(k-G) e^{i(k-G)x} = \left[\sum_G C(k-G) e^{-iGx}\right] e^{ikx} \tag{2.11}$$

角かっこの中の項は，結晶格子の周期性を有するとともに，逆格子とも周期的になっている。通常，式（2.11）をつぎの**ブロッホ関数**で書き直すことができる。

$$\Psi(x) = e^{ikx} u_k(x) \tag{2.12}$$

式（2.11）の角かっこ内の項は，格子の周期性を表している $u_k(x)$ のフーリエ表現になっている。このようにして，周期ポテンシャル中でのシュレーディンガー方程式の一般解は，式（2.12）のブロッホ関数になっているのがわかる。これらの関数は，周期構造中での波動として一般的性質を有しているので，量子力学的な特解にはなっていない。

2.1.2 周期性とエネルギーギャップ

いよいよ，本質的な議論になってくる。結晶中の波動関数は，周期性を有するとともに，電子の進行波的特徴も有しているブロッホ関数である。結晶ポテンシャルに戻って周期性を残し，振幅を非常に小さくすると，式（2.10）は自由粒子のエネルギー値まで下がってしまう。

$$E = \frac{\hbar^2 k^2}{2m_0} \tag{2.13}$$

ここでの波数 k は第一ブリユアンゾーンのみで定義されているので，ブロッホ波動関数は唯一ではないことに注意する。いわゆるウィグナーザイツ・セルと称される，$-\pi/a < k \leq \pi/a$ の範囲の領域の第一ブリユアンゾーンのみで定義される k の値を用いた場合は，n を任意の整数として，$G = n \cdot 2\pi/a$ をみたす逆格子ベクトル G だけ移動した場所からくる Γ 点（$k=0$）に近い k の値でもある。これは，運動量ベクトル k は，逆格子ベクトル G によって最適に決

定されることを意味する．その結果，式（2.13）はこのようにシフトされた運動量ベクトルに対しても，以下のように満足されることになる．

$$E = \frac{\hbar^2(k-G)^2}{2m_0} \tag{2.14}$$

これから求めた三つの放物線が，**図 2.1** に示されている．図中の中央の曲線は，式（2.13）で表現され，一方，左右の曲線は，$G=2\pi/a$ と $G=-2\pi/a$ の場合であり，それぞれは，式（2.14）で示される．この制限されたプロット範囲では，$k=0$ と同様，$\pm\pi/a$ でエネルギーは縮退している．すべてを示してないが，このエネルギー帯は，G のすべての値から決まる放物線になっていることである．

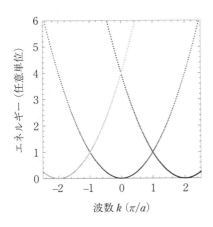

図 2.1 自由エネルギーの周期性は，多数の放物曲線の重ね合せによって示される．

第一ブリユアンゾーン内での k の値のみを考慮に入れるならば，電子のエネルギーが k の多価関数になっていることから，それぞれ異なった分枝は，それぞれの格子周期ごとに対応したブロッホ関数で対応付けられる．このような状況により，第一ブリユアンゾーン内の個々のエネルギーバンドは，運動量 k と各バンドの指数 n で分類されて，表示される．先に述べたように，一次元のバンドであるための制限ではあるが，このようにいくつかの特別な逆格子点で縮退している（多次元ではもっと複雑で多数になる）．そのような縮退点，つまりバンドが交差しているところで，結晶ポテンシャルがバンドにギャップ

を開いて、基本的な自由電子描像を修正すると考えられる。そのような場合は、バンドギャップが縮重交差に代わる。式 (2.10) で運動量 k を逆格子ベクトル G' で運動量シフトさせると

$$(E_{k-G} - E_k)C(k-G') + \sum_G U_G C(k-G-G') = 0 \tag{2.15}$$

となる。式 (2.10) の場合にあるように、この方程式は逆格子ベクトルすべてのフーリエ項を含んでいる。ここでは、$k=\pi/a$ で交差する、二つの放物線バンドに注目してみる。この交差点においては

$$E_{k-G} = E_k \tag{2.16}$$

つまり、$k = \pm G'/2 = \pm G/2$ となる。そこで、式 (2.10), (2.15) の二つの項だけを選び残すと[3]

$$\begin{aligned}(E_k - E)C(k) + U_G C(k-G) = 0 \\ (E_{k-G} - E)C(k-G) + U_G C(k) = 0\end{aligned} \tag{2.17}$$

となる。明らかに、その各係数から作った行列式をゼロとする、つまり永年方程式より解が求まり

$$E = \frac{E_k + E_{k-G}}{2} \pm \sqrt{\left(\frac{E_k - E_{k-G}}{2}\right)^2 + U_G^2} = E_{\pi/a} \pm U_G \tag{2.18}$$

となる。この式の最終式は交差点上での解である。それゆえ、開いたギャップは $2U_G$ であり、またそれら二つのバンドの間のポテンシャル相互作用に正確に比例している。その低いほうのエネルギー状態とは、一種の協力的相互作用によって電子バンドの結合エネルギーを下げて、結合（ボンディング）バンドという。その一方では、二つの放物線バンド間の競い合いにより高いエネルギー状態を生じている、反結合（アンチボンディング）バンドである。のちに、両者はそれぞれ、価電子帯・伝導帯と称されている。

とはいえ、この話をもう少し続けよう。もし、バンドゾーン境界の交差点から少し離れた場合を考えると、そこではどのようなバンドになっているのであろうか。このことを確かめるため、$k = (G/2) - \delta = (\pi/a) - \delta$ となる所を考えてみよう。そこでは、それぞれのエネルギーは

$$E_k = \frac{\hbar^2}{2m_0}\left(\frac{G^2}{4} - \delta G + \delta^2\right)$$
$$E_{k-G} = \frac{\hbar^2}{2m_0}\left(\frac{G^2}{4} + \delta G + \delta^2\right) \quad (2.19)$$

のように，展開可能であろう．式 (2.19) の最初の式にこれらのエネルギー値を用いると，以下の二つのエネルギー値が与えられる．

$$E = E_{G/2} + \frac{\hbar^2 \delta^2}{2m_0} \pm \sqrt{4E_{G/2}\frac{\hbar^2 \delta^2}{2m_0} + U_G^2} \quad (2.20)$$

ここで，$E_{G/2} = \hbar^2 G^2/8m_0 = \hbar^2 \pi^2/8m_0 a^2$ は，ゾーン境界での自由電子のエネルギーで，エネルギーギャップの中点でのエネルギー値である．$E_+ = E_{G/2} + U_G$ と $E_- = E_{G/2} - U_G$ と置き，δ の小さな値でのバンドの変形は

$$E_a(\delta) = E_+ + \frac{\hbar^2 \delta^2}{2m_0}\left(\frac{2E_{G/2}}{U_G} + 1\right)$$
$$E_b(\delta) = E_- - \frac{\hbar^2 \delta^2}{2m_0}\left(\frac{2E_{G/2}}{U_G} - 1\right) \quad (2.21)$$

と表すことができる．結晶ポテンシャルは，エネルギースペクトルにギャップを生じる結果，図2.2に示されるように，本来の放物線バンドを変形させる．式 (2.21) から分かるように，バンドの底から離れるバンドの変化は放物線に近くなるので，有効質量もまた導かれる．このようにして，小さな δ に対して，結合および反結合バンドの有効質量は，式 (2.21) から以下のように定義される．

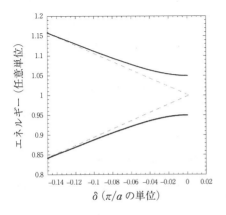

図 2.2 結晶ポテンシャルは，ここに示したようにゾーンの端でギャップを開き，鎖線は，ギャップがない場合を示す．

$$\frac{1}{m_b^*} = \frac{1}{m_0}\left(1 - \frac{2E_{G/2}}{U_G}\right), \qquad \frac{1}{m_a^*} = \frac{1}{m_0}\left(1 + \frac{2E_{G/2}}{U_G}\right) \tag{2.22}$$

かっこ内の第二項が大きいので，結合バンドの有効質量は負になっていて，ゾーンの境界から離れるにつれて，エネルギーは減少する。これらの有効質量を用いて，自由電子とは異なる特有な有効質量を持った準粒子としての電子を導入することができる。結合バンドの場合，準粒子は正孔（ホール），つまり空の状態であって，充満したバンドから補償するため，抜けた電子の電荷，波数ベクトル，エネルギーの符号反転した物理量を持ち，そのため通常正孔は正の質量を持つと考えてよい。式（2.22）の二つの項の間の符号変化による質量値のわずかな違いにより，二つのバンドは完全な鏡面対称とはならないことに注意する必要がある。正の質量の正孔にて主張されていることである。これはまた，反結合バンド質量は二つの中で多少軽くなることを示している。

δ が大きな値の場合（今の時点でそれがどのくらい大きいかは特定することはできないが），すなわち，式（2.18）の最初の列に出ている平方根を開くような手順では見積もれない。より一般的な場合は

$$E(\delta) = E_{G/2} \pm U_G\sqrt{1 + \frac{2\hbar^2\delta^2 E_{G/2}}{m^* E_{\mathrm{gap}}}} = E_{G/2} \pm \frac{E_{\mathrm{gap}}}{2}\sqrt{1 + \frac{2\hbar^2\delta^2}{m^* E_{\mathrm{gap}}}} \tag{2.23}$$

にて与えられる。この式では，無視できるほど小さな質量を与えるので，自由電子項（式（2.20）の2番目の項）を無視した。さらに，式（2.18）の最後の箇所に現れている，$E_{\mathrm{gap}} = 2U_G$ なるギャップ項を導入した。ゾーンの端から離れるにつれて，エネルギーバンドの放物線型からのずれが大きくなり，明らかに有効質量の運動量依存性が無視できなくなり，この論点については，この章の後半にてまた議論する。

式（2.23）にて見出されたエネルギーバンドの形は，のちの節でスピン-軌道相互作用を摂動論で考察する場合に再び現れることになる。一般的に，結合バンドつまり価電子帯と，反結合バンドつまり伝導帯との間の波動関数どうしの相互作用がいつでも生じる。多くの場合，特に三次元の場合，スピン-軌道相互作用の存在は解を著しく複雑にするので，通常は摂動近似で取り扱ってい

る。一方，系の複雑さをあまり大きくすることなしに問題を考えることが可能なので，運動量空間での解を見るだろう（つまり，ハミルトニアンの行列はすでに巨大になってしまっているが，エネルギーでの付加項で考える場合には問題がないためである）。

2.2 ポテンシャルと擬ポテンシャル

　前章の発展形として，系内すべての電子に対して，ハミルトニアン内の和を取ることとした。四面体（テトラヘドラル）配位の半導体において，結合ボンドは最外殻の電子のみによって形成される。一般的に，内殻電子は結晶構造を決定している結合ボンドへの関与をしていない。例えば，Si 結晶の結合ボンドには，$3s$ と $3p$ の電子が関与し，GaAs や Ge では，$4s$ と $4p$ の電子が関与している。このことは，完全に正しいわけではなく，より内核の d 準位が s と p の軌道によるボンドの近くに存在していることがしばしば生じている。このことにより，周期律表の低い位置にある原子によって構成される場合の結合エネルギーに対して，多少の変更を要することになる。この補正は通常小さいけれども，おおよその場合重要となっていて，その都度個々に対応する。しかしながら，通常は四つの最外殻電子のみ注目する。すなわち，閃亜鉛鉱型構造やダイヤモンド構造の基本胞内の二つの構成原子の八つの電子に注目する。

　1章にて得られた方程式は，外殻の結合（ボンディング）電子のみを取り扱う場合には単純化できる。それで，式（1.2），（1.5）は，以下のように書き換えられる。

$$H = \sum_{i \subset b_s} \left\{ \frac{p_i^2}{2m_0} - q_i \left[V(\mathbf{x}_i) - \sum_{j \neq i} \frac{q_j}{4\pi\varepsilon_0 |\mathbf{x}_{ij}|} \right] \right\} + E_{\text{core}} \quad (2.24)$$

ここでの最終項はコア電子の運動エネルギーと相互作用エネルギーによるエネルギーシフトを表している。この種のシフトは，光放出など多くの応用に関して重要とはなるが，通常，伝導帯の底，あるいは価電子帯の頂上をエネルギー原点にする電子構造の議論においては，それほど重要にはならない。角かっこ

における第二の総和において，結合電子のうちコア電子に対しての指数 j の項に還元することができる。この場合，コア電子からの貢献効果は，角かっこ内の第一項内で実際の結晶ポテンシャルを修正する。これが，**擬ポテンシャル**と言われている，いわゆる修正されたポテンシャルである。それで，以下のように表記できる。

$$V_P(\mathbf{x}_i) = V(\mathbf{x}_i) - \sum_{j \subset b_{\text{core}}} \frac{q_j}{4\pi\varepsilon_0 |\mathbf{x}_{ij}|} \tag{2.25}$$

さて，問題はそれら擬ポテンシャルを見出すことである。この問題については，第一原理アプローチを用いて，擬ポテンシャルやボンディング波動関数を自己無撞着に解く方法がある[4]。ポテンシャル中でのコア電子の関与を含めた効果は，原子ポテンシャルが深くなっている場合のクーロン芯を取り除いたり，相互作用ポテンシャルを全面にわたりスムースにならしたりする。

ともあれ，シュレーディンガー方程式が非線形的に振る舞うよう導く結合電子間の相互作用について述べる必要がある。この項に対する種々の近似は，何年にもわたり追及がなされてきた。単純に考えてみると，実は結合電子によって，スムースなポテンシャルにされていると考えることができる。すなわち，ここでの相互作用では，このポテンシャルが個々の原子にそれぞれ働くという状況から生じる。このような準単一電子的なアプローチはハートリー近似として知られており，誘電関数に通常の電子的な貢献を与えている。つぎの近似法は，交換項を厳密に導入することであって，すなわち二つの電子の相互交換から生ずる（平均的な）エネルギー補正で，ハートリー-フォック近似として知られている。よく行われている手法としては，エネルギー補正が局所密度の関数となるような，エネルギー関数として対応させる方法である。この場合のエネルギー関数は，波動関数とエネルギー両者に対して，自己無撞着な解になっていることである。このような取扱いは，密度関数論（density functional theory, DFT）の範囲内での局所密度近似（local-density approximation, LDA）として知られている。このような近似の範囲内であっても，第一近似計算では，すべての場合において，半導体中のバンドギャップ補正の問題を有してい

る。一般的には，エネルギーギャップに対する補正を少しずつ小さくしながら，より正しい値を見出していく。とはいえ，LDA 近似でも真値を得ることができないことから，補正値に対してはどうしても多少の食い違いができてしまう[5]。二つの方法のみがこの問題の解法で有効となっていて，それは GW 近似と厳密交換法によるものである。最初の方法では，ギャップ補正により価電子帯のエネルギーを低下させるようにして，新しい自己エネルギーとなる一粒子グリーン関数を用いて，結合電子の全自己エネルギーを計算することである。この場合の後者については，コーン-シャム（Kohn-Sham）一粒子状態を元にする有効ポテンシャルを利用していて，この有効ポテンシャルによる相互作用エネルギーの計算がなされている。ここでの本書の内容を考慮し，さらなる議論の展開はしないが，より詳しい解説については，引用・参考文献 4)，5) を参照されたい。例えば，Ga 原子の波動関数と擬ポテンシャルは，GaAs や GaP の場合と同じと思われるかもしれない。しかしながら，それは一般的には同じではない。とはいえ，**転換波動関数**あるいはポテンシャル法と呼ばれている手法により，解決策が考えられている。これは実際に，意義ある有用な方法であるとされている。実際に現時点でも，いくつかの波動関数や擬ポテンシャルの組み合わせが，異なった化合物半導体の間において転換可能とされていることが文献やウェブ上において見ることができる。

　上での議論は自己無撞着な電子構造への第一原理アプローチについて着目した。一方，**経験的**な手法としての別の方法もある。特に，バンドギャップに注目して，完全な自己無撞着な計算を行うのではなく，異なった波動関数や擬ポテンシャルを含んだ形式の重なり積分のそれぞれを定数の組で置き換えて，それをバンド構造の実測値などに合うよう調節することである。バンド構造の多くの特異点の位置は，多くの実験により知られていて，それらの適用は十分に利用価値がある。実際に，第一原理アプローチでは，それらの実験結果に合わせる試みが行われている。しかしながら，この経験的な方法においては，正しい答えとされる実験結果を適用することにより，自己無撞着性の必要性が見えなくなり，実験データに単に合わせるのみになる。実験で測定された物質はな

んでも実験結果に正確に含まれているので，論点は，そのようなフィッティングが電子間相互作用の詳細を説明しているかどうかということになる。そのようなアプローチにおける魅力的なことは，電子構造についてはただちに求められることであるが，欠点は，そこで得られるそれら定数値は，必ずしも個々の物質間で共通に変換できるわけではないことである。

2.3 実空間手法

実空間手法においては，表題にあるように，まさに実空間表示のハミルトニアンと波動関数を用いた電子構造について計算を行う。これに対して相補的となる運動量空間手法は，次節で議論する。ここでは，以下のように記述できる，シュレーディンガー方程式の擬ポテンシャル版の解法について述べる。

$$H(x)\phi(x) = H_0\phi(x) + V_P(x)\phi(x) \tag{2.26}$$

ここで，H_0 は電子の運動エネルギー項，ある特定のサイトでの擬ポテンシャルの役割，および複数の電子からの効果を含んでいるが，3番目の最後の項は無視する。擬ポテンシャルは式（2.25）となる。さらに，結晶空間格子を特定し，波動関数の基底を定める。もちろん，実空間アプローチに興味があるので，基底の組み立ては，特定の格子位置に局在した（一つまたはそれ以上の）軌道にし，基底は異なった格子位置にあるので直交性を満足するとしている。最初に，単位胞子あたり一つまたは二つの原子が入る格子の一次元空間にて，このことを見てみよう。そして，実際に存在する二次元格子の特別な例として，グラフェンを取り扱う。最後に，1原子当り四つの軌道が考えられる三次元結晶の議論を始めて，四面体構造半導体結晶に共通の sp^3 軌道の基底を扱う。ここでの重要な点は，議論を通して，二点間の積分と相互作用のみを考慮していくことである。すなわち，原子1と2の波動関数での重なり積分は無視するが，一方原子3からのポテンシャルはあってもよい。これらは第一原理計算のいくつかの場合では重要となるだろうが，一方，経験的手法では必要ではない。

2.3.1 一次元バンド

図 2.3 に示されるように，格子定数 a の一定の間隔で，一様につながっている原子のチェーンを考えてみる．先に述べたように，周期的境界条件を使うが，ブリユアンゾーンの利用とその特性以外には，特別に何か現れるわけではない．周期的境界条件により，図の中の原子 N は原子 0 に戻るようになっていて，すべてが同じ原子になっている．そこで，チェーンのどの原子に注目しているのかを示すために，指数 j をつけて対応する．上で議論したように，この展開での基底は，それぞれの波動関数が 1 個の原子に局在している組になり，直交性は以下のようになる．

$$\langle i|j\rangle = \delta_{i,j} \tag{2.27}$$

この基底に対して，ディラック記号が使われている．一般的に，ディラック記号の使用により，方程式の簡略化をすることができて，勘違いや混乱を減らせるので，可能な限り本書でも用いるようにする．さらに，これらはエネルギー固有関数であると考え，個々の原子の違いについては認識できないので，その対角化エネルギーは各原子で同じものであると考えると，以下のようになる．

$$H_0|i\rangle = E_i|i\rangle = E_1|i\rangle \tag{2.28}$$

この節では，電子構造に対し顕著に影響するのは最近接での相互作用が主であると仮定して，以下の考察がなされる．したがって，なんらかの理由により，最近接相互作用を越えて，長距離相互作用を考えなければならないような特異点での議論には立ち入らない．さて，ここで，図 2.3 のチェーン中の一つの原子である原子 i, $0 \leq i \leq N$ の波動関数へ式（2.26）を適用してみる．原子間の擬ポテンシャルからくる，この原子と隣の原子との相互作用を考慮する．ここで，式（2.26）を書き換えると

$$H_0|i\rangle + V_P|i+1\rangle + V_P|i-1\rangle = E|i\rangle \tag{2.29}$$

図 2.3 格子定数 a によって一様に配列した原子の一次元チェーン

となり,さらに,この方程式をこのサイトの波動関数の複素共役で掛け積分すると

$$E_i + \langle i|V_P|i+1\rangle + \langle i|V_P|i-1\rangle = E \tag{2.30}$$

となる。2番目と3番目の項は,値を求める必要がある相互作用項である。この見積りのために,つぎの漸化式を利用する。

$$|i+1\rangle = e^{ika}|i\rangle \tag{2.31}$$

量子力学では,指数演算は実空間での移動演算子となり,波動関数を1原子分位置移動させる。同様に,3番目の項は,指数関数の複素共役をつくる。オンサイト擬ポテンシャル積分をつぎのように書く。

$$\langle i|V_P|i\rangle = -A \tag{2.32}$$

A は定数である。このパラメータを実験データにフィットさせるのに対して,正しい軌道と擬ポテンシャルを使って,実際にこの積分を見積もることができる。この違いは第一原理法と経験法との差であり,のちにまた議論する。ここでの数値は,ある種の技により見出されるものと仮定している。上記の展開と方程式に現れる多くの重なり積分の見積りを用いると

$$E = E_1 - A(e^{ika} + e^{-ika}) = E_1 - 2A\cos(ka) \tag{2.33}$$

となり,このエネルギー構造は,図 **2.4** にプロットされている。その電子バンドは,(最低から最高まで)$2A$ の広がりとなっている。この電子バンドは,単サイト準位エネルギー E_1 の周りに広がっている,すなわち,この単原子エ

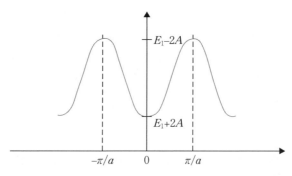

図 **2.4** 最近接相互作用での一次元チェーンでのバンド構造

ネルギー値の周りに広がる形の電子バンドである。前にも示したがそのバンドは，そのチェーンの N 個の原子に由来した，N 個の k 値が集まっていて，これが運動量として量子化された準位に対応している。すなわち，結晶中の単位胞それぞれに対応して 1 個の k の値がある。もしもスピン自由度を含めると，それぞれの状態に 1 個のアップスピンと 1 個のダウンスピンの電子が入ることができ，このバンドは $2N$ 個の電子を収納できる。しかし，N 個の原子サイトからの電子が N 個しかないときには，このバンドは半分まで電子がつまり，フェルミエネルギーはバンドの中間に位置する。

ここで，単位胞当り 1 個の，2 番目の原子が加えられたとすると，2 原子の単位胞となる。この様子は，**図 2.5** に示され，この単位胞には，それぞれ二つの原子で占められている（図では 1 個は薄い色で，もう一つは濃い色で表示）。結晶格子は，それぞれ薄い色か濃い色の原子で定義されているが，それぞれの格子点は二つの原子の**基本構造**を有している。これによって，電子構造はかなり変化する。ここでは，基本構造中の二つの原子のそれぞれに対して 1 個，つまり二つのブロッホ関数を使う。

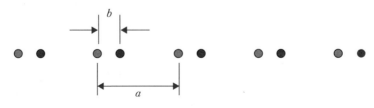

図 2.5 2 原子格子：ここでの単位胞には，それぞれ 2 色で示した二つの原子で占められていて，一次元格子であっても先の電子構造とは異なっている。

つぎに，2 個の原子を説明するため，二つの方程式を書き下さねばならない。そして，二つの距離を含んでいる，薄い色-濃い色の原子の相互作用がある。最初の相互作用では，二つの原子は b だけ離れていて，もう一つのそれでは，$a-b$ だけ離れていて相互作用がもう一つある。しかしながら，格子定数は a のままである。さらに先に進むには，少々より複雑な表示に対応させる必要がある。ここでは，薄い色の原子はサイト i に印づけされて，i は偶数（0 を

含めて）となるようにしてある。同様にして，i が奇数のとき，濃い色の原子がサイト i にあると考えることができる。ここでは，二つの方程式を書き出す必要があるが，一つは中心にあるサイトが薄い色の原子のとき，残りの別の一つは，中心にあるサイトが濃い色の原子になっているときである。どのサイトでもたいしたことにはならないが，ある原子を取り出して，その隣のサイトを考慮すると，それらの式は次のようになる。

$$\begin{aligned} E_1|i\rangle + V_P|i+1\rangle + V_P|i-1\rangle &= E|i\rangle \\ E_1|i+1\rangle + V_P|i+2\rangle + V_P|i\rangle &= E|i+1\rangle \end{aligned} \quad (2.34)$$

ここで積分を計算するためには，i は偶数（薄い色の原子）であると考える。もし，あらかじめ，それらの方程式の一番目は中心にある i サイトの複素共役の波動関数，つぎに二番目も中心にあるサイトを $i+1$ としてその複素共役の波動関数を掛けて積分すると，以下の結果が得られる。

$$\begin{aligned} E_1 + \langle i|V_P|i+1\rangle + \langle i|V_P|i-1\rangle &= E \\ E_1 + \langle i+1|V_P|i+2\rangle + \langle i+1|V_P|i\rangle &= E \end{aligned} \quad (2.35)$$

ここで，四つの積分をつぎのように置く。

$$\begin{aligned} \langle i|V_P|i+1\rangle &= e^{ikb}\langle i|V_P|i\rangle \equiv e^{ikb}A_1 \\ \langle i|V_P|i-1\rangle &= e^{ik(b-a)}\langle i-1|V_P|i-1\rangle \equiv -e^{ik(b-a)}A_2 \\ \langle i+1|V_P|i+2\rangle &= e^{ik(a-b)}\langle i+1|V_P|i+1\rangle \equiv -e^{ik(a-b)}A_2 \\ \langle i+1|V_P|i\rangle &= e^{-ikb}\langle i|V_P|i\rangle \equiv e^{-ikb}A_1 \end{aligned} \quad (2.36)$$

ここで，二つの異なった原子に対して，異なる重なり積分を計算した。A_2 項の符号の選択は，$k=0$ でギャップが生じていることになるように決めている。どちらの方向へ波動関数を移動するのかの選択が，ハミルトニアンがエルミートになるかどうかを左右している。二つの方程式は，以下の解くべき永年方程式を与える。

$$\begin{vmatrix} (E_1-E) & (A_1 e^{ikb} - A_2 e^{ik(b-a)}) \\ (A_1 e^{-ikb} - A_2 e^{-ik(b-a)}) & (E_1-E) \end{vmatrix} = 0 \quad (2.37)$$

二つの非対角要素がそれぞれ複素共役であることは明白であるので，ハミルトニアンはエルミートであり，そのエネルギー解は実数となる。また，考慮する

どのような次元の格子であっても，量子力学の基本的な要請が満足されており，実数の観測可能な固有値を持つためには，ハミルトニアンはエルミートである．二つのバンドは，この2原子格子から形成され，上方のバンドのエネルギー最小値と下方のバンドのエネルギー最大値の間の中間値で，鏡面対称になっている．ここでのエネルギーは

$$E = E_1 \pm \sqrt{A_1^2 + A_2^2 - 2A_1 A_2 \cos(ka)} \tag{2.38}$$

として与えられる．$E_1=5$, $A_1=2$, $A_2=0.5$ としたとき，二つのバンドは図2.6に示されている．この二つのバンドは，値5の周りで鏡面対称になっていて，それぞれのバンド幅は1である．

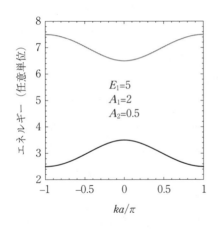

図2.6 2原子格子による2バンド図．種々のパラメータの数値は，図の中に示されている．

単原子格子では N 個の単位格子が存在するので，個々のバンドには N 個の状態の運動量がある．前と同様に，この状態のスピン縮退を考慮すると，それぞれのバンドには，$2N$ 個の電子を入れることができる．しかしながら，単位胞当り2個の原子は，$2N$ 個の電子を供給するので，図2.6の低いほうのバンドを満たしている．それゆえ，この2原子格子のバンドギャップがどの程度の広がりであるかに依存して，半導体となるかあるいは絶縁体となるのかが決まる．ここで，およそ3eVの広がりとなれば，通常広いバンドギャップの半導体とみなせる．

2.3.2 二次元格子

二次元の場合に対しては,実際の二次元物質の例を取り扱うことができ,それはグラフェンである。グラフェンは,最近では単層グラフェンとして,単離することができる[9]。通常,グラフェン層のそれぞれの層は非常に弱い結合で成り立っていて,そのことが,石墨などのグラファイトが鉛筆の芯になることとか,また潤滑剤などに使用されていることの理由でもある。単層のグラフェンは,とにかくずば抜けて強く,多様な応用が見込まれている。ここでは,エネルギー構造の議論を行いたい。

まず,**図2.7**にあるような,結晶構造および逆格子について考えてみる。単層グラフェンは,炭素原子の六方格子面の一枚構造である。単位胞には2個の炭素原子があるが,おたがいに同等ではない。このように,基本単位胞は2個の原子の基本構造からなるひし形になる。図2.7には,ひし形セルの単位ベクトルが a_1 と a_2 として示され,単位胞は点線で閉じられている。同等でない二つの原子が,A(濃い色)とB(薄い色)の原子として示されている。三つの最近接ベクトルもまた,B原子から近くの三つのA原子に向いた方向でつながれている。逆格子もひし形であり,元の空間格子を90度回転させた構造となっているが,通常は六角形で示されている。そこには二つの同等でない境界である六角形の二つの特別な曲がり角,すなわちKとK'が存在する。あとで見るように,伝導帯と価電子帯はそれら2点の曲がり角で接していて,それに

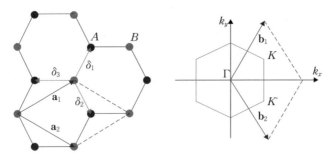

図 2.7 グラフェンの結晶構造(左)とその逆格子(右)

より両方のバンドに二つのバレーがある。逆格子の二つの単位ベクトルは $\mathbf{b}_1$ と $\mathbf{b}_2$ であり，$\mathbf{b}_1$ は $\mathbf{a}_2$ に，そして $\mathbf{b}_2$ は $\mathbf{a}_1$ にそれぞれ直交している。最近接距離は，$a=0.142\,\mathrm{nm}$ であり，格子ベクトルと逆格子ベクトルの関係式はそれぞれ

$$\begin{aligned}\mathbf{a}_1 &= \frac{a}{2}(3\mathbf{a}_x + \sqrt{3}\mathbf{a}_y), & \mathbf{b}_1 &= \frac{2\pi}{3a}(\mathbf{a}_x + \sqrt{3}\mathbf{a}_y) \\ \mathbf{a}_2 &= \frac{a}{2}(3\mathbf{a}_x - \sqrt{3}\mathbf{a}_y), & \mathbf{b}_2 &= \frac{2\pi}{3a}(\mathbf{a}_x - \sqrt{3}\mathbf{a}_y)\end{aligned} \tag{2.39}$$

そして，K と K' 点は，以下のようになる。

$$K = \frac{2\pi}{3a}\left(1, \frac{1}{\sqrt{3}}\right), \qquad K' = \frac{2\pi}{3a}\left(1, \frac{-1}{\sqrt{3}}\right) \tag{2.40}$$

これらのパラメータより，最近接相互作用を用いてエネルギーバンドを構築できる。これは，Wallace[10] によって初めてなされたようだが，ここでは基本的に彼の方法をたどっていく。

ここでの2原子の一次元格子に対しては，A 原子からと B 原子からとの寄与からの二つの基本成分による波動関数であると考えられる。このようにして，以下のような波動関数として記述される。

$$\begin{aligned}\Psi(x,y) &= \phi_1(x,y) + \lambda\varphi_2(x,y) \\ \varphi_1(x,y) &= \sum_A e^{i\mathbf{k}\cdot\mathbf{r}_A}\chi(\mathbf{r}-\mathbf{r}_A) \\ \varphi_2(x,y) &= \sum_B e^{i\mathbf{k}\cdot\mathbf{r}_B}\chi(\mathbf{r}-\mathbf{r}_B)\end{aligned} \tag{2.41}$$

ここでは，位置と運動量，両者の二次元ベクトルとして記述される。二つの成分のそれぞれの波動関数は，個々の原子のブロッホ関数の和になっている。ハミルトニアンをつまびらかにはしないで，シュレーディンガー方程式を書き出すことができ，つぎのようになる。

$$H(\varphi_1 + \lambda\varphi_2) = E(\varphi_1 + \lambda\varphi_2) \tag{2.42}$$

ここでは，最初に，波動関数の最初の成分の複素共役を，まず式 (2.42) に掛け，そのつぎに波動関数の2番目の成分の複素共役を掛ける。これにより，以下二つの方程式を導くことができ

となる。ここで，各積分は

$$H_{11}+\lambda H_{12}=E$$
$$H_{12}+\lambda H_{22}=E \tag{2.43}$$

となる。ここで，各積分は

$$H_{11}=\int \varphi_1^* H \varphi_1 d\mathbf{r}, \qquad H_{22}=\int \varphi_2^* H \varphi_2 d\mathbf{r}$$
$$H_{21}=\int \varphi_2^* H \varphi_1 d\mathbf{r} = H_{12}^* \tag{2.44}$$

となる。先に注意したように，最近接相互作用のみを用いるので，対角化項は

$$H_{11}=\int \chi^*(\mathbf{r}-\mathbf{r}_A) H \chi(\mathbf{r}-\mathbf{r}_A) d\mathbf{r} = E_0$$
$$H_{22}=\int \chi^*(\mathbf{r}-\mathbf{r}_B) H \chi(\mathbf{r}-\mathbf{r}_B) d\mathbf{r} = E_0 \tag{2.45}$$

となる。グラフェンでは，原子どうしのつながる平面上の結合はsp^2混成であり，一方で伝導は平面に垂直なp_z軌道によって行われる。このような理由で，A原子とB原子における局所積分は同じになり，同じ正味の値のエネルギーとして考えることによって，式（2.45）にあるようにまとめられる。同様のプロセスにより，非対角項も

$$H_{21}=H_{12}^*=\int \varphi_1^* H \varphi_2 d\mathbf{r} = \sum_{A,B} e^{i\mathbf{k}\cdot(\mathbf{r}_B-\mathbf{r}_A)} \int \chi_A^* H \chi_B d\mathbf{r}$$
$$\equiv \gamma_0 \sum_{nn} e^{i\mathbf{k}\cdot(\mathbf{r}_B-\mathbf{r}_A)} = \gamma_0 (e^{i\mathbf{k}\cdot\delta_1}+e^{i\mathbf{k}\cdot\delta_2}+e^{i\mathbf{k}\cdot\delta_3}) \tag{2.46}$$

となる。かっこの中に示されている三つの指数関数部分の和は，**ブロッホ和**としてよく知られている。それぞれの項は，積分を行うA原子の基底関数をB原子のほうへと移動させる項である。三つの最近接ベクトルは図2.7に示されている。これらの座標は，図の中に示されているB原子に関連させて，以下のようになる。

$$\delta_1=\frac{a}{2}(1,\sqrt{3}), \qquad \delta_2=\frac{a}{2}(1,-\sqrt{3}), \qquad \delta_3=-a(1,0) \tag{2.47}$$

多少の計算で，非対角項は以下のように表すことができる。

$$H_{12}=\gamma_0 \left[2e^{ik_x a/2} \cos\left(\frac{\sqrt{3}k_y a}{2}\right) + e^{-ik_x a} \right] \tag{2.48}$$

これで行列要素が得られたので，ハミルトニアン行列はそれらの値から書きだ

すことができる。これより以下の行列式が求まる。

$$\begin{vmatrix} (E_0-E) & \lambda H_{12} \\ H_{21} & \lambda(E_0-E) \end{vmatrix} = 0 \tag{2.49}$$

$$E = E_0 \pm \sqrt{|H_{21}|^2}$$

これにより，以下の結果が得られている。

$$E = E_0 \pm \gamma_0 \sqrt{1 + 4\cos^2\left(\frac{\sqrt{3}k_y a}{2}\right) + 4\cos\left(\frac{\sqrt{3}k_y a}{2}\right)\cos\left(\frac{3k_x a}{2}\right)} \tag{2.50}$$

この結果が，図 2.8 に示されている。これらバンドからすぐわかることは，伝導帯と価電子帯は，図 2.7 の六角形の逆格子にあるように，六つの K と K' 点で接していることである。これは，バンドギャップがないことを意味している。実際に，それら六つの点から少し離れた小さな運動量の値に対する，式 (2.49) の展開では，バンドが線形であることを示している。これは，ディラック方程式の解が静止質量 0 となる結果とよく似ていて，これも質量を持たないディラックバンドとなっていることがわかる。もし，この小さな運動量を ξ とすると，エネルギー構造は（$E_0=0$ にて）

$$E = \pm \frac{3\gamma_0 a}{2} \xi \tag{2.51}$$

となる。実験では，価電子帯の幅をおよそ，9 eV と見積もられ，$\gamma_0 \sim 3$ eV となる。この値と式 (2.50) のエネルギー構造を用いると，この線形バンドで

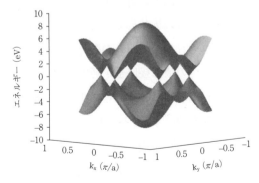

図 2.8　グラフェンの伝導帯と価電子帯（式 (2.50) による）。各バンドは，六方晶格子の K 点または K' 点の近くで接している。

の有効フェルミ速度は，$9.7 \times 10^7 \, \text{cm/s}^{-1}$ となる。静止質量は0であるが，運動している実際の電子と正孔の動的質量は0でなく，ξ に対して線形に増加する。この関係式は，質量を計測できるサイクロトロン共鳴を利用して，実験的にも見られている[11]。グラフェンのバンド構造の上述の近似は，実験結果を非常によく説明している。エネルギーの高い場合では，ディラック点の近くのエネルギー面は円錐的であり，これは伝導に大きな影響を及ぼす。面内結合からくる sp^2 バンドも考慮に入れたより進んだ近似については，このあとの項の第一原理アプローチで述べる[12]。

2原子格子では，N を結晶の単位胞の数とすると，この二次元バンドには N 個の状態がある。スピンを考慮すると，価電子帯は $2N$ 個の電子を収容でき，これは単位胞当り，ちょうど二つの原子から得られる電子数となっている。そのため，純粋なグラフェンのフェルミエネルギーは，ディラック点と呼ばれる線形バンドが重なるゼロ点にある。

2.3.3 三次元格子-四面体配位

ここでは，三次元格子について注目してみる。多くの四面体構造の半導体は，閃亜鉛鉱型あるいはダイヤモンド格子の2種類であり，したがって，本書ではそれらについて注目する。しかしながら，まずは顕著な差異について考える必要があり，それは最外殻に四つの電子が平均として存在することである。それらは，一つの s 状態と三つの p 状態であることが特徴である。このような四つの軌道は混成し，それぞれ同等の四つの隣接方向を向く指向性結合（ボンド）となっている。その四つの最近接原子が通常の四面体の頂点になり，これが四面体結晶構造と呼ばれる理由である。いわゆる C，Si，Ge，および Sn のようなIV族の物質は，すべて最外殻に四つの電子を有している。一方，III-V族やII-VI族の物質は，平均として四つの最外殻電子を有していると言える。後者の物質は，閃亜鉛鉱型格子であるが，前者はダイヤモンド結晶格子である。それら二つの結晶格子は各格子位置を示す基本構造に違いがある。

図2.9 の左側に，これら二つの格子について図示してある。面心立方格子

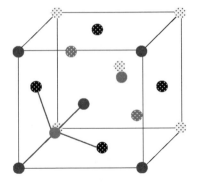 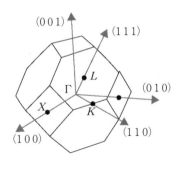

図 2.9 閃亜鉛鉱型格子（左）とその逆格子（右）

※カラーの図が下記サイトの原書電子版にあります。ご参照ください。
http://iopscience.iop.org/book/978-0-750-31044-4
また，「Semiconductors Bonds and bands」のキーワードで検索しても見つけることができます（2016年2月現在）。

(FCC) の基本格子は，立方体の 8 個の各コーナーと 6 面の各センターに 1 個の原子が配置されている。それらの原子には，数種のアミが赤で入れてある。各格子点は，赤と青に色づけされた二つの原子の基本構造の組みとして示されている。四面体配置は，左下に青の原子から出る緑のボンドで示されていて，それが隣に近接した，赤の原子に向かう構造配置をとっている。二番目の基本構造原子 4 個のみが示され，ほかの原子はこの面心立方格子の外側にあるようになっている。これは，単位胞ではないが，この格子を表現するのに共通に使われる形式となっている。ダイヤモンド（Si や Ge も同様）では，基本構造の二つの原子は同じで炭素である。化合物半導体の場合では，基本構造は化合物をつくる各原子であり，GaAs の場合は，1 個の Ga 原子と 1 個の As 原子である。四つの最近接があることは，ブロッホ和の中は四つの指数関数を持つことを意味する。

図 2.9 の右図には，面心立方格子のブリユアンゾーンが示されている。これは，切頭正八面体である。もちろん，立方体の 8 個のコーナーをカットしたようにも見える。重要な結晶方向は図中に示されている。ここでの主要な逆格子点は，ゾーンの中心にある Γ 点，正方面の中心にある X 点，そして六角形面

の中心にある L 点である．これらの構造を次々並べていく際に，残りのほか の座標軸の二つのどちらかに沿ってつぎの2番目の格子まで，うまくずらした とき，ぴったり重ねられるかどうかは重要な観点である．ここで，もし Γ 点 から（１１０）方向に沿って移動させた場合，K 点を通過した際に，つぎのゾーンの正方面の頂上面にいることになる．このようにして，ブリユアンゾーン の（００１）方向に沿って，X 点まで到達することになる．このことは，この 節のあとでのエネルギーバンドをプロットする際に，重要となる．

ハミルトニアン行列は，8×8 の行列であり，これは四つの 4×4 行列ブロックに分解することができる．対角の二つの行列は両者とも対角行列であり，それぞれの対角要素は，原子の s 軌道エネルギーと p 軌道エネルギーとなっている．ほかの二つのブロック，すなわち右上と左下のブロックでは，各要素がゼロでなくすべて詰まった行列である．しかしながら，左下のブロックは，右上 のブロックとエルミート共役（複素転置行列）となっており，全ハミルトニアンがエルミートになっていることが要請されている．これらの二つのブロックは，A 原子と B 原子の軌道との間の相互作用を表していて，すなわち，それらブロックはブロッホ和を含むことになる．これらのブロッホ和は，1個の原子から四つの近接原子への4種の移動演算子を含んでいる．もし，A 原子を関連座標の原点とすると，四つの最近接原子は，つぎのベクトルが示す位置にある．

$$\mathbf{r}_1 = \frac{a}{4}(\mathbf{a}_x + \mathbf{a}_y + \mathbf{a}_z)$$

$$\mathbf{r}_2 = \frac{a}{4}(\mathbf{a}_x - \mathbf{a}_y - \mathbf{a}_z)$$

$$\mathbf{r}_3 = \frac{a}{4}(-\mathbf{a}_x + \mathbf{a}_y - \mathbf{a}_z)$$

$$\mathbf{r}_4 = \frac{a}{4}(-\mathbf{a}_x - \mathbf{a}_y + \mathbf{a}_z)$$

(2.52)

例えば，最初のベクトルは図2.9の左のパネルにあるように，ボンドに沿って左の低位置にある赤色の原子から，青色の原子へと指し示している．ここで，8×8 行列は，つぎのような一般的な形式を持っている．

$$
\begin{bmatrix}
E_s^A & 0 & 0 & 0 & H_{ss}^{AB} & H_{sx}^{AB} & H_{sy}^{AB} & H_{sz}^{AB} \\
0 & E_p^A & 0 & 0 & H_{xs}^{AB} & H_{xx}^{AB} & H_{xy}^{AB} & H_{xz}^{AB} \\
0 & 0 & E_p^A & 0 & H_{ys}^{AB} & H_{yx}^{AB} & H_{yy}^{AB} & H_{yz}^{AB} \\
0 & 0 & 0 & E_p^A & H_{zs}^{AB} & H_{zx}^{AB} & H_{zy}^{AB} & H_{zz}^{AB} \\
 & & & & E_s^B & 0 & 0 & 0 \\
 & & & & 0 & E_p^B & 0 & 0 \\
 & & & & 0 & 0 & E_p^B & 0 \\
 & & & & 0 & 0 & 0 & E_p^B
\end{bmatrix}
\quad (2.53)
$$

左下の行列要素は右上の複素共役を適宜転置することによって得られる。また，p_x, p_y, p_z に対して x, y, z をそれぞれ対応させた省略記号を採用した。もし，これらの二つの下付き文字を反転させると（異なっている場合は），複素エネルギーの共役の効果が生じることに注意する。A と B 原子の交換は座標系を反転させて，ブロッホ和の異なった4個のみに減らす。

最初に，二つの原子について，2個の s 状態の間の相互作用を考えてみる。ここで，s 状態は球対称なので，指数関数の肩にある角度変化はないので，ブロッホ和の各項の符号変化に注意しなくても良いことになる。それで，この項は

$$H_{ss}^{AB} = \langle s^A | H | s^B \rangle (e^{i\mathbf{k}\cdot\mathbf{r}_1} + e^{i\mathbf{k}\cdot\mathbf{r}_2} + e^{i\mathbf{k}\cdot\mathbf{r}_3} + e^{i\mathbf{k}\cdot\mathbf{r}_4}) \quad (2.54)$$

となる[13]。ここで，行列要素についてみてみよう。個々の指数部分を正弦項と余弦項に展開すると，その和は別の形式の計算で書き直すことができ

$$\begin{aligned}
B_0(\mathbf{k}) = &4\left[\cos\left(\frac{k_x a}{2}\right)\cos\left(\frac{k_y a}{2}\right)\cos\left(\frac{k_z a}{2}\right)\right. \\
&\left. - i\sin\left(\frac{k_x a}{2}\right)\sin\left(\frac{k_y a}{2}\right)\sin\left(\frac{k_z a}{2}\right)\right]
\end{aligned} \quad (2.55)$$

となる。この和は，それぞれ k_x, k_y, および k_z の間では対称になっているので，座標軸は容易に相互交換できることに注意する。ある意味では，球対称から生じている。この項は別のところでも現れる。例えば，ここで，同等になっている p 状態の項を考えてみる。

$$H_{xx}^{AB} = \langle p_x^A | H | p_x^B \rangle (e^{i\mathbf{k}\cdot\mathbf{r}_1} + e^{i\mathbf{k}\cdot\mathbf{r}_2} + e^{i\mathbf{k}\cdot\mathbf{r}_3} + e^{i\mathbf{k}\cdot\mathbf{r}_4}) = E_{xx} B_0(\mathbf{k}) \quad (2.56)$$

ここで、すべての p_x 軌道点が同じ方向なので、すなわち波動関数のプラスの部分はプラスの x 方向に拡がっているので、同じブロッホ和が生じる。x 軸は、y 軸に対しても z 軸に対しても、まったく異なっていないので、式 (2.55) は H_{yy}^{AB} と H_{zz}^{AB} の二つの項にも適用可能である。このようにして、上部の右部分の全対角項は、同じブロッホ和を持っている。さて、s 軌道と以下のような p 軌道の一つとの相互作用に対する状況に戻ってみよう。

$$H_{sx}^{AB}=\langle s^A|H|p_x^B\rangle(e^{i\mathbf{k}\cdot\mathbf{r}_1}+e^{i\mathbf{k}\cdot\mathbf{r}_2}-e^{i\mathbf{k}\cdot\mathbf{r}_3}-e^{i\mathbf{k}\cdot\mathbf{r}_4})=E_{sx}^{AB}B_1(\mathbf{k}) \qquad (2.57)$$

ここで、二つの符号が変わることに注意してみる。これは、二つの p_x 軌道が A 原子から離れているのに対して、もう一方の二つでは A 原子に近づいていることによるからである。それで、それら二対の移動演算子は、それぞれお互いに異なった符号を持っている。ここで、簡便的に行列要素を E_{sx} として示して、ブロッホ和はつぎのようになる。

$$B_1(\mathbf{k})=4\left[-\cos\left(\frac{k_xa}{2}\right)\sin\left(\frac{k_ya}{2}\right)\sin\left(\frac{k_za}{2}\right)\right.$$
$$\left.+i\sin\left(\frac{k_xa}{2}\right)\cos\left(\frac{k_ya}{2}\right)\cos\left(\frac{k_za}{2}\right)\right] \qquad (2.58)$$

ここで、s 状態と p 状態との間の相互作用に対して、ほかの二つの行列要素を考えることができる。これらは、明らかな対称性 $k_x \to k_y \to k_z \to k_x$ を用いることにより、以下のようになる。

$$B_2(\mathbf{k})=4\left[-\sin\left(\frac{k_xa}{2}\right)\cos\left(\frac{k_ya}{2}\right)\sin\left(\frac{k_za}{2}\right)\right.$$
$$\left.+i\cos\left(\frac{k_xa}{2}\right)\sin\left(\frac{k_ya}{2}\right)\cos\left(\frac{k_za}{2}\right)\right] \qquad (2.59)$$

$$B_3(\mathbf{k})=4\left[-\sin\left(\frac{k_xa}{2}\right)\sin\left(\frac{k_ya}{2}\right)\cos\left(\frac{k_za}{2}\right)\right.$$
$$\left.+i\cos\left(\frac{k_xa}{2}\right)\cos\left(\frac{k_ya}{2}\right)\sin\left(\frac{k_za}{2}\right)\right] \qquad (2.60)$$

これらのブロッホ和は、二つの p 軌道間の相互作用でも同様に得られる。例えば、p_x と p_y を考えたときには p_z 軸は外されているので、その結果として k_z 方向が特別な B_3 が導入される。

原子どうしを交換したときには，四面体も反転し，その四つのベクトル式(2.52) も交換される。ブロッホ和において，これは運動量の方向を反転させたことと同等であり，座標の原点に対しての反転となっている。これは，個々の B にて複素共役をとっていることになる。行列要素の中の波動関数の順序の反転はエネルギーに対する複素共役の導入になり，それらは実数でなければならないので，これによりなんの変化も起こらないことになる。しかしながら，二つの原子からの異なった軌道が混合するようになるので，どの原子の s 軌道が，どの s-p 行列要素にいるのかをつねに追跡し，注意しなければならない。ここで，非対角のブロック，つまり式 (2.53) の上部右は

$$\begin{bmatrix} E_{ss}B_0 & E_{sx}^{AB}B_1 & E_{sx}^{AB}B_2 & E_{sx}^{AB}B_3 \\ E_{sx}^{BA}B_1^* & E_{xx}B_0 & E_{xy}B_3 & E_{xy}B_2 \\ E_{sx}^{BA}B_2^* & E_{xy}B_3^* & E_{xx}B_0 & E_{xy}B_1 \\ E_{sx}^{BA}B_3^* & E_{xy}B_2^* & E_{xy}B_1^* & E_{xx}B_0 \end{bmatrix} \tag{2.61}$$

となる。上で議論したように，8×8 行列中の残りの部分は，最終的にはエルミート行列になるように満たされ，これが波数ベクトル **k** の関数としてエネルギーバンドを得る。

特別な点，例えば Γ 点や X 点などでは，行列は単純になる。例として，Γ 点では 8×8 行列は簡約されて，2×2 行列になる。それら四つのうちの三つは同等であり，つまり p 軌道の対称性からの結果で縮退が残る。4番目の行列は，s 軌道の対称性の結果である。これは重要な結果であって，Γ 点で，二つの原子のそれぞれ類似した軌道のあいだでのみ混合が生じることを意味している。これら小行列のそれぞれは容易に対角化ができる。この s 軌道どうしの混合は

$$E_{1,2} = \frac{E_s^A + E_s^B}{2} \pm \sqrt{\left(\frac{E_s^A - E_s^B}{2}\right)^2 + 16E_{ss}^2} \tag{2.62}$$

となる。Si のような場合には，A と B の原子が同等なので，$E_{1,2} = E_s \pm 4E_{ss}$ と簡約できる。同様に p 軌道の混合は

$$E_{3,4} = \frac{E_p^A + E_p^B}{2} \pm \sqrt{\left(\frac{E_p^A - E_p^B}{2}\right)^2 + 16E_{xx}^2} \tag{2.63}$$

となる。この場合も，SiのようにAとBの原子が同じであれば，この式は$E_{3,4}=E_p\pm 4E_{xx}$となる。ここで，重要な注意点がある。原子のs軌道のエネルギーは，p軌道のエネルギーより低いところにある。しかしながら，伝導帯の底では通常は球対称，つまりs軌道型である。これに対して価電子帯の頂上ではほとんどが三重縮退でp軌道型となっている。これゆえ，二つのバンド（伝導帯と価電子帯）の底は両方ともs軌道型で，一方二つのバンドの頂上はp軌道型である。価電子帯のトップは二つのp準位の低い方に対応し，化合物の陰イオンから派生している。その結果，価電子帯のトップは化合物の陰イオンのp状態から生じている。一方，伝導帯の底はs準位の高い方に対応し，普通陽イオンのs状態からきている。

種々の結合定数を実験データに合わせてみる際に，この方法は半経験的タイトバインディングモデル（SETBM）として知られてきた。図2.10には，ここにて議論した八つの軌道を用いたバンド構造を図示してある。バンドギャップはよく合っているが，LとXでの伝導帯極小点の位置は合っていない。L点の最小値は，伝導帯の底よりもおおよそ0.29 eV上にあるべきであり，一方でX点の最小値は，伝導帯の底よりもおおよそ0.5 eV上にある。つぎの準位の空のs軌道がここで使われている軌道のちょっと上にあるはずである。もし，励起状態の軌道（s^*）が10軌道モデル（ブロッホ和は，s軌道と同様に残るが，相互作用エネルギーは異なる）にしたとすると，実際のバンドに非常に

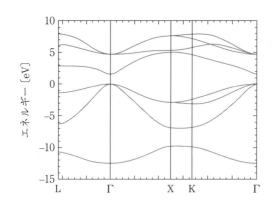

図2.10 sp^3軌道をSETBM法によって計算したGaAsのバンド構造図

よく適合した結果になる。[14] 以上の結果は，**図 2.11** に示されている。すなわち，図 2.9 を参考にして，L 点から（111）に沿って Γ 点に下がって，（100）から離れて X 点に行き，それから 2 番目のゾーンの X 点にジャンプして，そこから K 点を通過して，（110）に沿って Γ 点に戻ることができるので，これらの両方の図にあるバンドをプロットできる。これは，比較的標準的な道筋であり，この章と本書を通して用いているものである。励起状態を使うことに代わるものとして，第二近接の相互作用を使う方法があるが，これもいくつかの補正を与える。

図 2.12 には，sp^3s^* 近似を用いた Si のエネルギーバンドがプロットされている。これにより，伝導帯の最小値が Γ 点から X 点までの途中にあるような間接ギャップになっていることから，直接ギャップではないことがわかる。こ

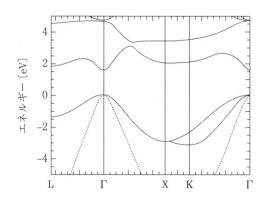

図 2.11 sp^3s^* の 10 個のバンド軌道法を用いて計算された GaAs のエネルギーバンド。

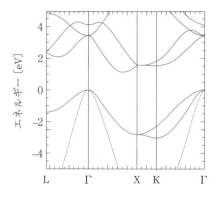

図 2.12 sp^3s^* 法を用いて計算された Si のギャップ近傍のバンド構造

の途中の最小点は，X点から85％の位置で，通常この線はΔと表示されている．再び，図2.9を参照すると，六つの直線があり，図にある最小値は六つの最小値うちのひとつ，つまり直線（100）の六つの同等な点の一つでもある．

2.3.4 第一原理と経験的取扱い

先に議論したように，実際の波動関数と擬ポテンシャルを使って，以上の議論にて頻繁に出てきた多くのエネルギーパラメータの値を求めることができる．すなわち，それらのエネルギーパラメータを，実験で決められているバンドの値に合うようにフィッティングパラメータとして使うことができる．この第一原理強束縛（タイトバインディング）法へのより良いアプローチの一つは，Sankey[15]によってなされた．火の玉と呼ばれている局在した原子軌道のセットが作られ，実効的な交換・相関関数に結合された．この取組み方式では，有効性を改良するために，三つの中心積分に拡張された．そして，原子間力の計算の際に格子緩和を適宜考慮する，分子動力学が使われている．全体を通した報告が，最近現れている[16]．

一方，諸パラメータをエネルギーバンドの実験結果に合わせることにより，単純な半経験的手法[13]を用いる計算機能の有効利用を行う方法がよく使われている．しかし，これにはこれらの計測に対して，どのような実験をするべきであるとか，誰の結果が使えるものなのかといった疑問がつねにある．計算物理学者による一般的な方法は，バンド間遷移の光学観測結果に合わせることによって行われてきた．しかし，バンドの実際の波数の位置を調節するのに反して，この方法はギャップを調節する．電気伝導の研究者として考える方策としては，Γ点での主エネルギーギャップと同様に，伝導帯での種々の特異点にまずは合わせてみることであろう．先に述べたように，Γ点にある伝導帯の底と関連してX点やL点のような特異点について言及した．それらの特異点は，実験的にも決定されている．また，多くの電子デバイスは伝導が電子によって伝導帯で起こるn型物質を利用しているので，半導体デバイスにとってこれらの特異点は重要である．伝導帯の主要な領域はそのようなデバイスに利用化

されているのでL点での光学ギャップ以上に伝導帯が正確であることはより重要となっている（このL点ギャップの計算結果はまだあまり合っていない）。

ここで，経験的アプローチにて生じるいくつかの問題を考えてみる．まず，Siから始めてみると，それぞれ便宜的に価電子帯の頂上をゼロとすると，実験から定めた価電子帯の底は$-12.5\,\mathrm{eV}$になっている[17]．重要となるs対称状態は，図2.12にあるように，伝導帯の底のΓ点にあるが，もう一つのs状態は価電子帯頂上の上方$4.1\,\mathrm{eV}$にあって，二重縮退にはなっていない．式(2.62)を用いて，それらの値はそれぞれ$E_{ss}=2.08\,\mathrm{eV}$と$E_s=-4.2\,\mathrm{eV}$となる．エネルギー差E_s-E_pは，ChadiとCohenによって$7.2\,\mathrm{eV}$[18]と与えられているので，$E_p=3\,\mathrm{eV}$となる．ここで，式(2.63)を用いると$E_{xx}=0.75\,\mathrm{eV}$であることがわかる．この時点で，バンド構造でのほかのすべての特異点に対応させるのに，二つのパラメータのみが残っているだけである．これは難しい課題であって，しかも，なにゆえに基底に励起状態まで，または第二最近接の相互作用に拡張しようとすることが重要となっているのかがよく理解できる．これらをブリユアンゾーン内のほかの特異点にフィットさせるために，これらはさらに新たなパラメータを導入することになる．化合物半導体に対して加えられたパラメータを用いても，図2.10にて明白であったように，良好なフィッティングは得られていない．励起状態の付加により，図2.11にあるように新たなパラメータが見積もられ，良好なフィットが得られる．いくつかの半導体のパラメータを表2.1と表2.2に挙げる．文献等に，上記パラメータの多くの組合せが示されていて，その一つの組合せはTengら[19]によるものである．

表2.1　対象となる物質での強束縛パラメータ

	E_s^A	E_s^B	E_p^A	E_p^B	E_{ss}	E_{xx}	E_{xy}	E_{sx}^{AB}	E_{sx}^{BA}
Si	-4.2	-4.2	1.72	1.72	-2.08	0.43	1.14	1.43	1.43
GaAs	-2.7	-8.3	3.86	0.85	-1.62	0.45	1.26	1.42	1.14
InAs	-3.53	-8.74	3.93	0.71	-1.51	0.42	1.1	1.73	1.73
InP	-1.52	-8.5	4.28	0.28	-1.35	0.36	0.96	1.33	1.35

44 2. 電子構造

表 2.2 いくつかの励起状態パラメータ

	$E_{s^*}{}^A$	$E_{s^*}{}^B$	$E_{s^*p}{}^{AB}$	$E_{s^*p}{}^{BA}$
Si	6.2	6.2	1.3	1.3
GaAs	6.74	8.6	0.75	1.25

2.4 運動量空間手法

運動量空間を用いて解釈をする簡単な方法とは，2.1 節にての議論で明らかなように自由電子波動関数で考えることである．もし，各原子のポテンシャルが無視できれば，平面波のみを考慮すれば良いことになり，図 2.1 にあるように自由電子バンドモデルが復活することになる．しかし，重要なことは原子ポテンシャルによってこれらのバンドが摂動を受けることである．この単純な場合は図 2.2 に示されている．もし，原子ポテンシャルが比較的スムースであれば，平面波近似は比較的正確になるが，この「比較的」という表現は避けたいところである．問題は，原子の周りで急激に変化するポテンシャルをどのように扱うかであり，また，このポテンシャルを変化させているコア電子の関与もまた問題になってはいるが，半導体の結合特性にはそれほど大きく関与していない．一般的に，コアの近くのポテンシャルは，単純なクーロンポテンシャルよりはとても急激に変化するので，これにより非常に多数の平面波を用意する必要がある．コア電子の存在，すなわちこの急激なポテンシャル変化は，計算を複雑にしていて，単に平面波の集積のみのアプローチでは非常に困難な仕事である．一つの妥協は，Slater[20] によって提案された方法で，球対称ポテンシャル中での孤立原子問題を解くことにより得られるコアの波動関数を用いて平面波を変調することを提案した．それで，原子の周りの局所ポテンシャルの適当な半径まで球対称ポテンシャルを用い，これ以上の半径では一定値となるように調整した．それゆえ，この**強調平面波法**（APW）は，いわゆるマフィン・ティン型ポテンシャル法（ポテンシャルの形状がお菓子のマフィン・ティンの形に似ている）を使用した．

その後,Herring[21] は,平面波はコアの波動関数も含まれるべきであるとして,個々のコアの波動関数の大きさを変化させて調節することにより,正味すべての波動関数を直交化させる手法を提案した。この直交化平面波法（OPW）を用いて,バンド構造の計算に使った実際のポテンシャルを平坦化（2.2 節の擬ポテンシャル法に従って）すると,必要な平面波がより少数になる。上記のAPW と類似の OPW 近似は,原子の適当な半径まで実際のポテンシャルを適用するセル手法の一つであり,その半径より大きいところではより平坦な,またはゼロのポテンシャルとなる近似法である。この原理では,コア半径の外では平面波表現を用いるが,その平面波はコアの中の波動関数と直交するようにセットする必要がある。これを行うときには,コアの波動関数は

$$\langle t,a| = \Psi_t(\mathbf{r}-\mathbf{r}_a) \tag{2.64}$$

を採用する。ここで,下付き t は適当なコア軌道であり,$\mathbf{r}_a$ は原子の位置を表している。これにより,フーリエ変換は

$$\langle t,a|\mathbf{k}\rangle = \int d^3\mathbf{r}\,\Psi_t(\mathbf{r}-\mathbf{r}_a)e^{i\mathbf{k}\cdot\mathbf{r}} \tag{2.65}$$

となる。ここで,OPW 平面波の形式は

$$\Psi_\mathbf{k} = |\mathbf{k}\rangle - \sum_{t,a} c_{t,a}|t,a\rangle\langle t,a|\mathbf{k}\rangle \tag{2.66}$$

のように組み上げられる。定数 $c_{t,a}$ は,平面波状態が個々のコア波動関数と直交するように,調整する定数である。同時に,ポテンシャル項もコアの波動関数とスムースにつながるようにさせるこの方法により,擬ポテンシャルが得られる。

そして,もしこのアプローチが実施できれば,自己無撞着な,第一原理近似シミュレーションにより,組み合わせた OPW 関数が得られるので,相互作用エネルギー（ハートリー,ハートリーフォック,LDA 等）の適正なセットが決定され,正しい擬ポテンシャルを見出すことができる。この手法は,Phillips[22] によって開始され,現在では多くの手法（引用・参考文献 5）を参照）があるが,ここではこの**経験的擬ポテンシャル法**を紹介する。このアプローチは,まさに経験的強束縛法[16]と同じ精神であって,擬ポテンシャルがブ

リユアンゾーンの多くの特異点での実験結果に合うように，調整が行われる[23)-26)]。

2.4.1 局所擬ポテンシャル手法

これから見るように，これからの興味は実際の擬ポテンシャルのフーリエ変換であり，平面波の基底関数を利用してすべてをフーリエ変換の空間（すなわち量子力学的運動量空間表現）へ本質上移動させる。サイト $\mathbf{r}_a$ にある原子の周りのポテンシャルエネルギー $V(\mathbf{r})$ は次式のように書ける。

$$V(\mathbf{r}-\mathbf{r}_a) = \sum_G \tilde{V}_a(\mathbf{G}) e^{i\mathbf{G}\cdot(\mathbf{r}-\mathbf{r}_a)} \tag{2.67}$$

ここで，$\mathbf{G}$ は，逆格子ベクトルの総称であり，基本的に，そのようなベクトルの無限集合である。のちほど，計算の都合上，限られた集合として導入されることになる。しかしながら，より多くの逆格子ベクトルが用意されれば，もちろん精度は改善される。式（2.67）の逆算は，つぎのようになる。

$$\tilde{V}_a(\mathbf{G}) = \frac{1}{\Omega} \int d^3\mathbf{r}\, e^{i\mathbf{G}\cdot(\mathbf{r}-\mathbf{r}_a)} V_a(\mathbf{r}-\mathbf{r}_a) \tag{2.68}$$

量 Ω は結晶の単位胞の体積であり，逆格子ベクトルは結晶の単位胞によって定義される。作業に便利となるように，閃亜鉛鉱型あるいはダイヤモンド結晶にて，単位胞当りに二つの原子がある場合を考えてみる。参照点を決めておくために，二つの原子の中点に格子ベクトルの原点を置くと，式（2.67）はつぎのようになる。

$$V_P = \sum_{\alpha=1,2} V_\alpha(\mathbf{r}-\mathbf{r}_\alpha) = \sum_G [\tilde{V}_1(\mathbf{G}) e^{i\mathbf{G}\cdot\mathbf{t}} + \tilde{V}_2(\mathbf{G}) e^{-i\mathbf{G}\cdot\mathbf{t}}] e^{i\mathbf{G}\cdot\mathbf{r}} \tag{2.69}$$

この方程式において，$\mathbf{r}_1 = \mathbf{t}$ および $\mathbf{r}_2 = -\mathbf{t}$ を定義した。これは，閃亜鉛鉱型やダイヤモンド型格子において，これらの二つのベクトルは，基本構造の二つの原子の位置を示す。それゆえに $\mathbf{t} = a(1\,1\,1)/8$，つまり a は面心格子セル（これは基本単位格子ではない）の距離であるので，このセルの八つある対角距離ベクトルの一つの1/8である。この段階で，つぎにあるように，対称，反対称ポテンシャルを導入すると便利である。

$$V_{\mathrm{S}}(\mathbf{G}) = \frac{1}{2}[\widetilde{V}_1(\mathbf{G}) + \widetilde{V}_2(\mathbf{G})]$$
$$V_{\mathrm{A}}(\mathbf{G}) = \frac{1}{2}[\widetilde{V}_1(\mathbf{G}) - \widetilde{V}_2(\mathbf{G})] \tag{2.70}$$

それで

$$\widetilde{V}_1(\mathbf{G}) = V_{\mathrm{S}}(\mathbf{G}) + V_{\mathrm{A}}(\mathbf{G})$$
$$\widetilde{V}_2(\mathbf{G}) = V_{\mathrm{S}}(\mathbf{G}) - V_{\mathrm{A}}(\mathbf{G}) \tag{2.71}$$

となる。定義式（2.71）を式（2.69）に挿入すると，セルの擬ポテンシャルを以下のように書き表すことができる。

$$\begin{aligned} V_{\mathrm{C}}(\mathbf{G}) &= \widetilde{V}_1(\mathbf{G}) e^{i\mathbf{G}\cdot\mathbf{t}} + \widetilde{V}_2(\mathbf{G}) e^{-i\mathbf{G}\cdot\mathbf{t}} \\ &= 2V_{\mathrm{S}}(\mathbf{G})\cos(\mathbf{G}\cdot\mathbf{t}) + 2iV_{\mathrm{A}}(\mathbf{G})\sin(\mathbf{G}\cdot\mathbf{t}) \end{aligned} \tag{2.72}$$

擬波動関数のシュレーディンガー方程式で考えていくと，ハミルトニアン行列を作成することができる。はじめに，第一ブリユアンゾーン以内にある運動量 $\mathbf{k}$ での平面波波動関数を

$$|\mathbf{k}\rangle = \sum_{\mathbf{G}} c_{\mathbf{G}} |\mathbf{k}+\mathbf{G}\rangle \tag{2.73}$$

のように定義する。ここで，波動関数に対して式（2.2）のシュレーディンガー方程式は

$$\sum_{\mathbf{G}} c_{\mathbf{G}} \left[\frac{\hbar^2}{2m_0}(\mathbf{k}+\mathbf{G})^2 + V_{\mathrm{c}}(\mathbf{r}) - E \right] |\mathbf{k}+\mathbf{G}\rangle = 0 \tag{2.74}$$

となる。ここで，随伴行列となる複素共役波動関数 $\langle \mathbf{k}+\mathbf{G}'|$ を掛け算して積分すると，逆格子ベクトル $\mathbf{G}$ と $\mathbf{G}'$ との行列要素は

$$\sum_{\mathbf{G}} c_{\mathbf{G}} \left\{ \left[\frac{\hbar^2}{2m_0}(\mathbf{k}+\mathbf{G})^2 - E \right] \delta_{\mathbf{G},\mathbf{G}'} + \langle \mathbf{k}+\mathbf{G}' | V_{\mathrm{c}}(\mathbf{r}) | \mathbf{k}+\mathbf{G} \rangle \right\} = 0 \tag{2.75}$$

となる。波かっこ内のそれぞれの方程式は，ハミルトニアン行列の一行または一列に対応する（実際の行列は方程式に示される E の因子を含まないが，対角化することで得ることができる）。式（2.69）と式（2.72）を用いて，非対角要素は以下のように求めることができる。

$$\begin{aligned} \langle \mathbf{k}+\mathbf{G}' | V_{\mathrm{c}}(\mathbf{r}) | \mathbf{k}+\mathbf{G} \rangle &= \frac{1}{\Omega} \int d^3\mathbf{r} \sum_{\mathbf{G}''} e^{-i(\mathbf{k}+\mathbf{G}')\cdot\mathbf{r}} V_{\mathrm{c}}(\mathbf{G}'') e^{i(\mathbf{G}''+\mathbf{k}+\mathbf{G})\cdot\mathbf{r}} \\ &= \sum_{\mathbf{G}''} V_{\mathrm{c}}(\mathbf{G}'') \delta(\mathbf{G}''+\mathbf{G}-\mathbf{G}') = V_{\mathrm{c}}(\mathbf{G}-\mathbf{G}') \end{aligned} \tag{2.76}$$

このようにして，G と G' 間の差に依存しているフーリエ係数を取り出せる。この対角要素に貢献しているのは $V_c(0)$ であり，これは全スペクトルのエネルギーシフトのみに関連している。通常，価電子帯の頂上を $E=0$ になるように，エネルギースケールを揃える(そろ)のに使われる。一方，式 (2.75) は逆格子ベクトルが無数にあるが，計算ではある程度の収束がつく大きさの有限の数で普通使われる。共通の組合せとしては，すべて $2\pi/a$ を単位にした $(0\,0\,0)$，$(1\,1\,1)$，$(2\,0\,0)$，$(2\,2\,0)$，$(3\,1\,1)$，$(2\,2\,2)$，$(4\,0\,0)$，$(3\,3\,1)$，$(4\,2\,0)$，$(4\,2\,2)$ のベクトルの組（とその同等の組）から作られる，137 個の逆格子ベクトルセットである。それらのセットにおいて，$(G-G')^2$ である 2 乗の強度は 0，3，4，8，11，12，16，19，20，24 の値を（適宜対応する単位にて）とる。通常は，より高次のフーリエ要素の振幅は非常に小さいので，非対角項は $(G-G')^2 \leq 11$ のみにて計算され[19),20)]，三次より大きい要素は実質的にバンド構造に影響しない[27)]。行列要素を考える際に重要な点は，ここで与えられた数値に対して，式 (2.72) の正弦，余弦のここでのいくつかは消えてしまう。例えば Si の場合，両方の原子擬ポテンシャルは，すべての正弦項がゼロになるので，ポテンシャルは対称項のみとなる。閃亜鉛鉱型構造においては，正弦項は $(G-G')^2=8$ にて消え，一方余弦項は $(G-G')^2=4$ にて消える（この後者はダイヤモンド構造においても成り立つ）。

この節で議論された局所擬ポテンシャルを用いて計算される Si におけるバンド構造が，**図 2.13** に示してある。上で示したように，フーリエ係数を $(G-G')^2 \leq 11$ のように制限した場合，三つのパラメータを用いるだけで良い。この値は，**表 2.3** に示されている。

GaAs に対して同様に計算された結果が，**図 2.14** に示されている。この後者の場合，非対称項が存在するので，六つのパラメータがある。この章の最初にて議論したように，以前のフィッティングでは伝導帯の底に関して，X と L 点は正確に伝導帯のバレーを示す位置にいた。だが，X 点の近くの最小点は，実際の X 点から（Γ 点に向かって）離れたところであり，ありそうもな

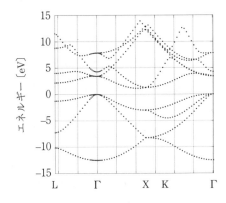

図 2.13 局所擬ポテンシャルで計算された Si のバンド構造

表 2.3 代表的な半導体の局所 EPM パラメータ

	$V_S(3)$	$V_S(8)$	$V_S(11)$	$V_A(3)$	$V_A(4)$	$V_A(11)$
Si	−3.05	0.748	1.025			
GaAs	−3.13	0.136	0.816	1.1	0.685	0.172
InAs	−2.74	0.136	0.816	1.085	0.38	0.236
InSb	−2.47	0	0.524	0.816	0.38	0.236

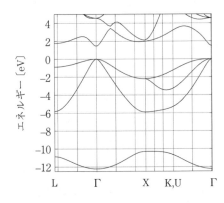

図 2.14 局所擬ポテンシャル計算による GaAs のバンド構造

い結果となっている。このバンド構造の驚きの特徴は，Si と比較して，価電子帯にある X 点での（一番エネルギー低い s 状態とその上の p 状態間に）開いた大きな極性ギャップである。これは，多くのⅢ-Ⅴ族半導体に見られるものである。ここで使われているパラメータは，表 2.3 に示されている。

2.4.2 非 局 所 項

　一般的に，局所擬ポテンシャルによる結果を実際の光学データに合わせてみると，いくつかの問題点があるのがわかる。例えば，価電子帯の幅の調節として自由電子質量を調節値にして対角要素（運動エネルギー）に補正項を加える方法が提案された[28]。しかし，PandeyとPhillipsは，この方法には物理的な正当性はなく，符号も度々正しくなく，正しい補正として保障できないと指摘している[29]。後者の著者らは，その代わりとして非局所擬ポテンシャルの利用を提案している。このポテンシャルはGeでは3dのコア状態からの反発効果を表わす付加パラメータを提供すると彼らは指摘している。（コア状態は擬波動関数と擬ポテンシャルから取り除かれているが，一方でそれらがしばしば価電子のs状態と混成し，この効果として現れることが知られている。例えば引用・参考文献30)を参照されたい）。このようにして，非局所補正の付加は元々の価電子上にd状態の効果を取り扱う方法論といえる。しかしながら，気にすべきコアのd状態がないSiにおいて，なぜ使用せねばならないのかといった疑問があり，議論として弱いものがある。実際は，いくつかの角度依存性とパラメータセットを付加し，計算したバンド構造と，フィッティングをするために使われる実験データとの間で良い一致を求めていくことになる。

　擬ポテンシャルへの非局所（または，角度変化）効果の導入のためには，局所擬ポテンシャルそれ自身が球面調和関数で，展開されている非局所項を追加して展開される。球対称であっても，シュレーディンガー方程式の解は角度変数が含まれていて，その角度解は通常，いわゆる球面調和関数にて表現される。原子1の擬ポテンシャルの非局所部分は，lと同じ変数での球面調和関数の部分空間 Y_{lm}（m は，$-l$ から l まで）内の射影演算子 P_l の項として表現される（これは，引用・参考文献29)の取扱いを用いている）。

$$V_P^{NL}(\mathbf{r}) = \sum_l V_l(r) P_l \tag{2.77}$$

$$V_l(r) = \begin{cases} A_l, & r < r_{0l} \\ 0, & r > r_{0l} \end{cases} \tag{2.78}$$

ここで，r_{0l} は，先に述べたマフィン・ティン型ポテンシャルの精神に則った

球面調和関数にての有効半径である。それぞれ二つの原子は，式 (2.72) にあるように，非局所補正項として $V(r)$ に貢献してくるので，個々の原子として別々に扱うとともに，式 (2.72) を用いた結果も加える。しかしながら，ここでは先に述べた式 (2.72) にある付加因子 2 を取り除くために，1/2 の因子を用いるとともに，引用・参考文献 29) で定義した単位胞の体積 Ω も，引き続き使用する。式 (2.76) の行列要素は，式 (2.77) から計算できて

$$\langle \mathbf{k}+\mathbf{G}'|V_P^{\mathrm{NL}}(\mathbf{r})|\mathbf{k}+\mathbf{G}\rangle = \frac{1}{\Omega}\int d^3\mathbf{r}\sum_l e^{-i(\mathbf{k}+\mathbf{G}')\cdot\mathbf{r}} V_l(r) P_l e^{i(\mathbf{k}+\mathbf{G})\cdot\mathbf{r}} \quad (2.79)$$

となる。さらに，ルジャンドル多項式の各項で，指数関数を展開する。

$$e^{\mathbf{K}\cdot\mathbf{r}} = \sum_l (i)^l (2l+1) j_l(Kr) P_l(\cos\vartheta) \quad (2.80)$$

この表現では，角度は動径ベクトル $\mathbf{r}$ と運動量ベクトル $\mathbf{K}$ の間にて，定義される。式 (2.79) では，二つの指数関数があるので，ベクトル $\mathbf{G}$ と $\mathbf{G}'$ に対応してダッシュ点有無の標識記号を使ってみる。式 (2.80) の射影演算子はルジャンドル多項式を適宜選択するとともに，演算により2番目の指数関数から対応する球面ベッセル関数を選択する。それで，行列要素は，以下のように書き直される（ここでは，$\mathbf{K}=\mathbf{k}+\mathbf{G}$ と $\mathbf{K}'=\mathbf{k}+\mathbf{G}'$，二つの省略記号をそれぞれ使用する）。

$$\langle \mathbf{K}'|V_P^{\mathrm{NL}}(\mathbf{r})|\mathbf{k}\rangle = \frac{1}{\Omega}\int d^3\sum_{l,l'} i^{l-l'}(2l+1)(2l'+1)$$
$$\times A_l P_l(\cos\vartheta) P_{l'}(\cos\vartheta') j_l(Kr) j_{l'}(K'r) \quad (2.81)$$

上記の方程式の三次元積分により，正弦項の積分がゼロになることによって，角度 ϑ' は，角度 ϑ と二つの運動量ベクトル間の角度において展開することができ

$$\cos(\vartheta') = \cos(\vartheta)\cos(\vartheta_{KK'}) \quad (2.82)$$

となる。一般的には，計算の単純化を望んでいるので，$l=0, 2$ の値の場合のみに興味がある。最初の値は，低度の補正を与えるが，一方，2番目の場合は角度変化を考えているので，d 状態に対して期待できる。$l=0$ に対しては，角度についての積分が単純なので，因子 2 を与えるのみである。$l=2$ の場合，

第二ルジャンドル多項式を展開できて，つぎのように積分が実行できる[32]。

$$\int_{-1}^{1} P_2(x) P_2(x') dx = \int_{-1}^{1} P_2(x) P_2(x) P_2(x_{KK'}) dx = \frac{2}{2l+1} P_2(x_{KK'}) \delta_{l,l'} \tag{2.83}$$

残りの動径方向の積分の解はPandeyとPhillips[29]によってつぎのように与えられた。

$$\langle \mathbf{K}' | V_P^{NL}(\mathbf{r}) | \mathbf{K} \rangle = \frac{4\pi}{\Omega} \sum_l A_l (2l+1) P_l(\cos \vartheta_{KK'}) F(Kr, K'r) \tag{2.84}$$

ここで

$$F(x,x') = \begin{cases} \dfrac{r_{0l}^2}{x^2 - x'^2} [x j_{l+1}(x) j_l(x') - x' j_{l+1}(x') j_l(x)], & x \neq x' \\ \dfrac{r_{0l}^2}{2} [j^2_l(x) - j_{l+1}(x) j_{l-1}(x)], & x = x' \end{cases} \tag{2.85}$$

である。また，この結果は，先に議論された体積要素の定義が異なっているが，ChelikowskyとCohen[32]とによっても見出されている[32]。非対角要素であっても，この後者の関数の大きさが等しくなると指摘するのは重要ではあるが，以下に議論するように，非局所補正がこれら非対角要素のみに適用されている。

対角要素が非局所項で補正されるかどうかを確かめるための導出については，いまだなされていない。しかしながら，対角要素は体積平均（ゼロ次のフーリエ係数）であり，d状態補正と関連の角度変化はないはずである。さらに，PandeyとPhillips[29]は，補正は高次のフーリエ係数（例えば彼らは8と11を挙げている）ではより重要となることを明らかにした。実際に，この後者らの報告では，同等の局所ポテンシャル（非局所動向に対する補正が含まれている）について，例えば，Geに対しては$V_S(3)$では（強度で）4.4％しか増加しないが，$V_S(8)$では220％も増え，また，$V_S(11)$では30％増えている。最後に指摘しておくが，A_0のエネルギー依存性はChelikowskyとCohen[33]とによって導入されているようだ。これを含めると，次式になる。

$$A_0 = \alpha_0 + \beta_0 \frac{\hbar^2 (\mathbf{K} \cdot \mathbf{K}' - k_F^2)}{2m_0} \tag{2.86}$$

さて，個々の原子に対するパラメータはそれぞれの値があると思わなければならない．しかしながら，ほとんどの半導体において $\alpha_0=0$ となる．

図 2.15 において，Si の非局所計算が図 2.13 の局所の場合と比較されている．局所計算が薄いアミの曲線で示されていて，非局所のそれは黒の曲線で示されている．そこでの両者の違いは，小さく細かい違いのみである．しかし，誰もが予想するように，このフィッティングはまだ経験的で場合による．そして非局所項を含んでいるので，フーリエ係数は修正し，このフィッティングを行わなければならない．このフィッティングに際しては，$\alpha_0=3.5$ として，**表 2.4** に示される値を用いている．

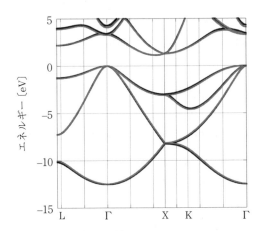

図 2.15 Si に対する非局所（黒線）擬ポテンシャル計算と局所（アミ線）擬ポテンシャル計算の結果比較

表 2.4 代表的な半導体における局所 EPM パラメータ

	$V_S(3)$	$V_S(8)$	$V_S(11)$	$V_A(3)$	$V_A(4)$	$V_A(11)$	B^A	B^B	A_2^A	A_2^B
Si	-3.05	0.5	0.6	0.2	0.2	0	0			
GaAs	-2.98	0.21	0.816	1.3	0.68	0.136	0	0	1.7	5.0
InAs	-2.79	0.096	0.45	1.09	0.43	0.408	0.35	0.25	6.8	13.6
InSb	-2.47	-0.1	0.26	0.816	0.48	0.236	0.45	0.48	7.48	6.53

図 2.16 に，GaAs についての非局所計算が示されている．再度，図 2.14 からは，それらの曲線での小さく微妙な違いのみが見られる．それにもかかわらず，計算での種々のパラメータの値において，ずれが見られた．ここで示されたフィッティングに対しては，表 2.4 にある数値を用いた．この物質に対し

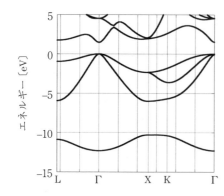

図 2.16　非局所擬ポテンシャル を用いた GaAs のバンド構造

て，主要な非局所補正は A_2 項からきているので，$A_0=0$ である。文献には多くのパラメータの組合わせが実際に載っている。その一つが，Chelikowsky と Cohen によるもの[32]である。

2.4.3　スピン-軌道相互作用

原子の量子構造においては，電子の角運動量に加えて電子スピン角運動量が混在してくることが，よく知られている。電子エネルギーバンドは半導体を構成している原子の s 軌道と p 軌道，それら両者が関与しているので，スピン-軌道相互作用は，半導体のバンド計算に大きく影響する。スピン-軌道相互作用は，電子の回転運動が有効磁場を生じるために，閉じ込めポテンシャルの勾配と相互作用する相対論的な効果である。この場は，ゼーマン効果と似たような効果によってスピンと結合している。OPW 法を用いた初期の論文では，電子バンドの詳しい特性評価をするためにはスピン-軌道相互作用が重要であると明らかに主張している。これらの効果は，少なくともスプリットオフバンドと呼ばれるバンドを分離し，価電子帯の頂上の三重に縮退したバンドを分裂させる。このバンド分裂は，およそ数 meV から eV 程度の範囲で，多くの半導体にて存在している。

半導体の擬ポテンシャル計算においてスピン-軌道相互作用を最初に入れたのは Bloom と Bergstresser[35]であると思われる。彼らは Weisz の相互作用ハ

ミルトニアン[36)]を拡張し，化合物半導体に応用した。スピン-軌道相互作用は，重い原子では強くなるものと知られているので，InSb や CdTe などの重い半導体にて強くなるものと考えられている。のちに，これはほとんどの主要な半導体に適用されている。一般的に，Weisz の公式[37)]は次式のように書き改められる。

$$\langle \mathbf{K}, s'|H_{SO}|\mathbf{K}, s\rangle = (\mathbf{K}' \times \mathbf{K}) \cdot \langle s'|\sigma|s\rangle \sum_{l} \lambda_l P'_l(\cos\vartheta_{KK'}) S(\mathbf{K}' - \mathbf{K}) \quad (2.87)$$

ここで，$\mathbf{K}$ と $\mathbf{K}'$ は先の式（2.81）の上で定義されていて，P'_l はルジャンドル多項式からなっており，S は構造因子（先に用いた sin と cos の項）である。$\vec{\sigma}$ の項は，2×2 行列のパウリのスピン行列であり，これにより，交差積の演算の方向から1個のパウリ項を取り出すことができる。ここで，波動関数はより複雑である。もし，137 の平面波の基底を用いると，スピンアップの 137 の基底とスピンダウンのもう一方の 137 の基底が存在することになる。そして，それぞれの平面波は一つのスピンの波動関数に関連するので，この行列は，2倍の階数になる。ここで注目するボンディング電子は，s 状態と p 状態のみから成立するので，式（2.87）の $l=1$ 項のみに注目すれば良い。また，ここでの基本構造は2つの原子であり，これは，パラメータ λ_l に対して奇または偶の数値をとることになる。これらの変換により，式（2.87）をつぎのように記述できる[37),38)]。

$$\langle \mathbf{K}', s'|H_{SO}|\mathbf{K}, s\rangle = -i(\mathbf{K}' \times \mathbf{K}) \cdot \langle s'|\vec{\sigma}|s\rangle$$
$$\times \{\lambda_P^S \cos[(\mathbf{K}' - \mathbf{K}) \cdot \mathbf{t}] + i\lambda_P^A \sin[(\mathbf{K}' - \mathbf{K}) \cdot \mathbf{t}]\} \quad (2.88)$$

この二つのパラメータは

$$\lambda_P^S = \frac{1}{2}(\lambda_{1,A} + \lambda_{1,B}), \quad \lambda_P^A = \frac{1}{2}(\lambda_{1,A} - \lambda_{1,B}) \quad (2.89)$$

であり，ここでのそれぞれの $\lambda_{1,2}$ は

$$\lambda_1(K, K') = \mu B_{n_1}(K) B_{n_1}(K'), \quad \lambda_2(K, K') = \mu B_{n_2}(K) B_{n_2}(K') \quad (2.90)$$

となる。下付き文字 n_1 と n_2 は，この原子がいる周期律表の原子配列の横列に対応していて，μ はフィッティングパラメータである。式（2.90）の関数は，以下にあるように適切な状態に対してのコア波動関数によって決定されている。

$$B_n(K) = i\sqrt{12\pi}\, C \int_0^\infty j_{n,1}(Kr) R_{n,1}(r) r^2 dr \tag{2.91}$$

この方程式において，j は球面ベッセル関数で，R は動径方向のコア波動関数である。Pötz と Vogl は，式 (2.86) の関数が下記の関係式によって近似できることを示した[38]。

$$\begin{aligned}B_2 &= \frac{1}{(1+\kappa_2^2)^3} \\ B_3 &= \frac{5-\kappa_3^2}{5(1+\kappa_3^2)^4} \\ B_5 &= \frac{5-3\kappa_4^2}{5(1+\kappa_4^2)^5}\end{aligned} \tag{2.92}$$

ここで

$$\kappa_n = \frac{Ka_B}{\zeta_n} \tag{2.93}$$

であり，a_B はボーア半径，ζ_n は a_B で規格化されたコア波動関数の動径方向の大きさである。Pötz と Vogl[38] は，多くの四面体配位の半導体にてすべての特性パラメータ値を決めている。ここでのシミュレーションは，彼らの結果を利用しているが，主結合定数 μ は調節されている。

図 2.17 に，GaAs にてスピン-軌道相互作用を考慮したときのバンドが示されている。ここでの結合パラメータ μ は $\mu=0.0125$ であり，Pötz と Vogl[38] とにより見積もられている値よりも少々大きい。加えて，非局所パラメータ

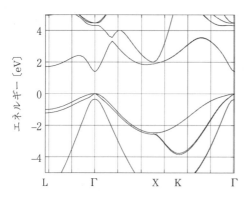

図 2.17 スピン-軌道相互作用を含めた GaAs の伝導帯の最小値付近のエネルギーバンドが，非局所 EPM での結果として示されている。

A_2^B は，バンドのシフトをコントロールするために，8.5 まで増加させる必要があった．スプリットオフバンドの分離が明らかに見られ，価電子帯の頂上がちょうど二重縮退している．しかしながら，Γ 点から離れると，この二つのバンドもまた，すぐに分離するのがわかる．このゾーン内での沢山の場所に出現するバンド分裂を見ることができる．

2.5 k・p 法

スピン-軌道相互作用を考える場合には，擬ポテンシャル法でうまく利用できるが，しばしば摂動法の適用も用いられている．一つの理由としては，それらのバンドが解析的に取り扱える範囲内で，バンドの非放物性を含めて処理できるからである．式 (2.23) で述べたように，準自由電子モデルの取扱い (2.1 節) では，実際のバンド端から離れたところでは，エネルギー分散が非放物線型になっている．非放物線型になっているのは，通常は（ギャップなしで）縮退している 2 個のエネルギーバンド（ゾーン端または中心端）波動関数どうしの相互作用からくる．この相互作用は，結晶ポテンシャルがギャップオープンさせた場合も残る．しかしながら，二つのバンドのギャップが増加するにつれて相互作用の大きさが減少していくので，このバンドの分散はそれほど急速にはなっていかない．バンド交差から離れて運動量が大きいところでは，バンドの様子は自由電子とさほど変わらない．一方，小さな運動量からの展開では，また放物線の関係式 (2.21) に戻ってくる．スピン-軌道相互作用は，たくさんのバンドと混合している際などによく用いられる摂動論的な扱いによって，基盤となる s や p 状態が混合することにより，波数ベクトルの変化につれて各成分の混合状態が変化し，そのエネルギー値も変わる．

周期ポテンシャル中でのシュレーディンガー方程式の一般解がブロッホ波動関数となることが，2.1 節で確立されている．それゆえ，**k・p** 法に対して用意され，かつ利用されるのもブロッホ関数である．ここで，**k** は電子波の伝搬を表現する波数ベクトルであり，（電子がどのバンドにいようとも）電子の結晶

運動量に関連している.さらにまた,$\mathbf{p}=-i\hbar\nabla$ は,実空間の運動に関連した運動量演算子である.もし,ベクトル形式のブロッホ関数 (2.12) をベクトル形式のシュレーディンガー方程式に代入すると

$$\left[-\frac{\hbar^2}{2m_0}\nabla^2-\frac{i\hbar^2}{m_0}\mathbf{k}\cdot\nabla+\frac{\hbar^2k^2}{2m_0}+V(\mathbf{r})\right]u_k(\mathbf{r})=Ev_k(\mathbf{r}) \quad (2.94)$$

が得られ,ここで,方程式の中のすべての項が共通なので,指数項は外すことができる.この方程式は書き直せて

$$\left[\frac{p^2}{2m_0}+\frac{\hbar}{m_0}\mathbf{k}\cdot\mathbf{p}+V(r)\right]u_k(\mathbf{r})=\left(E-\frac{\hbar^2k^2}{2m_0}\right)u_k(\mathbf{r}) \quad (2.95)$$

となる.この方程式において,運動量の演算子の形式で書き直すことができ,自由電子の項がエネルギーに含まれている.式 (2.95) の角かっこの中にある二番目の項は,$\mathbf{k}\cdot\mathbf{p}$ 項と呼ばれている.上記のように,この $\mathbf{k}\cdot\mathbf{p}$ 項は,結晶中のすべてにわたるエネルギーバンドの摂動和から有効質量を組み上げる摂動理論によってよく取り扱われている.ここでは,実はすべてのバンドを使う必要はない.もし,限定した基底を使う場合,それらの項を正確に対角化することができる.この方法は Kane[39],[40] によるものである.その方法は,2.3.3 項にあるタイトバインディング近似に使われている四つの基底を利用することである.それにより,一つの s 状態と三つの p 状態の四つの混成軌道(基本構造での個々の原子の四つの電子状態とは異なっている)を使う.しかし,以下に説明するように,個々の軌道に対するスピン波動関数が二重に加えられている.したがって前段階としては,式 (2.95) のハミルトニアンの中にスピン-軌道相互作用をさらに加えなければならない.

スピン-軌道相互作用の影響は,前項で説明したのだが,ゾーン中心(Γ 点)にある三重に縮退した(スピンを考えると最初は縮退した六つの軌道がある)価電子帯の最高点を分裂させる.この分岐は,ほぼすべての四面体配位の半導体結晶にて見られる.軽重二つの正孔に対応した二重縮退(スピンを含めると四重縮退)の組合せが残るが,相互作用によりスピン縮退した一つの状態が分離する.このようにして,このバンド配置を適正に説明するには,式 (2.95)

にスピン-軌道相互作用を含める必要がある。この相互作用は，軌道の結晶運動量 **k**（自由電子運動量 **p** と同様）と電子スピン角運動量（スピン座標での電子の回転運動）の結合から生じる二つの付加項によるものである。それら二つの項は

$$\frac{\hbar}{4m_0^2}\{[\nabla V(\mathbf{r})\times\mathbf{p}]\cdot\vec{\sigma}+[\nabla V(\mathbf{r})\times\mathbf{k}]\cdot\vec{\sigma}\} \qquad (2.96)$$

となり，ここで，$\vec{\sigma}$ は前節にて用いられたパウリのスピン行列のベクトルである。これら式の2番目の項は，ゾーン中心での k について線形となっていて，かつ実際には価電子帯の頂上を Γ 点からほぼ無視できるほど小さいシフトを起こさせる。これは結晶の反転対称性のない多くの化合物半導体で見られる。これは，通常は小さな効果になっているので，摂動論が適用できる。高いほうにあるバンドの効果と結合している場合，上記のこの項は重い正孔バンドに対しての自由電子質量とは異なった質量となり，以下にて説明する結果がまさに重要となる。しかしながら，この項は現段階では無視する。式（2.96）の第一項は，k に依存しないスピン-軌道相互作用とされており，式（2.95）に含めるべき主要項となっている。

2.5.1 価電子帯-伝導帯近似

ここでは，軌道の正規のセットと異なる，波動関数のセットを採用するほうが便利である。いつもは単純に，s 軌道と p 軌道の原子波動関数を使うことができるが，結果的にハミルトニアンが少々複雑になる。しかし，それらいくつかの適正な組合せを用いることによって，単純な形式として現れてくる。基本的な伝導帯と価電子帯の sp^3 混成軌道化は，s, p_x（本書ではのちに，変数を X にして使用），$p_y(Y)$，そして $p_z(Z)$ のようになる波動関数の使用を暗示している。これらは，適正なブロッホ関数ではないが，要所では適正となる対称性を有したバンド状態を作り，ブロッホ状態の局所セルの部分となっている。式（2.95）と（2.96）の四つの相互作用により，バンドのスピンの二重縮退を残すが，問題の簡略化と対角化すべきハミルトニアン行列のサイズを小さくす

る。先に述べたように，基本構造の個々の2原子のsとpの混成軌道をとるべきだが，ここで議論するそのエネルギーと波動関数は，適正なその平均値であると仮定する。スピンも含めた八つの基底に対して，それらの波動関数は，以下のような八つの関数であり，それらの各状態の電子スピンの方向は矢印で表される[39),40)]。

$$
\begin{array}{ll}
|iS\downarrow\rangle, & |iS\uparrow\rangle \\
\left|\dfrac{X-iY}{\sqrt{2}}\uparrow\right\rangle, & -\left|\dfrac{X+iY}{\sqrt{2}}\downarrow\right\rangle \\
|Z\downarrow\rangle, & |Z\uparrow\rangle \\
\left|\dfrac{X+iY}{\sqrt{2}}\uparrow\right\rangle, & -\left|\dfrac{X-iY}{\sqrt{2}}\downarrow\right\rangle
\end{array} \tag{2.97}
$$

左側の列の四つの状態は一つの集合状態を形成し，右側のコラムにある状態のセットは縮退している。8×8行列であるハミルトニアン行列を計算する際は波数ベクトルをz方向に取る。波数ベクトルの方向の取り方についての選択は簡便的になされている（この選択は，XとY関数の線形型ペアーに対して直角方向になっている）。運動量に対して適当な方向をとれるが，行列はより複雑になる。一方，z軸の周りに適当な角度で回転して，適宜ハミルトニアン行列を変化できる。

基底関数は二重縮退しているので，8×8行列がより簡単な対角となるブロックに分割されて，それぞれのスピン方向に対応した二つの対角の4×4行列になる。そして，4×4行列の非対角成分はゼロである。ここで，対角部分のそれぞれは分割されてつぎの式のように表現される。

$$
\begin{bmatrix}
E_S & 0 & kP & 0 \\
0 & E_p - \dfrac{\Delta}{3} & \sqrt{2}\dfrac{\Delta}{3} & 0 \\
kP & \sqrt{2}\dfrac{\Delta}{3} & E_p & 0 \\
0 & 0 & 0 & E_p + \dfrac{\Delta}{3}
\end{bmatrix} \tag{2.98}
$$

パラメータΔは，正の値で以下のように与えられる。

2.5 k・p 法

$$\Delta = \frac{3i\hbar}{4m_0^2}\left\langle X\left|\left(p_y\frac{\partial V}{\partial x} - p_x\frac{\partial V}{\partial y}\right)\right|Y\right\rangle \tag{2.99}$$

式 (2.98) の行列要素は，k に垂直な p 波の波動関数（スピンは p_z 方向にとる）で作られている．経験的には，これはスプリットオフバンドと価電子帯トップとの間のエネルギー差になり，ほとんどの半導体結晶において観測できるものである．運動量の行列要素 P は，式 (2.95) の k・p 項によるもので，以下のように与えられる．

$$P = -\frac{i\hbar}{m_0}\langle S|p_z|Z\rangle \tag{2.100}$$

E_s と E_p は，先に用いた原子のエネルギーレベルの平均値である．行列 (2.98) の 4 番目の列は，孤立した準位であり，重い正孔バンドである．この孤立準位は価電子帯の頂上にあるので，$E_p = -\Delta/3$ と置くことができる．この重い正孔のバンドは，式 (2.95) の 2 番目の項の自由電子の曲率とちょうど同じになるエネルギー値である．残念ながら，この曲率は符号が違っているので，これに関してはのちに議論する．このエネルギー準位を決めれば，残っている 3×3 行列の行列から，行列式の固有値方程式は

$$E'(E'-E_G)(E'+\Delta) - k^2P^2\left(E'+\frac{2\Delta}{3}\right) = 0 \tag{2.101}$$

となる．ここでの換算エネルギー E' は，式 (2.95) の右側のかっこの中の項によって与えられ，伝導帯の底が s 状態と考えて，$E_G = Es$ と置いた．

小さな kP 式 (2.101) にある k に依存した項の大きさは十分に小さい（例えば，エネルギーがバンドの頂上にごく近い場合）とするならば，すなわち，解は kP 項に対してごく小さいので，初項から考えて良いのであろう．この場合，三つのバンドは最初の項がゼロになっているので

$$\begin{aligned}E_c &= E_G + \frac{k^2P^2}{3}\left(\frac{2}{E_G} + \frac{1}{E_G+\Delta}\right) + \frac{\hbar^2k^2}{2m_0}\\ E_{lh} &= -\frac{2k^2P^2}{3E_G} + \frac{\hbar^2k^2}{2m_0}\\ E_\Delta &= -\Delta - \frac{k^2P^2}{3(E_G+\Delta)} + \frac{\hbar^2k^2}{2m_0}\end{aligned} \tag{2.102}$$

となる。三つの解はそれぞれ，伝導帯，軽い正孔バンド（重い正孔バンドはすでに説明した），そしてスピン-軌道によるスプリットオフバンドである。自由電子の関与は，すでに式 (2.95) により示されている。この近似の範囲では，これらのバンドは小さい k の値において，すべて放物線バンド的になっている。ここでどの場合でも，有効質量は運動量の行列要素の2乗に反比例していることに注意されたい。例えば，伝導帯に対して，有効質量が以下の式にて与えられることが推定できる。

$$\frac{1}{m_c} = \frac{1}{m_0} + \frac{2P^2}{3\hbar^2}\left(\frac{2}{E_G} + \frac{1}{E_G + \Delta}\right) \tag{2.103}$$

そしてその質量は，自由電子の質量よりもかなり小さいと考えられる。同様に，これ以外の二つのバンドも同様であるが，すべてそのエネルギーギャップと運動量行列要素に依存しているので，値は多少異なっていると推測できる。$k=0$ の近くでは，そこでの上のバンドからの効果は比較的小さい。

$\varDelta=0$ の2バンドモデル　　もし，スピン-軌道作用がゼロであれば，$k=0$ で分離していたスプリットオフバンドは軽重二つの正孔バンドに縮退してしまう。ほかの相互作用が，ほぼ鏡面対称になっている伝導帯と軽い正孔バンドに働く。この場合，これらの二つのエネルギーは

$$\begin{aligned}E_c &= \frac{E_G}{2}\left[1 + \sqrt{1 + \frac{4k^2P^2}{E_G^2}}\right] + \frac{\hbar^2 k^2}{2m_0} \\ E_{lh} &= \frac{E_G}{2}\left[1 - \sqrt{1 + \frac{4k^2P^2}{E_G^2}}\right] + \frac{\hbar^2 k^2}{2m_0}\end{aligned} \tag{2.104}$$

と与えられる。ここでの一般式は，相互作用エネルギーが運動量の行列要素とエネルギーギャップで定義される以外は，まさに NFE（準自由電子）モデルから，式 (2.20) にて見出される双曲線関数で表すことができる。これは，バンド端（$k\to 0$ での極限値）での有効質量の定義に用いることができる。ここで，小さな変数の極限で平方根を展開でき

$$\frac{1}{m_c} = \frac{1}{m_0} + \frac{2P^2}{\hbar^2 E_G}, \qquad \frac{1}{m_{lh}} = -\frac{1}{m_0} + \frac{2P^2}{\hbar^2 E_G} \tag{2.105}$$

となる。自由電子の質量についておたがいに反対符号どうしなので，これはエ

ネルギーギャップの中心に対しては，鏡面対称になっている。

$\Delta \gg E_G, kP$　スピン-軌道相互作用が強い場合は，少々異なった展開の固有値方程式が得られる。この場合，スピン-軌道相互作用エネルギーは，解を探すために考えるエネルギー値よりも大きな値にとることができ，結果として二次方程式が解かれて

$$E_c = \frac{E_G}{2}\left[1+\sqrt{1+\frac{8k^2P^2}{3E_G^2}}\right]+\frac{\hbar^2k^2}{2m_0}$$
$$E_{lh} = \frac{E_G}{2}\left[1-\sqrt{1+\frac{8k^2P^2}{3E_G^2}}\right]+\frac{\hbar^2k^2}{2m_0} \qquad (2.106)$$
$$E_\Delta = -\Delta - \frac{k^2P^2}{3(E_G+\Delta)}+\frac{\hbar^2k^2}{2m_0}$$

となり，スピン-軌道スプリットオフバンドは，式(2.102)から得られることとなる。平方根の中の項は，式(2.104)のそれらと同様の項とはちょうど2/3だけ異なっていることに注意しよう。伝導バンドと軽い正孔バンドは，ほとんど鏡面対称にある。

双曲線バンド　式(2.104)と(2.106)からわかるように，伝導バンドと軽い正孔バンドは，本質的に双曲線であるといえる。運動量行列の要素とバンド端での有効質量との間の関係は，スピン-軌道相互作用エネルギーの大きさによっては少し変わってくるが，この変化は比較的小さく，k^2項の係数は，Δがゼロから比較的大きく変化しても，せいぜい2/3程度しか変化しない。それらの方程式における主要な効果は**k・p**相互作用によって，双曲線になってしまうことであり，スピン-軌道相互作用による変動は，重い正孔バンドから離れて最大値をとるスプリットオフバンドでの変動よりも変化は非常に小さい。この理由については，スピン-軌道エネルギーが大きいかどうかにかかわらず，双曲線関数型でのバンド端での質量が定められてしまうからである。このようにして，双曲線バンドにて見られる，最も共通した形式が，式(2.105)で与えられる有効質量を有する式(2.104)である。多くの直接ギャップ型のⅢ-Ⅴ族の化合物半導体では，伝導バンドと軽い正孔バンドの有効質量は，ともに0.01から0.1までと小さくなっていて，自由電子項はほぼ無視して良いであ

ろう。運動量行列要素は，sp^3 混成軌道からなるので，式（2.104）の結果は，それらの質量から推測される運動量行列要素から考えられるゆっくりした変化より，それらの質量変化がバンドギャップにほぼ比例した形で変化することである。通常，狭いバンドギャップの半導体における電子の有効質量は非常に小さくなる。

運動量波数ベクトル **k** を直接エネルギーで表すためには，双曲線形式でしばしば鏡面対称バンドの再整理を行うのが有用である。これは，式（2.104）と（2.105）を用いて，容易に

$$\frac{\hbar^2 k^2}{2m_c} = E\left(\frac{E}{E_G} - 1\right)$$
$$\frac{\hbar^2 k^2}{2m_{lh}} = -E\left(1 - \frac{E}{E_G}\right)$$
(2.107)

と行える。ここでは，エネルギー値は価電子帯の頂上から計られるので，伝導帯のエネルギーは E_G より高い値となる。もし，エネルギーの零点を伝導帯の底に移動させると，最初の式のかっこの中の二つの項は反転させられる（符号反転により）。

もし，さらに上のいくつかのより高いエネルギーバンドがあると，近似が成り立たなくなって，この式は使えないことになる。そのためには，この単純な四つのバンドの近似ではなくより高次の取り扱いが必要である。実際，重い正孔バンドを正しく記述する場合，直接的な対角化よりも，多くの関与するバンド間の相互作用に対して摂動理論の適用を考慮する必要が生じる。一般的には，上記 k の線形を導くことになり，価電子帯での非常に小さな k の値で重要となる。また，双曲線バンドを超える質量の変化をもたらす k の2乗項と，球対称形（$k=0$）からずれるバンド変形を起こす二次の交差項がある。それら追加項は，通常摂動理論[41],[42]によって取り扱われていて，通常16個のバンドによる定式化が行われる（スピンを考えない8個のバンド[42]）。

$$E_{lh,hh} = -\frac{\hbar^2}{2m_0}[Ak^2 \pm \sqrt{B^2 k^4 + C^2(k_x^2 k_y^2 + k_y^2 k_z^2 + k_z^2 k_x^2)}]$$
(2.108)

ここで，上向き記号は軽い正孔を表し，下向きは重い正孔を表している。A，

B, C は，多くの半導体において知られている．例えば，Si では，A, B, C は，それぞれ 4, 1.1, 4.1 となっている．

2.5.2 波 動 関 数

k・p 法における基底を形成する波動関数は，式 (2.97) で与えられる．一旦系のエネルギーが見出され，適当な基底ベクトルの和をつくると，新しい直交した基底ベクトルを作れる．ハミルトニアンの対角化によって得られる二重縮退した波動関数は，以下のように書くことができる[39],[40]．

$$\Psi_{i1} = a_i |iS\downarrow\rangle + b_i \left| \frac{X-iY}{\sqrt{2}} \uparrow \right\rangle + c_i |Z\downarrow\rangle$$
$$\Psi_{i2} = a_i |iS\uparrow\rangle + b_i \left| -\frac{X+iY}{\sqrt{2}} \downarrow \right\rangle + c_i |Z\uparrow\rangle \quad (2.109)$$

ここで，下付き記号 i は c, lh，または Δ の値をとるものとし，一方，1, 2 はそれぞれのスピン状態に対応するものとする．ここから，六つの波動関数が決まる．前述のように，波数ベクトルは，z 方向に向いているものとしている．重い正孔の波動関数は，それぞれ

$$\Psi_{hh1} = \left| \frac{X+iY}{\sqrt{2}} \uparrow \right\rangle, \qquad \Psi_{hh2} = \left| \frac{X-iY}{\sqrt{2}} \downarrow \right\rangle \quad (2.110)$$

となる．最後に，ここでの係数は，種々のバンドのエネルギーの式として表現される．

$$a_i = \frac{kP}{N}\left(E_i' + \frac{2\Delta}{3}\right), \qquad b_i = \frac{\sqrt{2}\Delta}{3N}(E_i' - E_G)$$
$$c_i = \frac{1}{N}(E_i' - E_G)\left(E_i' + \frac{2\Delta}{3}\right) \quad (2.111)$$
$$N^2 = a_i^2 + b_i^2 + c_i^2$$

最後の式は，波動関数の規格化を満たしている．小さな kP の場合は，伝導帯は s 軌道型であり，また軽い正孔バンドとスプリットオフ価電子帯は，p 対称波動関数どうしの混成がある電子状態である．双曲線バンドモデルにおいては，伝導帯もまた，p 対称波動関数の混在が生じている．この混成化はエネルギー依存があり，これは，のちの章で散乱過程について計算をする重なり積分

にあるのと同様のエネルギー依存効果となっている。この双曲線関数バンドの詳細に関しては，スピン-軌道分裂の大きさが数値因子の小さな変化のみに関与しているので，二次的な効果となりほぼ無視できる。

2.6 有効質量近似

多くの原子から生じているポテンシャル場（および電子間の多様なポテンシャル場も含む。）の中を電子が運動するとき，エネルギーバンドに従って運動しようとするが，つねに時間的に定常というわけではないではない。一方，ブロッホ波動関数に関連させて考えると，$\hbar k$ の波動は運動量および対応するエネルギーをもっているので，その運動量での定常状態になっていると考えることができる。この設定では，詳しい速度と運動量はブロッホ波動関数に関連した速度と運動量とは異なっている。この場合，準粒子の考え方を後者に対して適用し，結晶中での電子的な量子励起として扱う。後者はエネルギーバンドを構築する基底関数で表されるかもしれないが，自由電子における励起とは異なった特性を有す。最終的には，ここで考え出された準粒子の有効質量を考えて設定し，表現を完遂するために，外場とポテンシャルに応答できるようにする。エネルギーバンドとその結果の運動は式 (2.2) で表現され，以下のハミルトニアンで書くことができる。

$$H = \frac{p^2}{2m_0} + V(\mathbf{r}) \tag{2.112}$$

ここで，ポテンシャルは擬ポテンシャルとして扱うか，あるいは電子間エネルギーのある一形式として修正される。物理量 $\mathbf{p}$ は，量子力学における有用な運動量演算子であり，ベクトル表現では，$\mathbf{p} = -i\hbar \nabla$ とされる。どのようにしてこのポテンシャルがブロッホ関数と関わり合い，そしてどのようにしてこれが結晶運動量と呼ぶことができる準運動量を与えることになるかを考えたい。このような取扱いは，引用・参考文献 43) にあるが，最近では，Zawadzki により論じられている[44]。

2.6 有効質量近似

式 (2.112) のハミルトニアンに現れている運動量演算子は、このハミルトニアンと交換可能ではないことに注目しておこう。むしろ

$$\frac{d\mathbf{p}}{dt} = -\frac{i}{\hbar}[\mathbf{p}, H] = -\nabla V(\mathbf{r}) \tag{2.113}$$

であることがわかる。同様に、結晶中の電子の速度もまた以下のようになる。

$$\mathbf{v} = \frac{d\mathbf{x}}{dt} = -\frac{i}{\hbar}[\mathbf{x}, H] = \frac{\mathbf{p}}{m_0} \tag{2.114}$$

これにより、ハミルトニアンと交換しないことがわかる。ここでの問題は、エネルギーは運動の定数になっているけれども、空間的に変化するポテンシャル中で運動するということなので、運動量（ここでは速度であるが）は空間的に変化する必要がある。したがって、これらは電子が結晶のエネルギーバンドの中を運動するとともに変化する振動性の性質である。このような結晶の周期性の中の周期的な振動応答はブロッホ振動と呼ばれているものである。しかしながら、これは輸送の計算に用いる準粒子として望む特性ではない。そして、いかにしてこれに対処するかは、少々戻ってみて、ブロッホ関数 (2.12) を少し調べてみよう。

ここで、これをベクトル形式で扱ってみよう。先のいくつかの節でエネルギーバンドをつくる際に扱っているが、ブロッホ関数はハミルトニアンの固有関数となる必要がある。そこで

$$H\Psi_{n\mathbf{k}}(\mathbf{r}) = E_n(\mathbf{k})\Psi_{n\mathbf{k}}(\mathbf{r}) = E_n(\mathbf{k})e^{i\mathbf{k}\cdot\mathbf{r}}u_{n\mathbf{k}}(\mathbf{r}) \tag{2.115}$$

を得る。ここでは、$u_{n\mathbf{k}}(\mathbf{r})$ の部分は結晶の単位胞の周期性を有している。そこで、波数 k は以下のようないくつかの興味ある性質を有している。

$$\hbar k = \hbar \frac{2\pi}{\lambda} = \frac{h}{\lambda} = P \tag{2.116}$$

ここで、λ はド・ブロイ波長であり、P は準運動量として式 (2.113) の運動量演算子とは区別する必要がある。この準運動量はブロッホ関数の波動部分に由来していて、運動量演算子、すなわち真の運動量と異なった性質を持つ。$\hbar k$ は相対的な定常量なので、準運動量は運動の定数となるべきで、バンド中で時間とともに振動することはない。このことは、ブロッホ関数そのものが、

与えられた k の状態では定常であることを示している。例えば，式 (2.116) に従うと，ブロッホ関数もまた，以下の固有値方程式を満たす。

$$P\Psi_{nk}(\mathbf{r})=\hbar\mathbf{k}\Psi_{nk}(\mathbf{r}) \tag{2.117}$$

量子力学的には，波動関数は，もし演算子が交換可能となっていれば，二つの固有値方程式を満足することになる。それで，この準運動量は，式 (2.112) のハミルトニアンと交換可能であり，運動の定数となっている。したがって，この準運動量と運動量演算子の間の関係を示す必要がある。それゆえに

$$\mathbf{P}=\mathbf{p}+i\hbar\vec{\gamma}(\mathbf{r}) \tag{2.118}$$

となり，この式の最後の項を決定せねばならない。このために，この演算子の式をブロッホ関数そのものに演算すると

$$\begin{aligned}\mathbf{P}\Psi_{nk}(\mathbf{r})&=(-i\hbar\nabla+i\hbar\vec{\gamma})e^{i\mathbf{k}\cdot\mathbf{r}}u_{nk}(\mathbf{r})\\&=\{\hbar\mathbf{k}u_{nk}(\mathbf{r})+i\hbar[\vec{\gamma}-\nabla(\ln u_{nk}(\mathbf{r}))]\}e^{i\mathbf{k}\cdot\mathbf{r}}\end{aligned} \tag{2.119}$$

が得られる。そこで，固有値方程式 (2.117) を満足させるためには，角かっこの中の項はゼロでなければならないので

$$\vec{\gamma}=\frac{1}{u_{nk}}\nabla u_{nk} \tag{2.120}$$

となる。もし，ここで，結晶に外力からのポテンシャルを加えると，全ハミルトニアンは

$$H_T=\frac{p^2}{2m_0}+V(\mathbf{r})+U_{\text{ext}}(\mathbf{r}) \tag{2.121}$$

となる。この新しいハミルトニアンの場合，準運動量は外場のポテンシャルによって変化することがわかっていて

$$\frac{d\mathbf{P}}{dt}=-\frac{i}{\hbar}[\mathbf{P},H_T]=-\frac{i}{\hbar}[\mathbf{P},U_{\text{ext}}]=-\nabla U_{\text{ext}} \tag{2.122}$$

となる。ここでは，式 (2.118) と式 (2.119) を用いており，式 (2.118) の最終項は外場ポテンシャルと交換関係が成立している。このようにして，準運動量は非周期的な外力によってのみ変化する。この準運動量を準粒子的な電子として，ブロッホ状態を通してのみ関連させている。その結果この準粒子は外場によってのみ加速され，これらの外場がないときはその平均化された速度で

2.6 有効質量近似

運動し,速度は一定値を保っている。

ここで,前に戻って,速度に関して考えてみよう。よく量子力学で扱われているように,ハイゼンベルグ表示を考えた場合は厳密ではないが,時間変化はつぎのように表される。

$$\mathbf{v}(t) = e^{iHt/\hbar} \mathbf{v} e^{-iHt/\hbar} \tag{2.123}$$

この演算子の期待値をブロッホ波動関数でとってみる。これにより

$$\begin{aligned}\langle \mathbf{v}(t) \rangle &= \langle \Psi_{nk} | e^{iHt/\hbar} \mathbf{v} e^{-iHt/\hbar} | \Psi_{nk} \rangle \\ &= \langle \Psi_{nk} | e^{iEnt/\hbar} \mathbf{v} e^{-iEnt/\hbar} | \Psi_{nk} \rangle = \langle \Psi_{nk} | \mathbf{v} | \Psi_{nk} \rangle\end{aligned} \tag{2.124}$$

となる。これは,時間に依存しない結果となる。ここでは,平均速度が固有値方程式 (2.115) とブッロホ関数の特性により,定数となる (外場がないとき)。ここで,ブロッホ関数全体を式 (2.115) に代入すると,ちょうど周期的になっている部分から由来している固有値方程式を見出すことができて,それが次式である。

$$H_u u_{n\mathbf{k}}(\mathbf{r}) = \left[\frac{(\mathbf{p}+\hbar\mathbf{k})^2}{2m_0} + V(\mathbf{r}) \right] u_{n\mathbf{k}}(\mathbf{r}) = E_n(\mathbf{k}) u_{n\mathbf{k}}(\mathbf{r}) \tag{2.125}$$

ハミルトニアンの展開を用いて,つぎのように書き出すことができる。

$$\frac{\partial E_n(\mathbf{k})}{\partial \mathbf{k}} = \frac{\partial H_u}{\partial \mathbf{k}} = \frac{\hbar}{m_0} (\mathbf{p} + \hbar \mathbf{k}) \tag{2.126}$$

この式の最後の項の期待値は,ブロッホ関数の単位胞の周期部分で計算できて,つぎのような式を得る。

$$\begin{aligned}\frac{\partial E_n(\mathbf{k})}{\partial \mathbf{k}} &= \frac{\hbar^2}{m_0} \langle u_{n\mathbf{k}} | -i\nabla + \mathbf{k} | u_{n\mathbf{k}} \rangle \\ &= \frac{\hbar^2}{m_0} \langle u_{n\mathbf{k}} | -i\nabla + \mathbf{k} | e^{-i\mathbf{k}\cdot\mathbf{r}} \Psi_{n\mathbf{k}} \rangle \\ &= -\frac{i\hbar^2}{m_0} \langle u_{n\mathbf{k}} | e^{-i\mathbf{k}\cdot\mathbf{r}} \nabla | \Psi_{n\mathbf{k}} \rangle = \frac{\hbar}{m_0} \langle \Psi_{n\mathbf{k}} | \mathbf{p} | \Psi_{n\mathbf{k}} \rangle\end{aligned} \tag{2.127}$$

この最後の表現と式 (2.114) を結合すると,エネルギーバンド項での平均速度を与え,次式となる。

$$\langle \mathbf{v} \rangle = \frac{1}{\hbar} \frac{\partial E_n(\mathbf{k})}{\partial \mathbf{k}} \tag{2.128}$$

このようにして，平均準粒子速度は準運動量の関数として，波数ベクトルでのエネルギー微分によって与えられる．

準粒子の平均速度は，準運動量についてのエネルギーの微分によって与えられ，これは準粒子の平均速度が準運動量に直接関連していることを意味し，有効質量を通してこの関係が定義される．

$$\mathbf{P}=\hbar\mathbf{k}=m^*\langle\mathbf{v}\rangle \tag{2.129}$$

これは，準粒子的電子に対する有効質量の基本的な定義として確立されている．しかしこれはバンドごとに違っていて，その違いはブロッホ関数と準運動量がバンドごとに（運動量 k ごとに）異なっているからである．しかしながら，よく教科書で見られるものとは劇的に異なっている．ここで，ブロッホ関数から生じる準粒子の運動を表現するために，準運動量と平均速度の存在についての定義基準を作成してみよう．

もし，式（2.129）に式（2.128）を結合してみると，エネルギーバンドによって，質量を書き直すことができ，球対称のバンドに対して

$$\frac{1}{m^*}=\frac{1}{\hbar^2 k}\frac{\partial E_n(k)}{\partial k} \tag{2.130}$$

となる．ここにはバンドの底での問題が生じていて，微分と k がゼロ（k はバンドの底の最小点にて定義されている）になるからである．このような状況においては，ロピタルの定理を使う必要があり，それは分子と分母を k について微分することであって

$$\frac{1}{m^*}=\lim_{k\to 0}\left(\frac{1}{\hbar^2}\frac{1}{\partial k/\partial k}\frac{\partial^2 E_n(k)}{\partial k^2}\right)\sim\frac{1}{\hbar^2}\frac{\partial^2 E_n(k)}{\partial k^2} \tag{2.131}$$

となる．しかし，これは極限の形式であって，伝導バンドの底（または価電子帯の頂上）でのみ適用できることをしっかりと認識するべきである．しかしながら，この後者の式は，その適用範囲の説明などなしのまま，ほとんどの教科書に載っている．この最後の式を引き出すやり方の多くは，前述の制限が不鮮明になっていて，誤りが生じていることに注意する必要がある．サイクロトン共鳴によるエネルギー面の断面積観測により一次微分質量が得られるという観

点は，**サイクロトン質量**の観測として，大変価値がある．

2.7 半導体合金

2.7.1 仮想結晶近似

　二つの面心立方格子の結晶をずれ重ね合わせて基本格子 2 原子を構成した結晶構造から，閃亜鉛型結晶構造を考えることができる．このようにして，例えば GaAs 結晶では，一つの面心立方構造は Ga 原子で，もう一方は As 原子で構成される．この発想をさらに発展させて，二つの化合物半導体をうまく組み合わせて構成される，GaInAs や GaAlAs などの擬二元合金への展開が考えられる．この，$A_xB_{1-x}C$ 型合金においては，面心立方の一方の部分格子位置すべてにまず C 型原子が占有されていて，もう一方の残りの部分格子位置には，A 型原子と B 型原子がランダムに配置される．

$$N_A + N_B = N_C = N, \quad x = \frac{N_A}{N} = c_A, \quad 1-x = \frac{N_B}{N} = c_B \quad (2.132)$$

この格子配置において，C 型原子は，すべて A 型隣接，またはすべて B 型隣接が存在しうるが，A 型隣接の割合が x であると，B 型隣接の割合は $1-x$ となる．その結果，結晶構造は，A-C あるいは B-C の分子の混合構造を有する面心立方構造となる．このような構造について，A 原子と B 原子相対濃度により特性が決定されるものが，擬二元合金と呼ばれている．実際の擬二元合金の特性は，それぞれの端点での特性をスムースに内挿することで，合金の特性を評価できるが，必ずしもそのとおりにならない場合もある．

　近年では，例えば InGaAsP のような $A_xB_{1-x}C_yD_{1-y}$ のような四元合金が登場している．ここで，C 原子と D 原子は一個の部分格子の各格子点にそれぞれが配置されると同時に，A と B の原子はもう一方の部分格子に，それぞれが配置される．さらに，この新しい概念の合金は，$A_xB_{1-x}C$ と $A_xB_{1-x}D$ の二つのランダム混合による擬二元化合物合金と考えられており，前段落で考えた単純な構造の合金に比べて，より複雑である．ともあれ，ランダムに混合した

合金特性は基本構成の化合物合金から簡単に内挿して評価することができると仮定している。すなわち、合金のランダムネスは、結晶構造以外の種々の原子の間で何かの相関が発生することがないとしている。そして、擬二元合金のいかなる一般論も、四元や三元と同様に等しく適用することができる。もし、これらの合金が均一に混合しているとするならば、合金の理論がうまく適用できるが、二つの成分の分布に少しでも秩序や相関が存在すれば、合金理論からのずれが期待できることになる。例えば $In_xGa_{1-x}As$ は、InAs と GaAs とのランダムに混合されるなめらかな合金である。しかしながら、もし中間の 50% の近くで完全な秩序が起こるとするならば、結晶構造は閃亜鉛鉱型格子にはならず、主軸の一つに沿った単位胞の明瞭な歪みを持った閃亜鉛鉱型構造上の超格子であるキャルコパイライト構造になるだろう。後者の場合、伸びた軸にてのブリユアンゾーンの折りたたみにより、バンド構造において変化が起こると期待される（結晶格子周期が2倍に長くなると、ブリユアンゾーンの端が2分の1に短くなる）。長い間、三元と四元のⅢ-Ⅴ族化合物半導体はランダム合金型であると考えられていた。しかしながら現在では、この合金型の多くの場合においてそうではないことが、はっきりとしてきた。このランダム合金理論から期待されるずれについては、以下のようないくつかの見解を述べる。

ここで、A-C 型や B-C 型の分子がランダムに配置されている結晶格子の擬二元合金（pseudobinary alloy）の結晶格子を考えてみよう。接続についての注意に目が行くと思うが、容易に四元系へ拡張できる。つまり、A と B の原子の結晶ポテンシャルへの関与はつぎのようになる。

$$V_{AB}(\mathbf{r}) = \sum_A V_A(\mathbf{r}-\mathbf{r}_{0,A}) + \sum_B V_B(\mathbf{r}-\mathbf{r}_{0,B}) \tag{2.133}$$

ここで、$\mathbf{r}_0$ は A と B の原子がランダムに配置されているとして、適当な部分格子の格子位置として、定義されている。トータルの結晶ポテンシャルのこの部分は、対称・反対称部分として分解される。前者は「仮想結晶」のポテンシャルであり、後者はランダム（乱雑）ポテンシャルで平均されると寄与が小さくなり、大抵の場合無視されるが、いわゆる合金散乱ではたびたび扱われている。このように分解された式は

$$V_S(\mathbf{r}) = \sum_{\text{lattice}} [c_A V_A(\mathbf{r}-\mathbf{r}_{0,A}) + c_B V_B(\mathbf{r}-\mathbf{r}_{0,B})]$$
$$V_A(\mathbf{r}) = \sum_{\text{lattice}} [V_A(\mathbf{r}-\mathbf{r}_{0,A}) - V_B(\mathbf{r}-\mathbf{r}_{0,B})]$$
(2.134)

となり,ここで,c_A と c_B は式 (2.132) で定義される.このような対称な仮想結晶ポテンシャルは,A-C 結晶と B-C 結晶どうしのスムースな内挿となっている.ランダムな部分は,混晶におけるエネルギー準位の湾曲変形とキャリヤ散乱に関与する.バンドギャップの湾曲は,線形内挿からの逸脱を意味する.通常この変形は,ギャップが仮想結晶ポテンシャル近似による予想よりも狭くなっていく方向に働く.つまり,湾曲変形がギャップを低くすることになるので,ランダム合金の安定性を強めている.もし,V_A すなわち V_B に対して規則性があるならば,それらはフーリエ成分の一つが大きな振幅保持となるので,ブロッホ関数とバンド構造に,かなりの影響を与えていることになる.このようにして,ランダム合金の一つの定義は,どのフーリエ成分もことさら大きく励起されていないので,反対称ポテンシャルは十分にランダムになっているという定義である.これは,自然界での反対称ポテンシャルが事実上非周期的であることを示唆している.

典型的な合金それぞれのバンドギャップの値に対する実験の結果は,つぎのような一般式により,表現できる.
$$E_G = x E_{G,A} + (1-x) E_{G,B} - x(1-x) E_{\text{bow}}$$
(2.135)
この一般式 (2.135) は,ほぼすべての合金の場合に適用できる.例えば,二つの合金組成の終端の間には,仮想結晶近似(この方程式の最初の2項)を表現する,内挿する線形項があり,また負の湾曲エネルギー($x(1-x)$ 項の係数)の非相関反対称ポテンシャルからの寄与がある.

四元合金では,三元合金の組合せに対応してそれぞれのバンドギャップと格子定数を外挿することが必要となる.それぞれ多数の組合せが存在しているので,その数は,大まかに二元合金組合せ数の3/2乗に比例している.合金では,よく知られているバーガース則によって,それら二者の終端間では,格子定数は線形に変化すると規定されている.例えば,GaAs, InAs, および InP などの面心立方格子の各頂点間距離は,それぞれおおよそ,5.65 Å, 6.06 Å,

および 5.87 Å, であることが見出されている[15]。面心立方構造の特性からは，格子定数である一辺の長さはそれぞれ 5.66 Å, 6.07 Å, および 5.85 Å である。$Ga_xIn_{1-x}As$ の格子定数は

$$a_{InGaAs} = 6.07 - 0.41x \qquad (2.136)$$

となっており，これは，$x=0.53$ での InP に対する格子の場合と整合している。このようにして，この合金の成長工程においては，成長時に顕著な歪みを導入することなしに，InP の上に結晶成長させることができる。

2.7.2 合金秩序化

前項で議論したように，これまで扱ってきた合金化合物は完全にランダム状態の合金とはなっておらず，ある程度の秩序状態を保っていることがわかる。ランダム合金ではない秩序化した基本構造は，短距離秩序であろうと長距離秩序であろうと，完全ランダム合金よりも低エネルギー状態に秩序化しているという事実にある。$A_xB_{1-x}C$ のランダム合金では，仮想結晶近似の適用範囲以内であれば，凝集エネルギーの平均値は，以下の式（2.137）で換算することができる。

$$E_{coh} = E_{coh}^{BC} + x(E_{coh}^{AC} - E_{coh}^{BC}) \qquad (2.137)$$

A-C 化合物半導体はエネルギーを失うが，B-C 半導体はエネルギーを得ていて，この凝集エネルギーは端にある二つの化合物半導体結晶の格子の膨張または圧縮から生み出されている（これはエネルギー構造にも変化を生じさせる）。例えば，$In_xGa_{1-x}As$ の場合，擬集エネルギーは GaAs と InAs の擬集エネルギーの平均から来ているが，少なくとも仮想結晶近似の線形近似の範囲内では，GaAs 因子の膨張によるエネルギーの増加は InAs 格子の収縮によるエネルギーの吸収でちょうど打ち消されてしまう。

もし，なんらかの短距離秩序が存在する場合は，この説明は通用しない。むしろ，GaAs の秩序領域では，その合金結合ボンドが引き伸ばされているのでエネルギーを失う傾向にあり，一方 InAs 秩序領域では，そのボンドが押し縮められているのでエネルギーを得る（ここでのエネルギー利得は，結晶が圧

縮を受け平衡状態は低エネルギー状態になっていると解釈されている)。単純な理論では，(d を原子間距離として) 凝集エネルギーは $1/d^2$ で変化すると考えられている。このような振舞いは，結晶の相互作用エネルギーにて，多く見受けられる。それゆえに，半導体の全凝集エネルギー変化は，単純な計算となっている。しかしながら，ここでの格子定数 d は，ベガード則によれば，一つの化合物からもう一つの化合物へ線形に変化するとされている。それにもかかわらず，凝集エネルギーは，格子定数の 2 乗に反比例している。このように，凝縮エネルギーの振舞いは，式 (2.137) で与えられるように単純な線形則に従うとは保障されていない。

二つの分子からなる一つの合金をつくる場合，その結合電子の平均エネルギーを変化させて，電子バンドの絶対位置を移動させることができる。価電子帯は，平衡状態において，ちょうど $8N$ 個の電子を持っている (ここで，N は単位胞子の数である)。この場合，価電子帯の頂上のエネルギーをゼロとした場合には，無視することができる。実際には，ほかのものと関連の化合物半導体のエネルギー絶対値は重要であり，合金の安定性も同様に重要となる。価電子帯の平均エネルギーの減少，または凝集エネルギーの増加，これら両者ともに合金の秩序がエネルギー的に好まれることを示している。いくつかの合金では，明らかに秩序状態がエネルギー的に安定している。GaAlAs は，データ上混晶であるが，それでもエネルギー的に安定するとしたら，それは低温のときのみであろう。この場合，実際の全エネルギー計算のときのみ，ランダム合金の安定性が議論できる。しかしながら，いくつかの特殊な事例を除いて，この実験については，まだ効果的に研究が進んでいる訳ではない。

InGaAs, InGaSb, および InAsP などの化合物半導体の場合，半導体合金としての相分離や秩序は，室温で起きていることが，多くの場合暗示されている。実際，InGaAs や InAsP などにおける秩序化傾向は，InGaAsP などの四元半導体の $0.7 < y < 0.9$ 領域にて見られ，よく知られた溶解度ギャップ (miscibility gap) を生成している可能性がある。しかしながら，実際に起こりうるいくつかの相秩序の特性はすべて把握しがたいものがある。例として，

InGaAs における X 線吸収の微細構造観測（XAFS）の先進的な研究を行った Mikkelsen と Boyce の実験結果[47]では，GaAs と InAs の最近接のボンド距離（価電子半径）はすべての合金比においてほぼ二成分の値になっている。いわゆる陽イオンと陰イオンの平均距離は，ベガード則に従っており，0.174 Å で増加している。陽イオンの部分格子（合金化が起こったあとの部分格子）は，仮想結晶と驚くほどよく似ているが，陰イオンの部分格子では逆に前述の傾向によって大きく変形している。このような変形は，二つの As-As 距離（第二近接距離）に 0.24 Å ほどの差が出てきて，観測される第二近接距離の分布は，二つの値の周りのガウス分布となっている。陰イオン部分格子の歪みは，明らかに仮想結晶近似からずれており，そのような構造は，キャルコパイライト変形によく似ており，バンド構造における湾曲変形を説明する。もし，それらの観測がほかの半導体合金にも実施されるならば，大きく異なったサイズの原子同士での合金化では，最近接距離はおそらく二成分での距離になるであろう。

Zunger とその共同研究者[49-51]らは，これまでの理論的なアイディアをⅢ-V族半導体の合金化の研究でさらに発展させた。前述の多くの議論においては，二元合金の二つの組成の全結晶格子の平均的な圧縮あるいは膨張のみに注視してきたので，平均的な最近接距離が二成分の値にとどまることについての動向は含めていなかった。これに関しては，合金化されていない部分格子の種々の共通した原子間で電荷移動が起こって，単位格子中の共通組成部分格子の緩和となるに違いない。実際に，彼らは後者の要因が主要な合金の秩序化となっていることを見出している。したがって，非局所擬ポテンシャル法を用い，全エネルギー計算にする手法にて秩序化の研究を進めた。そして，個々の与えられた合金構造の全エネルギーを計算し，一番低いエネルギー状態になるよう確かめながら，原子位置を選んだ。これが，非常に有用なる方法であると証明された。

そこで，どのような秩序が起こりうるのか，Zunger と共同研究者らによる上記議論を考察してみる。$A_xB_{1-x}C$ 型の合金半導体に対しては，面心立方格

子位置に A 型と B 型の四つの陽イオンが，$A_4C_4, A_3BC_4, A_2B_2C_4, AB_3C_4$, B_4C_4 のように，C 型原子の周囲に五つの異なった最近接位置として配置されると考える．それらはそれぞれ，$n=0, 1, 2, 3, 4$ と表す．n は明らかにそのクラスター構造での B 原子の数を示している．もし，この構造がそれらの五つの配置（$x=0, 0.25, 0.5, 0.75, 1.0$）において完全な秩序状態であれば，$n$ が 0 と 4 のみで，閃亜鉛型格子構造となる．これら以外の混合物としては，秩序構造結晶があり，n が 1 または 3 のルゾナイトやファマチナイト（luzonite or famatinite）として知られている．また，CuAu-I またはキャルコパイライト（chalcopyrite）が $n=2$ に対応する．結晶構造の特定・選択は，どの結晶構造のエネルギーが一番低いかに支配される．ともあれ，無秩序あるいはランダム合金などでは，それらの結晶構造の統計的な混合体となっていると考えられる．実際，GaAsSb[52] と GaAlAs[53] において，$x=0.5$ では高秩序の構造となる実験結果が報告されている．前者の場合，CuAu-I とキャルコパイライト構造が観測されており，一方後者では CuAu-I 構造だけが発見されているようである．さらに，ファマチナイト構造は，合金の $x=0.25$ と 0.75 で観測されている[54]．二元半導体合金はとにかくランダムになっておらず，人為的に作られた単純な結晶とはまったく異なっているものと考えられる．Mbaye[51] らは，これまで論じたいくつかの合金に対し，全エネルギー解析法を利用した相図を計算した．そしてランダム合金，規則合金，および溶解度ギャップなどが存在し，歪みが実際に規則的で，かつストキオメトリック（化学量論的組成）な化合物半導体を安定化させることを見出した．

演習問題

問 2.1 以下のような，クローニッヒ・ペニー（Kronig-Penney）模型の直方体ポテンシャルを用いた場合について，つぎの問いに答えなさい．

$$V(x) = \begin{cases} V_0, & 0 < x < d \\ 0, & d < x < a \end{cases}$$

$$V(x \pm a) = V(x)$$

78   2. 電子構造

この系における各連続領域の境界にて波動関数を接続させる場合，接続させる両波動関数およびその微分での接続条件に注意して，それら各領域でのシュレーディンガー方程式を解きなさい。その際，V_0 を大きくし，d をゼロにした極限（ただし V_0d は有限）で生じる許容帯と禁制帯を示しなさい。

問 2.2 立方体のブリユアンゾーンの端（[1 1 1]での）での運動エネルギーと（1 0 0）に沿った四面体面の中心でのエネルギーとの比を計算しなさい。

問 2.3 表 2.1（p. 43）における E_s と E_p のエネルギー値を用いて，Si, GaAs, InAs, InP における **k**＝0 でのエネルギーギャップを求めなさい。

問 2.4 Si と InP における，ブリユアンゾーンを通した強束縛（タイトバインディング）モデルでのエネルギーバンドを決める簡単な計算プログラムを作成しなさい。ここで，表2.1と表2.2（p. 44）にある必要なパラメータを使用しなさい。

問 2.5 タイトバインディング理論を用いた，第二近接相互作用についてのブロッホ和のプログラムを作成しなさい。ここで，Slater と Koster（この2章の引用・参考文献 13）の議論にある二つの主要となる付加定数のみを用いた，Si についてのバンド構造を計算にて求めること。この方法を使った場合，伝導帯の極小点を適切な位置に決められるのかについても，考察しなさい。

問 2.6 Si と InP における，ブリユアンゾーンを通しての経験的擬ポテンシャルエネルギーバンドを計算できる簡単な計算機プログラムを作成しなさい。パラメータは表2.3に与えられた値を使いなさい。

問 2.7 問2.6で作成されたバンド構造を利用して，パラメータを変えることにより，個々のパラメータの関数としての（価電子帯のトップからの）伝導帯の三つの主要最小エネルギー値をプロットしなさい。

問 2.8 代表的な半導体の有効質量とエネルギーギャップが，それぞれ $m^* =$

$0.015m_0$ と $E_G = 0.22\,\mathrm{eV}$ であるとする.そこで,簡単な自由電子モデルを用いて,それらの状態における相互作用ポテンシャル U_G と,自由電子エネルギー $E_{G/2}$ を求めなさい.

問 2.9 狭いギャップの半導体での伝導帯の形が非放物線型になっていて,つぎの式で与えられている.ここで,エネルギーの関数として伝導キャリヤの有効質量を求めなさい.

$$E = \frac{E_G}{2}\left[\sqrt{1+\frac{2\hbar^2 k^2}{m_c E_G}}-1\right]$$

問 2.10 先の問 2.6 にて決定された InP の Γ 点付近のエネルギーバンドにおいて,[１００] と [１１１] 方向の小さな運動量範囲で Γ 点付近の伝導帯近傍における運動量の小さな範囲でのバンドの様子をプロットしなさい.また,式 (2.107) をそのエネルギー曲線に合わせることによって,バンド極小値の有効質量を決定しなさい.

問 2.11 電子の群速度の概念とそのエネルギー面との関係式を考えて,サイクロトン質量はつぎの式にて表現できることを示しなさい.

$$m_c = \frac{\hbar^2}{2\pi}\frac{\partial A}{\partial E}$$

ここで,A はサイクロトン軌道で囲まれた円面積である.
ヒント:一般的な表面積分としてつぎの関係式を利用すること.

$$\frac{\hbar}{2\pi}\int\frac{d\mathbf{k}}{v_\perp} = \frac{\hbar^2}{2\pi}\int\left(\frac{dE}{d\mathbf{k}}\right)^{-1}\cdot d\mathbf{k}$$

問 2.12 格子定数を変化させると,相互作用行列の(異なった原子間での)行列要素は,一般的には $1/d^2$ のように変化する.この 2 章のパラメータを用いて,タイトバインディング計算による InAs と GaAs のバンド構造を決定しなさい.つぎに,圧縮応力印加にて InP 基板上に成長させる,$\mathrm{In}_{0.75}\mathrm{Ga}_{0.25}\mathrm{As}$ のバンド構造を計算しなさい.ここでは,この応力印加は静水圧にて均等に圧

縮されていると考える（最初は，応力の印加なしの合金近似とし，つぎに InP の格子定数に合うよう結晶格子を圧縮するようにして，計算しなさい）。

問 2.13 ここで，座標系の y 軸に沿った方向にある量子細線を考える。細線は，ソフト・ポテンシャル閉じ込めになっているとし，以下に示す閉じ込めポテンシャルの中にあるとする。

$$V(x,z)=\frac{1}{2}m^*\omega_0(x^2+z^2)$$

ここでは $\omega_0=9.1\times10^{12}/s$ であり，$m^*=0.02m_0$ とする。磁場が z 方向，つまり細線方向に垂直に印加されたとき，細線に沿った波動の伝搬を波数 k の平面波で考えるとして，以下の2問に答えなさい。

（a）一番低い五つのサブバンドのエネルギーを，10T までの磁場の関数としてプロットしなさい。

（b）一番低いサブバンドのエネルギー E を，3T および 5T の磁場下で，k の関数として求めなさい。ここでの観測温度は，10 mK とすること。

引用・参考文献

1) P. A. M. Dirac：*The Principles of Quantum Mechanics*, 4th Ed., Oxford Univ. Press, Oxford (1967)
2) E. Merzbacher：*Quantum Mechanics*, 2nd Ed., Wiley, New York (1970)
3) J. M. Ziman：*Electrons and Phonons*, Oxford Univ. Press, Oxford (1963)
4) R. M. Martin：*Electronic Structure*, Cambridge Univ. Press, Cambridge (2004)
5) J. Kohanoff：*Electronic Structure*, Calculations for Solids and Molecules Cambridge Univ. Press, Cambridge (2006)
6) L. Hedin：*Phys. Rev.*, **139**, A796 (1965)
7) M. Städele, J. A. Majewski, P. Vog., and A. Göring：*Phys. Rev. Lett.*, **79**, 2089 (1997)
8) C. Kittel：*Introduction to Solid State Physics*, 6th Ed., Wiley, New York, (1986)
9) A. H. Castro Neto, F. Guinea, N. M. R. Peres, K. S. Novoselov, and A. K. Geim：*Rev. Mod. Phys.*, **81**, 109 (2009)
10) P. R. Wallace：*Phys. Rev.*, **71**, 622 (1947)

11) K. S. Novoselov, A. K. Geim, S. V. Morozov, D. Jiang, M. I. Katsnelson, I. V. Grigorieva, S. V. Dubonos, and A. A. Firsov : *Nature*, **438**, 197 (2005)
12) B. Khoshnevisan and Z. S. Tabatabaean : *Appl. Phys. A*, **92**, 371 (2008)
13) J. C. Slater and G. F. Koster : *Phys. Rev.*, **94**, 1498 (1954)
14) P. Vogl, H. P. Halmerson, and J. D. Dow : *J. Phys. Chem. Sol.*, **44**, 365 (1083)
15) O. F. Sankey and D. J. Niklewski : *Phys. Rev. B*, **40**, 3979 (1989)
16) J. P. Lewis, P. Jelenik, J. Ortega, A. A. Demkov, D. G. Trabada, B. Haycock, Ha. Wang, G. Adams, J. K. Tomfohr, E. Abad, Ho. Wong, and D. A. Drabold : *Phys. Status Sol. B*, **248**, 1989 (2011)
17) O. Madelung, ed. : *Semiconductors —Basic Data*, Springer, Berlin (1996)
18) D. J. Chadi and M. L. Cohen : *Phys. Stat. Sol. B*, **68**, 405 (1975)
19) D. Teng, J. Shen, K. E. Newman, and B.-L. Gu : *J. Phys. Chem. Sol.* **52**, 1109 (1991)
20) J. C. Slater : *Phys. Rev.*, **51**, 846 (1937)
21) C. Herring : *Phys. Rev.*, **57**, 1169 (1940)
22) J. C. Phillips : *Phys. Rev.*, **112**, 685 (1958)
23) D. Brust, J. C. Phillips, and F. Bassani : *Phys. Rev. Lett.*, **9**, 94 (1962)
24) D. Brust : *Phys. Rev.*, **134**, A1337 (1964)
25) M. L. Cohen and J.C. Phillips : *Phys. Rev.*, **139**, A912 (1965)
26) M. L. Cohen and T. K. Bergstresser : *Phys. Rev.*, **141**, 789 (1966)
27) E. O. Kane : *Phys. Rev.*, **146**, 556 (1966)
28) J. Chelikowsky, D. J. Chadi, and M. L. Cohen : *Phys. Rev. B*, **8**, 2786 (1973)
29) K. C. Pandey and J. C. Phillips : *Phys. Rev. B*, **9**, 1552 (1974)
30) C. Persson and A. Zunger : *Phys. Rev. B*, **68**, 073205 (2003)
31) A. Erdélyi (ed). : *Higher Transcendental Functions*, Krieger Publishing, Malabar, FL (1981)
32) J. R. Chelikowsky and M. L. Cohen : *Phys. Rev. B*, **14**, 556 (1976)
33) L. M. Falicov and M. H. Cohen : *Phys. Rev.*, **130**, 92 (1963)
34) L. Liu : *Phys. Rev.*, **126**, 1317 (1962)
35) S. Bloom and T. K. Bergstresser : *Sol. State Commun.*, **6**, 465 (1968)
36) G. Weisz : *Phys. Rev.*, **149**, 504 (1966)
37) A. De and C. E. Pryor : *Phys. Rev. B*, **81**, 155210 (2010)
38) W. Pötz and P. Vogl : *Phys. Rev. B*, **24**, 2025 (1981)
39) E. O. Kane : *J. Phys. Chem. Sol.*, **1**, 249 (1957)

40) E. O. Kane: *Semiconductors and Semimetals*, Vol. 1, (R. K. Willardson and A. C. Beer, eds.) pp. 75-100, New York, Academic Press (1966)
41) G. Dresselhaus, A. F. Kip, and C. Kittel: *Phys. Rev.*, **98**, 368 (1955)
42) P. Y. Yu and M. Cardona: *Fundamentals of Semiconductors*, Springer, Berlin (2001)
43) R. A. Smith: *Wave Mechanics of Crystalline Solids*, Chapman and Hall, London (1961)
44) W. Zawadzki: arXiv: 1209.3235v1
45) C. Kittel: *Quantum Theory of Solids* p. 227, John Wiley, New York (1963)
46) L. Vegard: Z. Phys., **5**, 17 (1921)
47) J. C. Mikkelsen and J. B. Boyce: *Phys. Rev. Lett.*, **49**, 1412 (1983)
48) A. Zunger and E. Jaffe: *Phys. Rev. Lett.*, **51**, 662 (1984)
49) G. P. Srivastava, J. L. Martins, and A. Zunger: *Phys. Rev.* B, **31**, 2561 (1985)
50) J. L. Martins and A. Zunger: *Phys. Rev. Lett.*, **56**, 1400 (1986)
51) A. A. Mbaye, L. Ferreira, and A. Zunger: *Appl. Phys. Lett.*, **49**, 782 (1986)
52) H. R. Jen, M. J. Cherng, and G. B. Stringfellow: *Appl. Phys. Lett.*, **48**, 782 (1986)
53) T. S. Kuan, T. F. Kuech, W. I. Wang, and E. L. Wilkie: *Phys. Rev. Lett.*, **54**, 201 (1985)
54) H. Nakayama and H. Fujita: *Inst. Phys. Conf. Ser.*, **79**, 289 (1986)

3 格子力学

　固体，特に半導体を伝播する音波は長年にわたって研究されてきた。変形可能な固体の標準理論に続き，初期の音波の研究がなされた。固体中の原子の実際の運動を記述しようとしたとき，問題を簡単にして解こうとするなら，1章で勉強した断熱理論を使わねばならない。この断熱近似により，電子の存在や電子と原子との相互作用を気にかけずに，原子の運動を追う試みができる。原子の運動を勉強するには多くの理由がある。多分，最も重要なことは，印加された圧力などの力学的な外力に対して，どのように半導体が応答するかを学ぶことである。また，いかにして原子の運動が電子の散乱を引き起こすかについても重要である。

　この章の最初の課題は，簡単な一次元原子チェーンに存在する波について理解を進めることである。この結果と，さらに単位構造を持った格子へ拡張することにより，2章でのブリユアンゾーンという考え方に結びつける。これらのモードの量子化よりフォノンやフォノン構造の概念を導く。格子による電子散乱は，電子によるフォノンの吸収や放出として扱われる。量子化の概念を学んだあと，音波を使用して結晶の原子間力の性質を研究できるので，音波に対して変形可能な固体の簡単な理論を取り扱う。音波に対して，このアプローチでは，固体は体積を持った連続媒質として記述される。

　さらに，ある特別な結晶構造のフォノンに対する分散関係を計算する方法を議論する。本質的に，フォノンの分散関係は格子中の電子のエネルギーバンドと同等の動的な格子を表す。格子は両方に共通に扱われ，周期性を持っていて，ブリユアンゾーンを決める。その結果，このブリユアンゾーンはフォノン

分散関係と電子バンドの両方に共通である。最後に，フォノンの量子化や分散関係を取り扱うのに使用した簡単な調和振動子近似の範囲を越えて，格子の非調和性を議論する。

3.1 格子波とフォノン

結晶中の種々の原子の運動は，原子が格子を決める平衡な原子位置に平均的に留まるという重要な違い以外は，電子の運動とよく似ている。格子はもちろん三次元系である。しかし，格子の主要な結晶軸の一つの方向に沿って波が伝播するとき，結晶を伝播するのだが，一次元チェーン中の原子の規則配列を通過することになる。これゆえ，一次元チェーンは，格子波やフォノンの性質を初めて勉強するうえで，非常に直感的であるだけでなく実際の固体においても非常に重要である。簡単なモデルであるが，波動の方向に垂直な原子面全体に対する典型的な運動に簡単に拡張できる。

3.1.1 一次元格子

上で述べたようなチェーンを構成する原子の一次元配列を考えよう。静止状態では，原子は図3.1のように間隔 a で並んでいる（もちろん，これは図2.3と同じである）。各原子は質量 M を持ち，すべての原子は同一とする（そうでない場合，格子にならない）。ここでのゴールは波動について解くことであり，そうするとこの格子チェーン上に存在する波の分散関係が求まる。2章で述べたように，明らかに分散関係はブリユアンゾーンを定める逆格子内にある。このチェーンの s 番目の原子に対して方程式を書くことを考える。すべての原子

図3.1 原子運動を説明する原子の一次元チェーン。ここでは，全原子は平衡位置の周りで振動することが許される。

はチェーン方向の運動振幅を持ち，実際にはほんのわずかしか動かないだろう。この運動の振幅の変化がこの格子の波動をつくり出す。原子間の力は原子対の間を結ぶばねとして表せると考える。考えている原子が両隣りの原子に対して動くとき，一方のばねは伸び，他方のばねは縮む。「ばね」は原子が元の平衡位置に戻るように力が働く。

2.3節での電子の場合と同じく，最隣接原子間の力だけを考える。ポテンシャルの二次までの近似，つまり力が原子位置の変位の一次関数になる線形近似で，これらの力を取り入れる。そのとき，s番目の原子の運動に対する微分方程式をただちにつぎのように書き下せる。

$$M\frac{d^2u_s}{dt^2}=F_s=C(u_{s+1}-u_s)+C(u_{s-1}-u_s) \tag{3.1}$$

ここで u_s は原子の運動の振幅を表す。定数 C はある原子と隣の原子を結ぶばねの力定数である。目下の関心事はこの格子を伝播する波である。この波をつぎのように書く。

$$u_s \sim e^{i(qx-\omega t)} \tag{3.2}$$

電子の場合と区別して，ここでは波数として q を使う。さらにブロッホ波の概念を原子運動に拡張することを強調する。その結果，ある原子と隣接原子とのずれはつぎの移動演算子によって記述できる。

$$u_{s\pm 1}=e^{\pm iqa}u_s \tag{3.3}$$

式 (3.2) と (3.3) を使うと，式 (3.1) はつぎのように書き直せる。

$$-M\omega^2 u_s=C(e^{iqa}+e^{-iqa}-2)u_s \tag{3.4}$$

波動の振幅を消去して，この波動に関する周波数と波数の間を満たす分散関係を残せば，それはつぎのように与えられる。

$$\omega^2=\frac{2C}{M}[1-\cos(qa)]=\frac{4C}{M}\sin^2\left(\frac{qa}{2}\right) \tag{3.5}$$

この結果より，電子と同様に，つぎの式で定義できる第一ブリユアンゾーン内の q に対応した周波数が決まることがわかる。

$$-\frac{\pi}{a}<q\leq\frac{\pi}{a} \tag{3.6}$$

さらに，式（3.5）の右辺は正に限られていて，両辺の平方根をとったとき，正の根だけを選ばなければならない。これはそのエネルギーが正であるためである。分散関係を図3.2に示す。

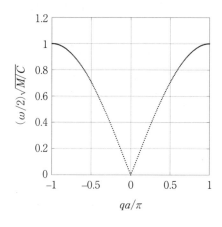

図3.2　一次元格子振動の周波数スペクトル

小さい波数ベクトル q に対しては，正弦関数を線形近似で展開できる。その周波数はつぎのように波数（ベクトルの大きさ）に対する線形の関係になる。

$$\omega \cong \sqrt{\frac{C}{M}}|q|a \tag{3.7}$$

これは周波数が波数 q の線形関数で書かれる，弾性波のよく知られた形である。波動の速さはこの曲線の傾斜で与えられる。そして，低周波数の格子波のときこれを音速とよぶ。

$$v_s = a\sqrt{\frac{C}{M}} \tag{3.8}$$

実際，格子中の音波の音速を測ることによって，力定数 C についての情報を得るのに式（3.8）が使われる。この波は音波（よって音速）と呼ばれ，その波長は非常に長く，原子間隔の数百倍の長さになる。

3.1.2　2原子格子

ここでは，図2.5と同様で，図3.3に繰り返して示すが，2原子が単位構造

3.1 格子波とフォノン   87

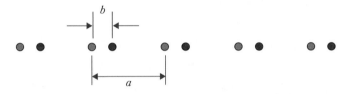

図 3.3 単位格子に 2 個の原子を持った 2 原子格子。ここでは，それぞれが異なる質量を持ち，間隔も同様に相違していると仮定する。

となる 2 原子一次元チェーンの少し難しい問題を考えよう。単位構造の 2 原子である一つを薄い色，もう一つを濃い色で表し，それぞれは違った質量 M_1, M_2 を持つと仮定する。この構造にあわせて，薄い色の原子を s 番目の偶数，濃い色の原子を s 番目の奇数とする。前に説明したように，格子定数を a, 最隣接原子の間隔の一つを b とする。また，方程式中の原子を間違えないように，薄い色の原子の変位を前のように u_s, 濃い色の原子の変位を w_s と表す。原子間隔を等しくすべきという考えもあるが，これは多くの物質に当てはまるわけではなく，特にここで興味のある半導体ではこのようになっている。これらの物質では，図 2.9 を一見すると，（1 1 1）方向の線に沿っての構造において図 3.3 に示された間隔の相違が読み取れる。違った間隔を持った原子間のばねは違っているが，簡単のため，同じばね定数を持つと仮定する。そうすると，式（3.1）と同じようにして，つぎの式を得る。

$$M_1 \frac{d^2 u_s}{dt^2} = C(w_{s+1} + w_{s-1} - 2u_s)$$
$$M_2 \frac{d^2 w_{s-1}}{dt^2} = C(u_s + u_{s-2} - 2w_{s-1}) \tag{3.9}$$

二つの原子変位 u と w の両方を，式（3.2）に従って波動として伝播すると仮定すると，上式はつぎのように書き換えられる。

$$-M_1 \omega^2 u_s = C(w_{s+1} + w_{s-1} - 2u_s)$$
$$-M_2 \omega^2 w_{s-1} = C(u_s + u_{s-2} - 2w_{s-1}) \tag{3.10}$$

ここで式（3.3）に従って移動演算子を導入し，式を再整理すると

$$(2C-M_1\omega^2)u_s = Cw_{s-1}(e^{iqa}+1)$$
$$(2C-M_2\omega^2)w_{s-1} = Cu_s(e^{-iqa}+1) \tag{3.11}$$

となる。分散関係は上式の結果として生じる行列式を対角化することで求まる。強制関数がないので，行列式はゼロでなくてはならない。

$$\begin{vmatrix} (2C-M_1\omega^2) & -2C(1+e^{iqa}) \\ -2C(1+e^{-iqa}) & (2C-M_2\omega^2) \end{vmatrix} = 0 \tag{3.12}$$

この式よりつぎの分散関係が求まる。

$$\omega^4 - 2C\left(\frac{M_1+M_2}{M_1M_2}\right)\omega^2 + \frac{2C^2}{M_1M_2}[1-\cos(qa)] = 0 \tag{3.13}$$

もしも二つの原子質量が等しくても，明らかに前節の簡単な分散関係には戻らない。2原子格子の性質から，この方程式は二つの根を持つことを要求する。

この2原子格子の分散関係からくる解の性質を見るため，極限の場合を見よう。最初に，$q=0$のときの解を見てみると，式(3.13)の最後の項は消える。そして解はつぎのように求まる。

$$\omega^2 = 0$$
$$\omega^2 = 2C\frac{M_1+M_2}{M_1M_2} \tag{3.14}$$

この解の1番目は前節で議論した音響モードに対応する。2番目の解は高周波数モードで，光学モードと呼ばれ

$$\omega_0 = \sqrt{2C\frac{M_1+M_2}{M_1M_2}} \tag{3.15}$$

になる。この周波数は2原子質量の幾何平均で与えられる換算質量を含み，2原子の結合を表す。このモードは薄い色の原子M_1の濃い色の原子M_2へ対する座標の逆位相変位の波を表す。それゆえ，異なる原子それぞれがつくる二つのチェーンは相対してたがいに逆位相で変位する。$q>0$でもチェーン内で運動している二つの部分格子は，相対的に振動する。式(3.15)に換算質量が現れることは二つのそれぞれの原子チェーンの連成振動から生ずる基準モードであることの現れである。

つぎに短波長極限である$q=\pi/a$を考えてみよう。このとき分散関係，式

(3.13) はつぎのように書ける.

$$\omega^4 - 2C\left(\frac{M_1+M_2}{M_1M_2}\right)\omega^2 + \frac{4C^2}{M_1M_2} = 0 \qquad (3.16)$$

また，つぎのような二つの解がある．

$$\omega_1 = \sqrt{\frac{2C}{M_1}}, \qquad \omega_2 = \sqrt{\frac{2C}{M_2}} \qquad (3.17)$$

これらの二つの周波数はそれぞれただ一つの質量を含む．つまり，最初の周波数は薄い色の原子の振動で，濃い色の原子は動かない．2番目の周波数はその逆，つまり濃い色の原子は振動し，薄い色の原子は動かない．どちらの周波数が高いかは質量の大きさによる．高い周波数の振動は軽い原子の振動で，一方低い周波数の振動は重い原子の振動としてとらえられる．高い周波数の振動は光学モードになり，低周波数振動は音響モードに連なる．明らかに，質量が等しければ，二つのモードは縮退し，どのチェーンが振動するのか決められなくなる．図3.4に $M_1=2M_2$ の特別な場合の二つのモードを全ブリユアンゾーンに渡りプロットする．この二つの質量の大きな違いのため，ゾーン端のギャップはかなり大きい．この図の高周波モード（上の曲線）は光学分枝で，低周波数モードは音響分枝である．

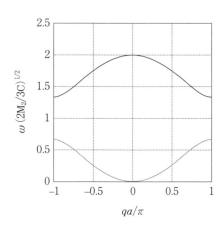

図 3.4　2原子格子の二つのフォノンモードの分散関係．光学モードは上の濃い曲線，音響モードは下の薄い曲線で表されている．この図は $M_1=2M_2$ の場合である．

この項と前項での二つの格子の結果は重要な点を指摘している．単位構造でのそれぞれ一つの原子に対応して，すなわち結晶の単位胞のそれぞれ一つの原

子に対応して分散の一つの分枝が現れることが理解できる。これを三次元に拡張でき，単位胞のそれぞれ一つの原子に対応して三つの分枝が現れることがわかる。したがって，閃亜鉛鉱型またはダイヤモンド結晶格子では，6個のモードが期待でき，そのうち三つが音響モードで残りの三つが光学モードである。しかし，単位胞にもっと多くの原子があるときでも，原子が同位相で振動できるのは3通りしかないので，音響モードの数は三つに限られる。それゆえ，単位胞に2原子以上ある場合，三つ以外のすべては光学モードである。つまり，単位胞に P 個の原子があるとき，3個の音響モードと $3(P-1)$ 個の光学モードが存在する。3個の音響モードのうち一つだけが，原子の運動が波数ベクトル $\mathbf{q}$ に平行である縦波モードである。残りの2個が，原子の運動が波数ベクトル $\mathbf{q}$ に垂直である横波モードになる。同様にこのことは光学モードにも当てはめられ，光学モードの1/3は縦波になり，残りの2/3は横波になる†。

3.1.3　一次元格子の量子化

われわれは格子力学や原子の運動を議論したとき，フォノンの概念を自由に使用した。調和振動子の考え方は初等量子力学では慣れ親しいが，原子運動への関連は多分そんなに明らかではない。この項では，この関連が固有振動とフーリエ変換によっていかに導かれるかをみる。わかりやすくするために一次元でこのことを示すが，きわめて容易に三次元に拡張できる。

そのアプローチとして，格子振動つまり原子運動だけを記述する項をハミルトニアンに入れて始める。前述の項で出てきたばねやばね定数を与える原子間ポテンシャルを二次まで展開する，つまりこれは実際のポテンシャルの二次近似になる。一旦この簡素化された描像がなされれば，方程式はフーリエ変換され，固有振動の概念が導かれる。この描像ではハミルトニアンはフーリエモードの和として記述できる。格子振動の和は一組みのモードの和になり，これらは調和振動子と同等であることが容易に示される。後者は生成，消滅演算子で

---

† 訳者注：波数ベクトル $\mathbf{q}$ が対称性の良い方向では，格子振動は縦波と横波になるが，対称性の悪い方向では横波，縦波の区別ができなくなる。

3.1 格子波とフォノン

記述でき，一つのフォノンの生成，消滅に一致する。つまり，考えているフォノンはある特定のフーリエモードの振幅（ある特定の調和振動子の振幅）に関連する。

全ハミルトニアンの原子運動に関連した部分は式 (1.3) で与えられた。ここでは断熱近似が行われて求められた。この近似では，電子は非常に速く，遅い原子の運動を断熱的に追随する。今後，原子運動だけに関われば良い。つまり，格子ハミルトニアンは

$$H = \sum_i \frac{P_i^2}{2M_i} + \sum_{i \neq j} V(R_i - R_j) \tag{3.18}$$

で与えられる。一般的に，原子それぞれが平衡位置を持ち，その周りに周期的な変位運動をしていることを考える。つまり，瞬間の位置を平衡位置でつぎのように書くことができる。

$$R_i = R_{0i} + r_i \tag{3.19}$$

さて，ポテンシャルは時間平均すると原子の平衡位置で与えられ，一定である。このポテンシャルを平衡位置の周りにテーラー展開する。一次の項がゼロでなければ，位置は平衡点ではないので，一次の項は消えなければならない。つまり，平衡位置はポテンシャルの極小点なので，この極小点の一次微分は消える。そして，二次微分項だけを最も重要な項として残す。つまり式 (3.18) をつぎのように展開する†。

$$H = \sum_i \frac{P_i^2}{2M_i} + \frac{1}{2}\sum_{i \neq j} \frac{\partial^2 V}{\partial R_i \partial R_j} r_i r_j + \cdots \tag{3.20}$$

原子変位とその正準共役の運動量のフーリエ変換をつぎのように行う。

$$r_i = \frac{1}{\sqrt{N}} \sum_q u_q e^{iqR_{0i}} \tag{3.21a}$$

$$P_i = \frac{1}{\sqrt{N}} \sum_q P_q e^{-iqR_{0i}} \tag{3.21b}$$

三次元では，種々の縦波，横波モードの区別をする分極ベクトルを含むだろう。しかし，ここではそれを無視する。最初に式 (3.21a) をポテンシャル項

---

† この項の以下の説明は原著者の許可を得て，訳者が少し書き改めた。

に使うと，これはつぎの式になる．

$$F = \frac{1}{2N} \sum_{i \neq j} \sum_{q,q'} u_q u_{q'} e^{iqR_{0i}+iq'R_{0j}} \frac{\partial^2 V}{\partial r_i \partial r_j}$$

$$= \frac{1}{2N} \sum_{i \neq j} \sum_{q,q'} u_q u_{q'} e^{iq(R_{0i}-R_{0j})+i(q+q')R_{0j}} \frac{\partial^2 V}{\partial r_i \partial r_j} \quad (3.22)$$

j の和で表せる原子についての和はおもに指数関数の2項目にあり，これはつぎのように書ける．

$$\sum_j e^{i(q+q')R_{0j}} = \sum_{cells} e^{i(q+q')L} \sum_j e^{i(q+q')(R_{0j}-L)} \quad (3.23)$$

ここで最後の項の和は単位胞について行う．また，L は単位胞の位置を表している（単位胞に1個以上の原子がある場合は原子の平衡位置と違っていても良い）．波数は $q=2l\pi/Na$ および $q'=2l'\pi/Na$（l と l' は整数）と書けるので，最初の和は

$$\sum_{cells} e^{i(q+q')L} = \sum_{j=1}^{N} e^{i(q+q')ja}$$

$$= \begin{cases} N & (q+q'=0) \\ \dfrac{e^{i(q+q')a}(1-e^{i(q+q')Na})}{1-e^{i(q+q')a}} = \dfrac{e^{i(q+q')a}(1-e^{2\pi i(l+l')})}{1-e^{i(q+q')a}} = 0 & (q+q' \neq 0) \end{cases}$$

$$(3.24)$$

つまり，クロネッカーのデルタ $N\delta_{q+q',0}$ となる．$\partial^2 V/\partial r_i \partial r_j$ は $(R_{0i}-R_{0j})$ の関数なので，最後の指数関数よりポテンシャル項を有効力定数で書ける．

$$C_q = \sum_i e^{iq(R_{0i}-R_{0j})} \frac{\partial^2 V}{\partial r_i \partial r_j} \quad (3.25)$$

すべての原子は区別できず，有効力定数は指数 i によらないのでハミルトニアンはフーリエ空間で明確につぎのように書ける．

$$H = \sum_q \left(\frac{M_q}{2} P_q P_{-q} + \frac{C_q}{2} u_q u_{-q} \right) \quad (3.26)$$

ここで，質量は単位胞での平均質量になり運動量波数に依存しない．しかし，ハミルトニアンはフーリエモードの和になり，各モードは調和振動子と同じ方程式を持つことがわかる．有効力定数をつぎのように書けば，この類似性はより明らかになる．

$$C_q = M\omega_q^2 \tag{3.27}$$

したがって，各フーリエモードは調和振動子になる。そのモードに対するフォノンはそのモードに対応する調和振動子の空間を表す。つまり，波数 q で表せる特別なモードであるフォノンを1個生成することはこのモードの数を1単位増やす，つまりそのエネルギーを増加させることである。エネルギーの増加は実空間でのこのモードの運動を増幅させることを表している。式 (3.20) の最初の項である運動量 P_i に戻れば，この調和振動子の量子化はつぎのような要請から導かれる。

$$[u_i, P_j] = u_i P_j - P_j u_i = i\hbar \delta_{i,j} \tag{3.28}$$

式 (3.21a) と (3.21b) を用いて逆フーリエ変換するとつぎが得られる。

$$[u_q, P_{q'}] = u_q P_{q'} - P_{q'} u_q = i\hbar \delta_{q,q'} \tag{3.29}$$

これで，原子の変位とその運動量の双方は量子条件に従う。

調和振動子の通常の量子化アプローチとして，生成および消滅演算子の導入がよくなされる。フォノンによる電子散乱を扱う伝導理論では，これらの演算子は電子によるフォノンの放出，つまりある（波数 q で決まる）調和振動子だけを生成する。同様に，電子による吸収が，ある特定の調和振動子であるフォノンの消滅に対応する。つまり，これらの過程は電子ガスと格子間のエネルギーの移行に対応する。これは4章の主題である。生成，消滅演算子はモード振幅と運動量でつぎのように定義できる。

$$\begin{aligned}a_q^+ &= \left(\frac{M}{2\hbar\omega_q}\right)^{1/2}\left(\omega_q u_{-q} - \frac{iP_q}{M}\right) \\ a_q &= \left(\frac{M}{2\hbar\omega_q}\right)^{1/2}\left(\omega_q u_q + \frac{iP_{-q}}{M}\right)\end{aligned} \tag{3.30}$$

ここで，一つ目が生成演算子で二つ目が消滅演算子である。式 (3.29) を使うと割と簡単にこれらの演算子がつぎの交換関係を満たすことを示せる。

$$[a_q, a_{q'}^+] = \delta_{q,q'} \tag{3.31}$$

さらに，ハミルトニアンはつぎに与えられるように簡単化できる。

$$H = \sum_q \hbar\omega_q \left(a_q^+ a_q + \frac{1}{2}\right) \tag{3.32}$$

そうすると，ある特定のモードのエネルギーはつぎのような式で与えられることが明らかである。

$$E_q = \hbar\omega_q\left(N_q + \frac{1}{2}\right) \qquad (3.33)$$

ここで，$a_q^+ a_q = n_q$ は数の演算子でその固有値を N_q とし，そのモードのフォノン数を与える。これらの演算子や調和振動子のより詳細な性質は引用・参考文献1)のような量子力学の良い教科書を参照されたい。

3.2 変形可能な固体中の波

　力定数を決める標準的（少なくとも音響モードに関しては標準的）な方法の一つは，外部から励起させた音波を使用することである。この音波は変形可能な固体として扱える結晶中を伝播する。音波の速さを測定することより力定数を得ることができる。励起させる音波は使用する変換器により縦または横波モードにすることができる。結晶を変形可能な物体と考えることで，結晶を原子の集合体より，実際にはむしろ連続媒体として取り扱う。その意味では，異方性媒体でも均質体として扱い，長波長モードを取り扱う。さらに，励起はフックの法則が成立するような十分小さいものとする。つまり固体中において歪みは応力に直接比例する。つぎのようなアプローチが相対的に一般的である。

　応力のない結晶は通常の直交座標である三つの直交軸で定義でき，その単位ベクトルを $\mathbf{a}_x, \mathbf{a}_y, \mathbf{a}_z$ で定義する。小さくしかし均一な格子の変位は外からの応力によって引き起こされ，結晶軸つまり単位ベクトルは $\mathbf{a}_x', \mathbf{a}_y', \mathbf{a}_z'$ で表せる新しいベクトルに変形する。一般的にこれらの新しい軸は元のベクトルでつぎのように書ける。

$$\begin{aligned}
\mathbf{a}_x' &= (1+\varepsilon_{xx})\mathbf{a}_x + \varepsilon_{xy}\mathbf{a}_y + \varepsilon_{xz}\mathbf{a}_z \\
\mathbf{a}_y' &= \varepsilon_{yx}\mathbf{a}_x + (1+\varepsilon_{yy})\mathbf{a}_y + \varepsilon_{zy}\mathbf{a}_z \\
\mathbf{a}_z' &= \varepsilon_{zx}\mathbf{a}_x + \varepsilon_{zy}\mathbf{a}_y + (1+\varepsilon_{zz})\mathbf{a}_z
\end{aligned} \qquad (3.34)$$

ここで ε_{ij} は外力による結晶の変形を表す。元の単位ベクトルは単位長さを持

つ一方で，新しいベクトルは単位長さではない。つまり，x方向の新しいベクトルの長さの2乗は微小量の最低次までの近似ではつぎで与えられる。

$$\mathbf{a}_x' \cdot \mathbf{a}_x' = (1+\varepsilon_{xx})^2 + \varepsilon_{xy}^2 + \varepsilon_{xz}^2 = 1 + 2\varepsilon_{xx} + \cdots \qquad (3.35)$$

これは $a_x' \sim 1 + \varepsilon_{xx}$ を導く。つまり，長さの変化は一次の近似でちょうどその方向の変形定数で与えられる。

原子ベースでは結晶の歪みが同様に原子運動を導く。もしも原子が最初に $\mathbf{R}$ にあったとすると，歪みのあと，その原子が $\mathbf{R}'$ に動く。つまり，変位ベクトルはつぎのように定義できる。

$$\mathbf{u} = \mathbf{R}' - \mathbf{R} = x(\mathbf{a}_x' - \mathbf{a}_x) + y(\mathbf{a}_y' - \mathbf{a}_y) + z(\mathbf{a}_z' - \mathbf{a}_z)$$
$$= u_x \mathbf{a}_x + u_y \mathbf{a}_y + u_z \mathbf{a}_z \qquad (3.36)$$

波の変位は明らかに式（3.34）の変形で表せる。

これらの変形と歪みの波の定義より，一般的な歪み定数 e_{ij} を定義できる。これらはつぎのように変形で定義する。

$$e_{ii} = \mathbf{a}_i \cdot \mathbf{a}_i' - 1 = \varepsilon_{ii} = \frac{\partial u_i}{\partial r_i}$$
$$e_{ij} = \mathbf{a}_i' \cdot \mathbf{a}_j' = \varepsilon_{ij} + \varepsilon_{ji} = \frac{\partial u_i}{\partial r_j} + \frac{\partial u_j}{\partial r_i} \qquad (3.37)$$

ここで最後の式は $i \neq j$ の場合である。結晶に歪みがあれば長さは変わり，それゆえ体積もまた変化する。体積変化率はつぎのように与えられる。

$$\frac{V'}{V} = \mathbf{a}_x' \cdot (\mathbf{a}_y' \times \mathbf{a}_z') = 1 + \varepsilon_{xx} + \varepsilon_{yy} + \varepsilon_{zz} + \cdots \qquad (3.38)$$

これより結晶の膨張率はつぎのとおり定義できる。

$$\Delta = \frac{V' - V}{V} = \varepsilon_{xx} + \varepsilon_{yy} + \varepsilon_{zz} \qquad (3.39)$$

一般的に結晶に応力を与え，歪みが現れた場合を考えてみよう。すでに歪み成分について議論してきたが，まだ応力をこの議論に導入していない。上の定義からわかるように，歪みは2階のテンソルである。同様に応力も2階のテンソルになる。しかしまた，式（3.37）の定義より非対角項が添え字において対称的であり，それは歪みの定義では非回転的である。その結果，例えばベクト

ルの回転（curl）からくる成分を持たない。この対称性の重要なことは変形の9個の成分の代わりに，歪みテンソルは6個だけの成分を持つことである。そして四面体配位半導体ではのちに述べるさらなる対称性の議論よりこの数は減少する。このことがどのように起こるかは，立方対称性では x, y, z 軸の間では区別がつかなくなることを書き留めておく。つまりこれは対称性効果である。応力テンソルと歪みテンソルを関連づけるフックの法則ついて一般的に考えたとき，この関連は4階のテンソル，つまり $T_{ij}=C_{ijkl}e_{kl}$ となる。このことから行列 C は81要素を持つことになるが，上に述べた減少により36個の要素だけになり，これを新しい簡潔な表記で書くことにしよう。われわれは6個の独立な応力要素をつぎのように書くことにする。

$$T_1=T_{xx}, \quad T_2=T_{yy}, \quad T_3=T_{zz}$$
$$T_4=T_{xy}, \quad T_5=T_{yz}, \quad T_6=T_{zx} \tag{3.40}$$

つまりこれは新しく6個の要素を持つベクトルを定義したことになり，そして同様な記述法により歪み要素を再定義する。行列 C の36個の要素はフックの法則を与え，弾性スティフネス定数と呼ぶ。これからわかるように，これらは以前に原子運動で使用したばね定数である。したがってつぎのよう書ける。

$$T_i=\sum_j C_{ij}e_j \tag{3.41}$$

6個の式からなるこの一組みはいまの目的に対してもっとも有用である。音響変換器から印加した力は結晶に応力を導入し，そしてこれが式（3.41）を通じて歪みと関連する。

　立方晶では上で述べたように，x, y, z 軸の区別がつかない。つまりこの対称性により $C_{11}=C_{22}=C_{33}$ とすることができる。結晶はまた（1 1 1）方向（立方体の対角線）の周りに3回対称を持っていて，これらの回転は $x \rightarrow y \rightarrow z \rightarrow x$ と変換する。結晶中のエネルギーを書き下すとき $e_{ij}e_{kl}$ のような項で表せる。エネルギーはスカラー量であるので，これらの項は方向によらず，上述の回転対称性はこれらの項が回転操作によって変化しないことを導く。つまりこのことより $C_{14}=C_{15}=C_{16}=0$ となり，そして圧縮応力とせん断歪みを結びつけるので，同等な項に対しても同様な結果が導かれる。さらに，静止した固体は

せん断応力下で回転できないと考えられるので，$C_{44}=C_{55}=C_{66}$ となる．最後に主軸の周りの回転は結晶を変化させないので，行列 C は対称的である．このことと主軸の同等性より $C_{12}=C_{13}=C_{23}$ となる．これよりたった3個の独立なスティフネス定数になり，その結果式（3.41）の関係式はつぎのように簡単になる．

$$\begin{bmatrix} T_1 \\ T_2 \\ T_3 \\ T_4 \\ T_5 \\ T_6 \end{bmatrix} = \begin{bmatrix} C_{11} & C_{12} & C_{12} & 0 & 0 & 0 \\ C_{12} & C_{11} & C_{12} & 0 & 0 & 0 \\ C_{12} & C_{12} & C_{11} & 0 & 0 & 0 \\ 0 & 0 & 0 & C_{44} & 0 & 0 \\ 0 & 0 & 0 & 0 & C_{44} & 0 \\ 0 & 0 & 0 & 0 & 0 & C_{44} \end{bmatrix} \begin{bmatrix} e_1 \\ e_2 \\ e_3 \\ e_4 \\ e_5 \\ e_6 \end{bmatrix} \quad (3.42)$$

つまりすべてのせん断歪みは1個の定数 C_{44} でせん断応力と関連する一方，圧縮応力と歪みは一つのペアと関連している．このペアの一つである対角成分は同じ軸に沿っての応力からくる歪みを関連づけ，一方，非対角成分は立方体を変形する応力と歪みを関連づける．この変形の結果，x 方向に印加した応力に対して y 軸と z 軸に沿って伸縮する．

式（3.42）の簡便な表式を使用するときに応力と歪みは当然のことながら2階のテンソル量であることを思い出すことが大切である．力はそれ自体ベクトルであり，応力テンソルの発散（div）からくる．つまり

$$F_i = \sum_k \frac{\partial T_{ik}}{\partial r_k} \quad (3.43)$$

となる．これより結晶内の変位の三つの成分に対する運動方程式を計算できる．均一媒質近似では質量密度は結晶の単位体積当りの質量である．それではつぎのように一般的な方程式を書ける．

$$\rho \frac{\partial^2 u_i}{\partial t^2} = F_i = \sum_k \frac{\partial T_{ik}}{\partial r_k} \quad (3.44)$$

式（3.41）を使って式（3.44）の右辺の応力を置き換えて，さらに式（3.42）によって応力を，いわば式（3.37）を通じて変位に関係する歪みとして扱うことにより容易に方程式を組み立てられる．このことより三つの変位成分に対す

るつぎのような3個の方程式が導かれる。

$$\rho\frac{\partial^2 u_x}{\partial t^2}=C_{11}\frac{\partial^2 u_x}{\partial x^2}+(C_{12}+C_{44})\left(\frac{\partial^2 u_y}{\partial x\partial y}+\frac{\partial^2 u_z}{\partial x\partial z}\right)+C_{44}\left(\frac{\partial^2 u_x}{\partial y^2}+\frac{\partial^2 u_x}{\partial z^2}\right)$$

$$\rho\frac{\partial^2 u_y}{\partial t^2}=C_{11}\frac{\partial^2 u_y}{\partial y^2}+(C_{12}+C_{44})\left(\frac{\partial^2 u_x}{\partial x\partial y}+\frac{\partial^2 u_z}{\partial y\partial z}\right)+C_{44}\left(\frac{\partial^2 u_y}{\partial x^2}+\frac{\partial^2 u_y}{\partial z^2}\right)$$

$$\rho\frac{\partial^2 u_z}{\partial t^2}=C_{11}\frac{\partial^2 u_z}{\partial z^2}+(C_{12}+C_{44})\left(\frac{\partial^2 u_y}{\partial z\partial y}+\frac{\partial^2 u_x}{\partial x\partial z}\right)+C_{44}\left(\frac{\partial^2 u_z}{\partial y^2}+\frac{\partial^2 u_z}{\partial x^2}\right)$$

$$(3.45)$$

そこで，これらの方程式より，いくつかのスティフネス定数を決定できる種々の音波を学ぼう。

3.2.1 （100）方向の波

まず初めに結晶の主軸方向，つまり（100）方向すなわち x 方向に伝搬する波を考えよう。普通，式（3.2）の形の解を探す。ところで，式（3.45）の三つの方程式はつぎのようになる。

$$\rho\omega^2 u_x = C_{11}q^2 u_x$$
$$\rho\omega^2 u_{y,z} = C_{44}q^2 u_{y,z} \qquad (3.46)$$

したがって変位 u_x の一つの縦波が存在し，その群速度は

$$v_l=\frac{\partial\omega}{\partial q}=\sqrt{\frac{C_{11}}{\rho}} \qquad (3.47)$$

であり，そして変位 u_y と u_z の二つの横波がある。この二つの横波はつぎで与えられる群速度を持つ。

$$v_t=\frac{\partial\omega}{\partial q}=\sqrt{\frac{C_{44}}{\rho}} \qquad (3.48)$$

縦波は圧縮波であり，一方横波はせん断波である。これらの音波を測定すれば4個の独立なスティフネス定数の2個を決定できる。

3.2.2 （110）方向の波

今度は $q_x=q_y=q/\sqrt{2}$ を持った x-y 平面上を伝搬する波を考える。再び一つの縦波と二つの横波があることがわかるだろう。横波の一つは z 方向の変位

を持ち，伝搬面に垂直である。このモードは前の場合の z-変位モードと変わりなく，新しい情報が得られない。これは結晶が z 軸の周りの回転に対して対称的であるという特徴のためである。それゆえこの伝搬面に沿って変位する二つのモードに焦点を合わせよう。このため，つぎのように伝搬する波を扱う。

$$u \sim e^{i(q_x x + q_y y - \omega t)} = e^{i\left(\frac{x+y}{\sqrt{2}} q - \omega t\right)} \tag{3.49}$$

さて，式（3.45）は

$$\rho \omega^2 u_x = (C_{11} + C_{44}) \frac{q^2}{2} u_x + (C_{12} + C_{44}) \frac{q^2}{2} u_y$$
$$\rho \omega^2 u_y = (C_{11} + C_{44}) \frac{q^2}{2} u_y + (C_{12} + C_{44}) \frac{q^2}{2} u_x \tag{3.50}$$

となる。これらの二つの波は結合しており，つぎの行列式を解かねばならない。

$$\left| \begin{array}{cc} \left(\rho \omega^2 - \dfrac{q^2(C_{11}+C_{44})}{2}\right) & -\dfrac{q^2(C_{12}+C_{44})}{2} \\ -\dfrac{q^2(C_{12}+C_{44})}{2} & \left(\rho \omega^2 - \dfrac{q^2(C_{11}+C_{44})}{2}\right) \end{array} \right| = 0 \tag{3.51}$$

この行列式の二つの根を見つけると，これを使ってそれぞれの根に対する u_x と u_y の関係を見つけられる。これより同位相の二つ変位を持つ縦波モードと反対位相の変位を持つ横波モードを特定できる。そしてこれらの二つのモードはつぎのような速度を持つ。

$$v_l = \sqrt{\frac{C_{11} + C_{12} + 2C_{44}}{2\rho}}$$
$$v_t = \sqrt{\frac{C_{11} - C_{12}}{2\rho}} \tag{3.52}$$

明らかに横波モードの速度を測定することで補助的なスティフネス定数を決定でき，そして縦波モードの速度を測定することにより，最後のスティフネス定数が決定される。これらの三つの（110）方向の速度だけを測定すればすべての定数を決定できるが，同様に（100）方向の速度を計測するとこのことがチェックできより良い。これらのスティフネス定数は非常に多くの物質で測定さ

れ，これらの集積は例えば引用・参考文献2)で見ることができる。

3.3 誘電関数と結晶格子

閃亜鉛鉱型格子では単位胞をつくる2個の原子は結合に寄与する外殻電子の数が異なっている。それぞれの原子が平均的に4個の電子を隣接の原子と分けあって，その軌道殻を充満するように，結合自体が成り立っている。このことは結晶にはイオン結合の要素があり，単位構造中の2個の原子それぞれが小さいが反対の電荷，いわゆる**有効電荷** e^* を持つことを意味する。これはその2原子間に双極子力を導く。言い換えれば対称性により，その二つの電荷の一つとその四方との間に双極子力が働くことになる。この双極子場が外界の電磁波と相互作用することができる。このことが誘電率を変化させ，電磁波の周波数が格子振動の光学モードの特徴的な周波数に対して大きいか小さいかに依存する誘電率を導く。結晶はもはや2原子間の中点で反転できなくなり，結晶は反転対称性を持たない。双極子の力は電気分極を導き，そしてこの分極が電場に加わることで誘電率を変化させるのである。

外場である電場を格子変位の運動方程式に加えることによって，分極が格子振動の変化に働く役割を実際に見てみよう。電場は運動方程式に余分な力として加わる。原子の基本ペアである2原子の応答に興味があるので，この2原子を通る有効一次元チェーンを使う。そうすると新しい運動方程式はつぎのように書ける。

$$\begin{aligned}-M_1\omega^2 u_1 &= 2C(u_2-u_1)+e^*E\\-M_2\omega^2 u_2 &= 2C(u_1-u_2)-e^*E\end{aligned} \quad (3.53)$$

これらの原子に存在する正負の電荷のため，電場 E （ここではエネルギーと混同しないでほしい）はその2原子に異なった影響を及ぼす。明らかにこれらの方程式は長波長極限 $q\to 0$ である。電磁波の波数が結晶の q の意味のある値に比べて十分小さいことによりこの極限を使う。この二つの方程式からつぎのように変位を生ずる解が求まる。

$$u_1 = \frac{e^* E/M_1}{\omega_{\mathrm{TO}}^2 - \omega^2}, \qquad u_2 = -\frac{e^* E/M_2}{\omega_{\mathrm{TO}}^2 - \omega^2} \tag{3.54}$$

ここで

$$\omega_{\mathrm{TO}}^2 = 2C\left(\frac{M_1 + M_2}{M_1 M_2}\right) \tag{3.55}$$

と表せ，2原子格子で計算された，式（3.14）より与えられる光学モードである．これは$q=0$での光学固有モードであり，このモードの横波変位を表している．これらの原子の電気分極は縦波モードと横波モードの光学モード周波数に分裂を起こさせる．横波光学モードは外界の電場を無視するので，この分裂は通常のアプローチから計算できない．この分裂の大きさは有効電荷の値による．式（3.54）より明らかなように両変位は横波光学モードと等しい外場電場の周波数において極を持つ．この周波数で大きな変位が起こり，その誘電関数に重要な効果を持つことをのちに見る．そして，このことは光学モードの赤外周波数のところで大きな光吸収を起こさせる．分極は二つの変位の差によって定義できる．

$$P = \frac{Ne^*}{2}(u_1 - u_2) = \frac{Ne^{*2}}{2(\omega_{\mathrm{TO}}^2 - \omega^2)} \frac{M_1 + M_2}{M_1 M_2} E \tag{3.56}$$

この式でNは以前に使用した単位胞の数ではなく，結晶中の全原子数である．分極は誘電関数の中につぎのように入る．

$$D = \varepsilon(\omega) E = \varepsilon_\infty E + P = \varepsilon_\infty \left(1 + \frac{S}{\omega_{\mathrm{TO}}^2 - \omega^2}\right) E \tag{3.57}$$

ここで

$$S = \frac{Ne^{*2}}{2\varepsilon_\infty} \frac{M_1 + M_2}{M_1 M_2} \tag{3.58}$$

周波数依存をする誘電関数は横波光学モード周波数のすぐ上にゼロになる点がある特性を持つ．特異点は式（3.57）より明らかで横波光学モード周波数で起こる．このゼロ点を探すため誘電関数をゼロにするとつぎのところで起こることがわかる．

$$\omega^2 = \omega_{\mathrm{TO}}^2 + S \equiv \omega_{\mathrm{LO}}^2 \tag{3.59}$$

これが縦波光学モード周波数である。この二つの周波数の間では誘電関数は実際に負になり，虚数の屈折率（誘電関数の平方根で与えられる）を示す。横波と縦波光学モード周波数の間の周波数領域では電磁波は強く減衰し，エヴァネセンス波だけが見つけられる。もしも式（3.57）で周波数をゼロにもっていくと，静的誘電率と光学誘電率の間の重要な関係式を，これらの測定可能なフォノン周波数を用いて見つけ出す。

$$\frac{\varepsilon(0)}{\varepsilon_\infty} = 1 + \frac{S}{\omega_{TO}^2} = \frac{\omega_{LO}^2}{\omega_{TO}^2} \qquad (3.60)$$

この最後の表式はリデン-ザックス-テラーの関係式と知られ，格子の振動モードが電磁波にどのように影響するかを表すので重要である。つまり，低周波数では誘電関数は格子の分極に起因するが，一方，高（光学）周波数ではそうならない。最後にこの誘電関数を二つの光学モード周波数でつぎのように厳密に書き直せる。

$$\varepsilon(\omega) = \varepsilon_\infty \left(1 + \frac{\omega_{LO}^2 - \omega_{TO}^2}{\omega_{TO}^2 - \omega^2}\right) \qquad (3.61)$$

つぎの章で格子振動による電子の散乱について述べるが，二つのタイプの光学モードによりこの散乱が違ってくることはこの議論より明らかであろう。最初に横波モードは普通の原子変位を生み，それがこの変位よる結晶中の歪みからくる有効ポテンシャルよって電子を散乱することができるのである。この歪みがバンド構造を非常にわずかに変化させ，散乱ポテンシャルを生じさせる。バンド構造ではすでに高密度の結合（価）電子により遮蔽されているが，自由電子は価電子に比べると数が少ないので，自由電子が感じる散乱ポテンシャルはほかの自由電子によって遮蔽されない。一方，縦波光学モード（よく，極性モードと呼ぶ）は自由電子を散乱する電場を生じる大きなクーロン分極を持つ。この場合その相互作用は，自由電子間相互作用は当然クーロン力なので，自由電子によって遮蔽される。つまりこれらの二つの相互作用はお互いに干渉し合う。われわれはこれを極性モードと電子の遮蔽された相互作用として扱う。

3.4 フォノン動力学の計算モデル

いままで進めてきたアプローチはかなり簡単で，一次元チェーンでの唯一の原子間力を元にしていた。これらは簡単な**力定数**モデルとして見ることができる。しかしブリユアンゾーン全体を通してすべてのフォノン力学を計算するには単純すぎる。何年もの間に，この問題を解決しようとする結果としてより広範囲にわたる方法が現れた。ただし，これらには大きな成功を修めた方法や成功しなかった方法がある。これらの中には，測定されたフォノンスペクトルによりよく合わせるため，より多くの調節できるパラメータを取り入れて，より多くの力定数や相互作用を増やした，単なる力定数モデルの拡張に過ぎないものがある。実験的には，多くの場合格子振動の分散関係は中性子散乱で測定される[3]。もちろん，これらの結果は，観測された曲線に合わせることであるモデルの有効なパラメータを決定できる情報を提供する。前章で，観測された電子バンド構造に合わせる経験的な方法を使用したように，本質的にこれらのモデルは事実上経験的である。この節でこれらのモデルのいくつかを検証しその応用を議論しよう。

3.4.1 シェル（殻）模型

最も一般的なモデルの一つにCochranが提唱したシェル（殻）模型[4]がある。このアプローチでは原子核とコアシェル電子は一つの固く変形しない物体（コア）と考え，一方結合電子はこの物体の周りに固い殻をつくる。しかしこの殻（電子雲）と原子核は自由におたがいの周りで振動する。できる限り一般的に力定数を取り入れることは結晶の対称性や（四つの最隣接方向に向いた）方向性のある共有結合を，普通無視することになる。話を進めながら，より一般的なモデルにいかに対称性や結合を加えていくかを見よう。殻の質量はコアに比べると無視できると考える。このゆえにこのアプローチの要は，例えば式(3.9)の力の和を二つの両隣の項の代わりに四つの項に拡張する。そうすると

2個の方程式の代わりに4個の方程式となる。Geの場合2個の原子は同等なので，モデルは5個だけのパラメータを持つことになる。最初にコアと殻間の力を二つの原子に対して C_1, C_2 とする。この2個の原子は同じであるが，3.1節で示したようにそれらの振動では同等ではない。ゆえにこれらの2個の力は違うものとして扱う。そしてこの二つの核（コア）と隣の二つの殻の間に力が働く。したがってこの核と殻間の力を C_{12} と C_{12}' と書く。殻がその核より変位すると局所双極子が生じる。そうすると2原子間に双極子-双極子相互作用が出てくる。これが5番目の力である。Cochranはこの5個の力だけで，Geの測定されたフォノン分散を十分よく合わせることができた[4]。

しかしながら5個のパラメータモデルではSiでは良い結果を得ることができなかった。このためこのモデルを拡張すると良い。上のモデルでは，一つのコアと2番目の原子の殻の力は事実上クーロン力である。弾性的な相互作用が加われば二つの新しいパラメータがこのモデルに入る。さらに，各原子のコア-殻相互作用で異なったばね定数を持ってきたように，双極子を2個の原子では違っているとすることができる。このことは9個のパラメータを導入することであり，SiやIII-V族半導体でかなり良くなる。さらに力の項を加える，より複雑なモデルが提案され，11個や14個のパラメータモデルでは実験との非常に良い一致が示されている。Siでは11個のパラメータモデルで十分であり[5]，14個のパラメータモデルは閃亜鉛鉱型物質で使われている。

以前に記述したハミルトニアンより，シェル模型に対する方程式をより一般的に書くことができる。最初のステップは式（3.20）でのポテンシャル項をつぎのようにベクトル表示にすることである。

$$\frac{1}{2}\sum_{\lambda,\lambda'}\mathbf{u}_\lambda \cdot \frac{\partial^2 V}{\partial \mathbf{R}_\lambda \partial \mathbf{R}_{\lambda'}} \cdot \mathbf{u}_{\lambda'} \tag{3.62}$$

ここで $\mathbf{u}_\lambda$ は変位ベクトルで式（3.20）の r_i に対応し，ポテンシャルの2階微分は2階のテンソルである。添え字は単位胞と単位胞内の個々の原子を示すペア指標に対応する。適切なフーリエ変換をすると式（3.9）はつぎのようになる。

$$\omega^2 \tilde{\mathbf{M}} \cdot \mathbf{U}(\mathbf{q}) = \tilde{\mathbf{D}}(\mathbf{q}) \cdot \mathbf{U}(\mathbf{q}) \tag{3.63}$$

ここで $\tilde{\mathbf{M}}$ は閃亜鉛鉱やダイヤモンド格子では 6×6 の対角質量テンソルであり，その要素は単位胞の（2個の）原子の質量，$\tilde{\mathbf{D}}$ は 6×6 の2階の力定数のテンソルである。ベクトル $\mathbf{U}$ は2原子の変位を担っている。これに $\mathbf{W}$ で表す価電子殻の変位を追加する必要がある。原子（コア）と殻の間の運動は上で論じたように双極子を誘起する。これは変形可能で，原子（コア）と殻間の正味の力は2階のテンソル $\tilde{\mathbf{P}}$ で記述される。つまりこの相互作用を式（3.63）に加えたつぎの式を与える。

$$\omega^2 \tilde{\mathbf{M}} \cdot \mathbf{U}(\mathbf{q}) = \tilde{\mathbf{D}}(\mathbf{q}) \cdot \mathbf{U}(\mathbf{q}) + \tilde{\mathbf{P}}(\mathbf{q}) \cdot \mathbf{W}(\mathbf{q}) \tag{3.64}$$

殻の変位ベクトルと分極テンソルの次元は原子変位ベクトルと力定数テンソルと同じである。さて，この方程式に殻の運動に対する方程式を加える。

$$0 = \tilde{\mathbf{P}}^+(\mathbf{q}) \cdot \mathbf{U}(\mathbf{q}) + \tilde{\mathbf{V}}_{ee}^+(\mathbf{q}) \cdot \mathbf{W}(\mathbf{q}) \tag{3.65}$$

ここで $\tilde{\mathbf{V}}_{ee}$ は隣接した殻間のクーロン相互作用を表す。電子の自由度を消去するとつぎのような簡約した式に帰結する。

$$\omega^2 \tilde{\mathbf{M}} \cdot \mathbf{U}(\mathbf{q}) = \{\tilde{\mathbf{D}}(\mathbf{q}) - \tilde{\mathbf{P}}(\mathbf{q}) [\tilde{\mathbf{V}}_{ee}]^{-1} \tilde{\mathbf{P}}^+(\mathbf{q})\} \cdot \mathbf{U}(\mathbf{q}) \tag{3.66}$$

種々のテンソルすべては短距離力弾性（ばねタイプ）項とクーロン力項を持ち，原子間力では

$$\tilde{\mathbf{D}}(\mathbf{q}) = \tilde{\mathbf{D}}_{SR}(\mathbf{q}) + \tilde{\mathbf{D}}_C(\mathbf{q}) \tag{3.67}$$

となる。シェル模型のこの改造の良いところの一つは，静電相互作用が周波数と運動量依存の誘電関数を取り込むことができることで，前節で議論したように，原子の極性特性によるゾーン中心での LO と TO 分離を説明する。そしてダイヤモンド格子対象物より閃亜鉛鉱型格子でパラメータを増やすもう一つの効果がある[6]。

3.4.2 価電子力場模型

共有結合半導体の特徴の一つはボンドが非常に指向的で最隣接の方向に伸びることである。このボンドは結晶の凝集やバンドの特性を理解するのに非常に重要である。だが，ボンドはボンド間の角度を変える原子運動に対して抵抗し

ようとする傾向がある．そのため，原子に働く本来の弾性力やクーロン力にボンド曲げ応力が加わることも理解することが，現在の目的には同様に重要である．この価電子力場模型での式（3.18）のポテンシャルエネルギー項の特徴は，一例としてつぎのようになる．

$$V = \frac{1}{2}\sum_i \left[\sum_{i'}^{j,k} D_{ii'}(\mathbf{u}_i - \mathbf{u}_{i'})^2 + \sum_{j,k}(B_{ABA} + B_{BAB})\right] \tag{3.68}$$

第一項は通常の弾性およびクーロン力であるが，次近接原子に対応した同様の項も加わることが普通である．ボンド曲げ応力項は一般的につぎの形になる．

$$B_{BAB} = K_{AB}(\mathbf{u}_{0j} - \mathbf{u}_{0i})^2(\delta\theta_{ijk})^2 + K_{AB}'(\delta\theta_{ijk})(\mathbf{u}_{0j} - \mathbf{u}_{0i})\cdot(\mathbf{u}_j - \mathbf{u}_i) \tag{3.69}$$

ここで最初の項は，A 原子（平衡位置 $\mathbf{u}_{0j}$）と隣り合う 2 個の B 原子（平衡位置 $\mathbf{u}_{0i}, \mathbf{u}_{0k}$）を結びつけるボンド間角度の伸縮を記述する．2 番目の項は同様な効果から来ているが，しかし B 原子の一方しか運動していない場合に対応する．同様な項が B 原子の周りの 2 個の A 原子の回転や力からきて，式（3.68）の第二項の最初の分担項になる．

最初に Musgrave と Pople[8] は 5 個のパラメータを使ってダイヤモンドの格子力学にこの方法を適用したが，結果はそれほど良くなかった．Nusimovici と Birman[9] はウルツ鉱結晶を取り扱うためにパラメータの数を 8 個に増やして，ある程度の成功を収めた．驚いたことに，Keating[10] はたった 2 個のパラメータを持つ簡単化したモデルを使い，ダイヤモンドに対して成功を収めた．

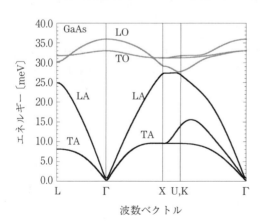

図 3.5 14 パラメータによる価電子力場模型で計算された GaAs のフォノン分散関係[11]（図は J. S. Ayubi-Moak の許可を得て掲載）．

彼のパラメータは中心力の最近接定数 α と非中心力である次近接定数 β であった。それにも拘わらず，いくつかの閃亜鉛鉱型物質と同様，ダイヤモンドやSi, Ge に対して良い結果を得た。GaAs におけるフォノンスペクトルの 14 パラメータによる計算結果を**図 3.5** に示す[11]。

3.4.3　ボンド-電荷模型

　四面体配位半導体と金属の原子間力の間にはいくつかの点で類似性がある。価電子帯の（エネルギーの）バンド幅に対するバンドギャップの大きさを見るとそれは小さいと言えるが，一方，比誘電率は 10 のオーダーかそれ以上で，かなり大きい。その結果，原子の元々の原子ポテンシャルは強いトーマス-フェルミ遮蔽因子と本質的に同タイプのものにより遮蔽される。この遮蔽は生じている遮蔽のほとんどを占めるが，すべてではない。電子の電荷のすべてをこの近似で説明しきれないのですべての遮蔽を占めるわけではない。共有結合物質では，電荷のかなりの量は最隣接間の中間に位置し，ボンド自身に局在している。この電荷はトーマス-フェルミ遮蔽近似に組み込まれず，個々に取り扱われる。ボンドを担う局在電荷が**ボンド電荷**と呼ばれる。

　3.4.2 項で記述したモデルにボンド電荷をはっきりと含めなかった。しかしこれらは力学マトリックスに直接加えることができる。ボンド電荷と原子の間やボンド電荷自身間の相互作用が，誘電関数の非対角項の寄与にはね返る力に寄与する。これまで考慮してきた対角項はボンド電荷と原子の間や原子間の短距離の二体間の力をもたらす。ボンド電荷間の相互作用は結晶を安定化するのに重要な非中心力を導く。基本格子すなわち単位胞当りに 2 個の原子と 4 個のボンド電荷があるので，平均的にそれぞれの原子は各ボンド電荷の 2 倍の電荷を持つことが期待される。ボンド当り（平均的に）2 個の電子があるので，それゆえ多くの半導体ではボンド電荷は $-2e/\varepsilon_{r\infty}$ または約 $-0.2e$ 程度の値を持つことが期待される。

　ボンド-電荷模型の初期の考察は Martin によって進められた[12]。彼は実際に擬ポテンシャルから決定される一組のパラメータを用いて原子間力を計算

した（つぎの 3.4.4 項で擬ポテンシャルを議論する）。ここでこれらのポテンシャルは誘電関数の対角要素で遮蔽されている。彼はこれらに原子とボンド電荷間のクーロン力を加えた。しかし，ボンド電荷を二つの原子間の中心位置に固定した。Weber[13] はボンド電荷を平衡点である重心から動くことが許されるようにこの方法を修正した。そしてボンド間のこれらの力や結果として生じるボンドの曲げが，ゾーン端近傍で TA モードの分散を平らにする働きがあることを明らかにした。しかしながら，電子構造の計算から直接計算することよりもむしろ，調整できる定数として弾性パラメータを取り込むようにして，彼はまた後戻りをしてしまった。つまりこの後者のアプローチは経験的原理に帰してしまう。

　図 2.9 にダイヤモンド構造と閃亜鉛鉱型構造を示した。単位胞は基本構造の 2 個の原子を含み，その原子はちょうど良い具合に $(0,0,0)$ と面心立方体 (FCC) の $(1/4, 1/4, 1/4)$ にある。この 2 原子の位置よりボンド電荷はつぎの位置である。

$$\mathbf{R}_3 = \frac{a}{8}(1, 1, 1), \qquad \mathbf{R}_4 = \frac{a}{8}(-1, 1, -1)$$
$$\mathbf{R}_5 = \frac{a}{8}(1, -1, -1), \quad \mathbf{R}_6 = \frac{a}{8}(-1, -1, 1) \tag{3.70}$$

これらの位置は座標系の原点からの関係を示し，この原子の 4 個の最近接原子のベクトルの中点である。$\mathbf{R}_1$, $\mathbf{R}_2$ は単位胞の 2 原子の位置ベクトルである。すべてのベクトルは原子の平衡位置によるもので，この位置からの動的なずれではない。前に使用した調和近似では，この原子とボンド電荷のフーリエ変換した運動方程式はつぎで与えられる。

$$\omega^2 \tilde{\mathbf{M}} \cdot \mathbf{U}(\mathbf{q}) = \tilde{\mathbf{D}}(\mathbf{q}) \cdot \mathbf{U}(\mathbf{q}) + \tilde{\mathbf{T}}(\mathbf{q}) \cdot \mathbf{B}(\mathbf{q}) \tag{3.71}$$

ここで $\tilde{\mathbf{M}}$ は前述した質量テンソルであり，$\mathbf{U}$ は 2 原子の変位ベクトルである。新しい項はボンド電荷 $\mathbf{B}$ と原子の間を接続する項 $\tilde{\mathbf{T}}$ である。4 個のボンド電荷は 12×1 のベクトル $\mathbf{B}$ を与えるので，このテンソル $\tilde{\mathbf{T}}$ は 6×12 の行列である。前述したように，力学マトリックス $\tilde{\mathbf{D}}$ は短距離力である弾性項（ば

ねタイプ）とクーロン項を持つ．

$$\begin{aligned}\tilde{\mathbf{D}}(\mathbf{q}) &= \tilde{\mathbf{D}}_{SR}(\mathbf{q}) + \tilde{\mathbf{D}}_C(\mathbf{q}) = \tilde{\mathbf{D}}_{SR}(\mathbf{q}) + \frac{4Z^2 e^2}{4\pi\varepsilon_\infty\Omega}\tilde{\mathbf{C}}_R \\ \tilde{\mathbf{T}}(\mathbf{q}) &= \tilde{\mathbf{T}}_{SR}(\mathbf{q}) - \frac{2Z^2 e^2}{4\pi\varepsilon_\infty\Omega}\tilde{\mathbf{C}}_T\end{aligned} \quad (3.72)$$

ここで Ω は単位胞の体積で，**C** 行列は原子間またはボンド電荷間のクーロン力方向を適切に表す．前に述べたようにボンド電荷の質量がゼロを仮定して，つぎの2番目の方程式が必要である．

$$0 = \tilde{\mathbf{S}}(\mathbf{q})\cdot\mathbf{B}(\mathbf{q}) + \tilde{\mathbf{T}}^+(\mathbf{q})\cdot\mathbf{U}(\mathbf{q}) \quad (3.73)$$

ここで

$$\tilde{\mathbf{S}}(\mathbf{q}) = \tilde{\mathbf{S}}_{SR}(\mathbf{q}) + \frac{Z^2 e^2}{4\pi\varepsilon_\infty\Omega}\tilde{\mathbf{C}}_S \quad (3.74)$$

である．これでボンド電荷変数を消去でき，つぎの原子運動に対するまとめた方程式を得る．

$$\omega^2\tilde{\mathbf{M}}\cdot\mathbf{U}(\mathbf{q}) = [\tilde{\mathbf{D}}(\mathbf{q}) - \tilde{\mathbf{T}}(\mathbf{q})\tilde{\mathbf{S}}^{-1}(\mathbf{q})\tilde{\mathbf{T}}^+(\mathbf{q})]\cdot\mathbf{U}(\mathbf{q}) \quad (3.75)$$

このモデルは基本的に3個の調整できる定数を持つ．原子間ポテンシャルの二次微分からくる一般化された力定数，ボンド電荷と原子の間の非クーロン相互作用に対応する中心力の定数とボンド電荷間相互作用を表す非中心力の定数である．クーロン力は新しい定数を導入しないが，しかし非常に多くの単位胞に及ぶ長距離クーロンポテンシャルとして取り込まれる．計算は1個の小さな単位胞で行うが，長距離力のクーロン相互作用に対応して全結晶への単位胞の繰り返しが，エバルト和として知られる和方法によってなされる．結晶へ拡張したため，単位胞のクーロン力へ余分な項が加わる．

図 3.6 に Valentin らが計算した Si のフォノン分散関係と実験データとの比較を示した[14]．またその図の右側に（任意のスケールで）計算されたフォノン状態密度を示す．この研究手法は容易に，より複雑な構造へ拡張できる．これを例証するために図 3.7 に GaAs の（110）表面上のフォノンの結果を示す．

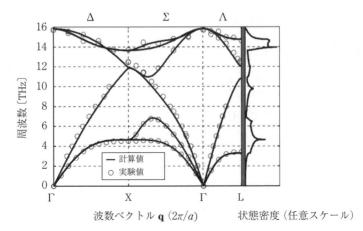

図 3.6 バルク Si におけるフォノン分散の計算結果[14]。丸は実験データ。右側は状態密度である（大きさは任意スケール）。この計算はボンド-電荷模型で行われた。
(Figure 3 in A. Valentin, J. Sée, S. Galdin-Retailleau, and P. Dollfus,：*J. Phys. Condens. Matter* 20（2008）145213（8pp）．© IOP Publishing. Reproduced with permission. All rights reserved.)

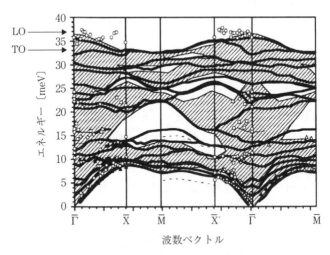

図 3.7 引用・参考文献 15）から掲載した GaAs の（110）表面上の表面フォノンの分散。計算結果は太い実線で，一方理想的に終結した表面は点線で示されている。最端の原子が大きな振幅を持つ複雑な変位パターンのモードは細い実線で示されている。白丸は実験結果である。
(Figure 2 in H. M. Tütüncü and G. P. Srivastava：*J. Phys. Condens. Matter* 8（1996）1345-1358.). © IOP Publishing. Reproduced with permission. All rights reserved.)

3.4.4 第一原理アプローチ

凝縮体理論で得られた最も有用な成果の一つは結晶中の調和項での力定数が結晶の静的電子応答によって直接決まることである[16],[17]。つまり，本書で使用してきた断熱近似の範囲内で，フォノンに伴った格子歪みは電子に働く静的摂動として見ることができる。したがって，前章で決めたバンド構造を使って実際に弾性力定数がどうなるべきか決定できる（このことはMartin[12]の研究について述べたときに簡単に触れた）。しかし必要なことは結晶の全エネルギーで，これは価電子帯を占有する電子状態のすべてを合計して得られる。直接的方法などにより容易にこれらの計算ができ，このことより交換および相関エネルギーに対する局所擬ポテンシャルと局所密度近似だけでフォノン特性を決めることができた[18]。この方法の欠点はブリユアンゾーンの中心から離れた点では，全体の誘電マトリックスの計算が必要なため計算が非常に大きくなることである。フォノンではこの誘電マトリックスのほんの一部だけが必要だが，この計算は膨大な課せられた仕事である。しかし，より最近の研究では，この直接的なアプローチは，全クーロン力を十分に取り入れたスーパーセル・アプローチ[20)-22)]を通じて全フォノン分散関係へと拡張された。クーロン力の長距離特性はいくつかの問題を引き起こすが，ここではGiannozziら[23]の方法に従う。この方法は非局所的擬ポテンシャルに拡張できるが[23]，ここでは局所的アプローチをたどる。

最初に，議論している完全に結合した格子中の電子の全エネルギーを考えよう。このエネルギーは$\lambda \equiv \{\lambda_i\}$で書き表せる一組みのパラメータ（例えば原子位置）の連続関数と仮定する。Hellmann-Feynmanの定理[24),25)]によると，一組みの力はこれらのパラメータによるエネルギーの変化と結びつく[21),22)]。そしてこれらの力は多くの効果，例えば格子緩和や表面再構築などの研究に使うことができる。それでこれらのパラメータの一つに対するエネルギー変化はつぎのように表現できる。

$$\frac{\partial E(\lambda)}{\partial \lambda_i} = \int n(\lambda,\mathbf{r}) \frac{\partial V(\lambda,\mathbf{r})}{\partial \lambda_i} d\mathbf{r} \tag{3.76}$$

ここで $E(\lambda)$ は一組みの与えられたパラメータ値に依存する基底状態のエネルギーであり，n はそれに対応する電子密度分布である。結局のところ，エネルギーの変化を二次まで得るためには，式 (3.76) の右辺が一次まで正確であることが必要なだけであることがわかる。興味ある展開は，n_0 と記す「平衡」値からの密度の展開である。ここで「平衡」とは，エネルギーバンドを決定するとき原子位置は変位のない平衡の値にあるような，パラメータが名目値にある状態を意味する。それで，式 (3.76) はつぎのようにパラメータ展開できる。

$$\frac{\partial E(\lambda)}{\partial \lambda_i} = \int \left\{ n_0(\mathbf{r}) \left[\frac{\partial V(\lambda,\mathbf{r})}{\partial \lambda_i} + \sum_j \lambda_j \frac{\partial^2 V(\lambda,\mathbf{r})}{\partial \lambda_i \partial \lambda_j} \right] + \frac{\partial V(\lambda,\mathbf{r})}{\partial \lambda_i} \sum_j \lambda_j \frac{\partial n(\lambda,\mathbf{r})}{\partial \lambda_j} \right\} d\mathbf{r} \tag{3.77}$$

この最終の式でのすべての微分項は，平衡条件で計算でき，この平衡条件とは，これらのパラメータを原子の変位に結び付ければ，$\lambda=0$ ということである。パラメータに関して式 (3.77) を積分すればエネルギーはつぎのように与えられる。

$$E(\lambda) = E_0 + \sum_i \lambda_i \int n(\lambda,\mathbf{r}) \frac{\partial V(\lambda,\mathbf{r})}{\partial \lambda_i} d\mathbf{r}$$
$$+ \frac{1}{2} \sum_{i,j} \lambda_i \lambda_j \int \left[\frac{\partial n(\lambda,\mathbf{r})}{\partial \lambda_j} \frac{\partial V(\lambda,\mathbf{r})}{\partial \lambda_i} + n_0(\mathbf{r}) \frac{\partial^2 V(\lambda,\mathbf{r})}{\partial \lambda_i \partial \lambda_j} \right] d\mathbf{r} \tag{3.78}$$

このエネルギーはイオンポテンシャルと電子エネルギーを含んでいて，また全ハミルトニアンの固有値を表している。パラメータが原子変位であるとき位置による微分をとると，これらはこのハミルトニアンに寄与するポテンシャルエネルギーの導関数になる。この関係より，力定数はつぎのようになる。

$$C_{\alpha i,\beta j}(\mathbf{R}-\mathbf{R}') = \frac{\partial^2 E}{\partial u_{\alpha i}(\mathbf{R}) \partial u_{\beta j}(\mathbf{R}')} = C_{\alpha i,\beta j}^{\text{ion}}(\mathbf{R}-\mathbf{R}') + C_{\alpha i,\beta j}^{\text{elec}}(\mathbf{R}-\mathbf{R}') \tag{3.79}$$

この式で指標 α, β は変位の偏りを示し，i, j は単位胞中の原子位置を表す。最初の項はエネルギーに対する長距離クーロン相互作用であるイオン-イオン間寄与で，このエネルギーに対する寄与はつぎのようにエバルト和によって求め

られる。

$$E_{\text{Ewald}} = \frac{Ne^2}{2\Omega}\left[\sum_{G\neq 0}\frac{e^{-G^2/4\xi}}{G^2}\left|\sum_i Z_i e^{iG\cdot t_i}\right|^2 - \frac{1}{4\xi}(\sum_i Z_i)^2\right]$$
$$+ \frac{Ne^2}{2}\sum_{i,j}\sum_R \frac{Z_i Z_j}{|t_i - t_j - R|}[1-\text{erf}(\sqrt{\xi}|t_i-t_j-R|)] - Ne^2\sqrt{\frac{2\xi}{\pi}}\sum_i Z_i^2$$
(3.80)

ここで Z_i は各原子上の元々の擬電荷を示し，ξ は任意の広さを表し，それ以上十分に大きなところでは実空間での項は無視されるようになる。また，$\text{erf}(x)$ は誤差関数である。イオン-イオン間寄与のフーリエ変換はつぎのようになることがわかる。

$$C^{\text{ion}}_{\alpha i, \beta j}(q) = \frac{e^2}{\varepsilon_\infty \Omega}\sum_{G, q+G\neq 0}\frac{e^{i(q+G)^2/4\xi}}{(q+G)^2}Z_i Z_j e^{i(q+G)\cdot(t_i-t_j)}(q+G)_\alpha(q+G)_\beta$$
$$- \frac{Ne^2}{2\varepsilon_\infty \Omega}\sum_{G\neq 0}\frac{e^{iG^2/4\xi}}{G^2}[Z_i\sum_\ell Z_\ell e^{iG\cdot(t_i-t_\ell)}G_\alpha G_\beta + c.c.]\delta_{ij}$$
(3.81)

弾性マトリックスへの電子寄与はつぎのように与えられる。

$$C^{\text{elec}}_{\alpha i, \beta j}(R-R') = \int\left[\frac{\partial n(\lambda, r)}{\partial \lambda_j}\frac{\partial V_{\text{ion}}(\lambda, r)}{\partial \lambda_i} + n_0(r)\frac{\partial^2 V_{\text{ion}}(\lambda, r)}{\partial \lambda_i \partial \lambda_j}\right]dr \quad (3.82)$$

ここで $V_{\text{ion}}(r)$ は元々の原子の擬ポテンシャルでつぎのように表せる。

$$V_{\text{ion}}(r) = \sum_{R, i} V_i(r-R-t_i) \tag{3.83}$$

t_i は単位胞内の i 番目の原子の位置である。ここには経験的な擬ポテンシャルを使う問題がある。経験的擬ポテンシャルは数個の逆格子ベクトルだけしかわかっていない。しかしながら，われわれには全実空間の定式が必要である。数個の逆格子点だけで適切な擬ポテンシャルを構築するのは非常に困難であり，この理由から多くの研究者は第一原理のポテンシャルを使い始めた。これよりバンド構造を計算する良い出発点となるフーリエ係数を得ることができる。これが行われると，格子力学を計算しようとしたときに重要なフーリエ係数の経験値を出発値として使い進めることができる。幸い多くの研究者が第一原理のポテンシャルを発表したが，そのことが始めるのに有用な源になっている。一度これらの原子ポテンシャルがわかれば，式（3.82）が組み立てられ，そして

114   3. 格子力学

つぎのようなフーリエ変換がなされる．

$$C^{\text{elec}}_{\alpha i,\beta j}(\mathbf{q}) = \int \left[\left(\frac{\partial n(\mathbf{r})}{\partial u_{\alpha i}(\mathbf{q})} \right)^* \frac{\partial V_{\text{ion}}(\mathbf{r})}{\partial u_{\beta j}(\mathbf{q})} + \delta_{ij} n_0(\mathbf{r}) \frac{\partial^2 V_{\text{ion}}(\lambda,\mathbf{r})}{\partial u_{\alpha i}(0) \partial u_{\beta j}(0)} \right] d\mathbf{r} \quad (3.84)$$

図3.8に立方晶ZnSeについてフォノン分散を決めた結果を示す[26]．簡単に利用できるパッケージ $Quantum\ Espresso$[27]（第一原理計算ライブラリー）を使用して，第一原理計算は，交換積分と相関関数に対してLDA（局所密度波）近似内で，第一原理の擬ポテンシャルを用いてなされた．これらの第一原理計算結果は濃い実線で表されている．比較のためシェル（殻）模型で得た結果を薄い実線で示した．中性子散乱の実験結果は黒四角（■）で示している．ZnSeは普通閃亜鉛型構造で結晶化するが，13.7 GPa以上で相転移を起こし，別の構造になる．この高圧相でのフォノン構造もまたこの図に示した．この図で重要なのは，第一原理計算とシェル模型の結果の間には分散関係の相違があるということである．結果は大体において接近しているが，一方，シェル模型の限界を示すような意味のある相違もある．

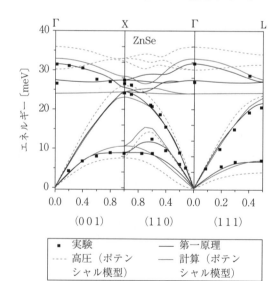

図3.8 ZnSeにおけるフォノンの分散関係[26]．濃い実線はフォノンの第一原理擬ポテンシャル計算の結果で，一方薄い曲線は力定数モデルの結果である．点線は高圧下の結果で，点は実験データである．
(Figure 2 in T. Basak, M. N. Rao, M. K. Gupta, and S. L. Chaplot：*J. Phys. Condens. Matter* 24 (2012) 115401 (9pp). ⓒ IOP Publishing. Reproduced with permission. All rights reserved.)

3.5 非調和力とフォノン寿命

　この章の最初の部分では，調和項までの展開のみから力を扱ってきた．つまり，ポテンシャルの二次導関数までの項を取った．このことより原子変位を量子化でき，原子運動のフーリエ変換で使われる調和振動子展開の励起であるフォノンの見地から，この原子変位を議論した．つぎに非調和力の項になる次数項に議論を向けたい．この非調和力の項はフォノン間の相互作用を議論するのに重要であり，これによって，例えば光学フォノンと音響フォノン間のエネルギーの交換が起こる．一般的に，運動している電子がエネルギーを失うおもな過程は光学フォノンを放出することによる．この光学フォノンは音響モードに崩壊して，熱として半導体の表面（つまり熱浴）へ運ばれる．しかしこの過程でエネルギーが保存されるとすれば，図3.4を注意深く見ると明らかに光学フォノンは2個またはそれ以上の音響モードと結びつかなければならない．つまり崩壊過程の主要な項は3個のフォノンを含み，これを引き起こす相互作用は格子の非調和力からくるにほかならない．このことを見るため，調和項は2個の波数だけを含むが，3個のフォノンを収容するには3個の波数が必要なことに注意しよう．そしてそれはポテンシャルの三次の導関数，つまり主要な非調和項からくる．この過程ではエネルギーと運動量の両方が保存しなければならず，この運動量保存は，波数ベクトルのベクトル特性を通じて変位偏向も保存されることを保証する．

3.5.1 非調和項ポテンシャル

　ブリユアンゾーンの中心近傍では光学フォノンは非分散のため非常に遅い群速度を持ち，容易に表面には移動しない．むしろ，光学フォノンのエネルギーは格子ポテンシャルの非調和項通じて散逸する．これを起こす三次の項はつぎのように書ける．

$$H_3 = \frac{1}{3!}\sum_{i,j,k} \mathbf{u}_i \cdot \left(\mathbf{u}_j \cdot \frac{\partial^3 V}{\partial \mathbf{R}_i \partial \mathbf{R}_j \partial \mathbf{R}_k} \cdot \mathbf{u}_k \right) \tag{3.85}$$

この項のフーリエ表現は 3.1.3 項と同様に直接的な方法で得ることができ，つぎのようになる．

$$H_3 = \frac{1}{3!\sqrt{N}} \sum_{q,q',q''} \mathbf{u}(\mathbf{q}) \cdot (\mathbf{u}(\mathbf{q}') \cdot C_{qq'q''} \cdot \mathbf{u}(\mathbf{q}''))\delta_{q+q'+q'',0} \quad (3.86)$$

明らかに

$$C_{qq'q''} = \sum_{i \neq j \neq k} e^{i[q' \cdot (R_{0j} - R_{0i}) + q'' \cdot (R_{0k} - R_{0i})]} \frac{\partial^2 V}{\partial \mathbf{u}_i \partial \mathbf{u}_j \partial \mathbf{u}_k} \quad (3.87)$$

は三次のスティフネス定数に関連する三次の「ばね」定数である．このスティフネス定数はスカラー量ではなく，3階のテンソル量である．さらに，フーリエ空間において $\mathbf{q}$ は運動量空間の与え定められている部分になっているので，$\mathbf{q}$ の和は実行されない．つまりモード $\mathbf{q}$ のフォノン崩壊に対して摂動ポテンシャルはちょうど $\mathbf{q}$ の和がない式（3.86）になる．先に進めるために，前のように固有振動モードを導入し，$\mathbf{q}$ と ω_q で表されたモードのフォノンの消滅を含む項だけを説明する．この項はほかの二つのモードのフォノンの生成を導く．つまり最終的な摂動ポテンシャルはつぎのようになる．

$$H_3 = \sqrt{\frac{\hbar^3}{8NM^3}} \sum_{q,q',q''} \frac{C'_{qq'q''}}{\sqrt{\omega_q \omega_{q'} \omega_{q''}}} a_q a_{q'}^+ a_{q''}^+ \delta_{q-q'-q'',0} \quad (3.88)$$

ここで C' は3個のベクトルのドット積から決まるスカラー量のテンソル要素であり，M は結晶中の種々の原子の平均質量である．多くの場合，テンソル要素は複雑な状況下では多くの値の平均値を取って良い．多くの物質について見つかった3階のスティフネス定数の数値は引用・参考文献2)に集められている．

対応する行列要素は時間依存摂動理論のフェルミの黄金則を利用することによって見出すことができる[28]．この過程で生成，消滅演算子をフォノンの波動関数に作用させると，数の演算子つまり種々のフォノンモードの数を導ける．この過程は次式を導く．

$$|M(\mathbf{q})|^2 = \frac{\hbar^3}{8NM^3} \sum_{q'} \frac{C'^2_{qq'q''}}{\omega_q \omega_{q'} \omega_{q''}} N_q (N_{q'}+1)(N_{q''}+1)\delta(\omega_q - \omega_{q'} - \omega_{q''})$$

$$(3.89)$$

3.5 非調和力とフォノン寿命　　117

エネルギー保存を示す δ-関数がここでは行列要素に含まれているが，それは正確にはこの行列要素のものではなく，フェルミの黄金則から派生した．興味深い点としては，式 (3.89) に出てくる波数は格子振動の異なるモードに属することである．例えば，一つは光学フォノンで，ほかの二つは音響フォノン，もしくは三つとも音響フォノンである．しかし，一般的には 2, 3 の可能なモードの組合せしかない．その結果式 (3.89) の和は多大な項にはならない．結局，考えているフォノンの崩壊の遷移確率はフェルミの黄金則から派生した余分な項が与えられ，つぎのようになる．

$$\Gamma_{\text{out}}(\mathbf{q}) = \frac{\pi\hbar^2}{4NM^3} \sum_{\mathbf{q}'} \frac{C'^2_{\mathbf{qq'q''}}}{\omega_{\mathbf{q}}\omega_{\mathbf{q}'}\omega_{\mathbf{q-q'}}} N_{\mathbf{q}}(N_{\mathbf{q'}}+1)(N_{\mathbf{q-q'}}+1)\delta(\omega_{\mathbf{q}}-\omega_{\mathbf{q'}}-\omega_{\mathbf{q-q'}}) \tag{3.90}$$

例として，LO モードの二つの LA モードへの崩壊を考えてみよう．後者のモードは違った周波数を持っても良いとする．しかし LO フォノン周波数は，特にブリユアンゾーンの中心近傍ではこのモードの非分散的特性のため，ほとんど一定である．その結果 LA モードは非常に限られた周波数を持つことがまた想定される．このことはつぎのような簡単な変形を導く．

$$\Gamma_{\text{LO}}(\mathbf{q}) = \frac{\pi\hbar^2}{4NM^3} \sum_{\mathbf{q}'} \frac{C'^2_{\mathbf{qq'q''}}}{\omega_{\text{LO}}\omega_{\text{LA}}\omega_{\text{LO-LA}}} N_{\text{LO}}(N_{\text{LA}}+1)(N_{\text{LO-LA}}+1) \\ \times \delta(\omega_{\text{LO}}-\omega_{\text{LA}}-\omega_{\text{LO-LA}}) \tag{3.91}$$

δ-関数の和は LO モードと結びつくモード密度（状態密度）の積分になる．この密度は大きくないが，LO モードは長波長モードであるので和はブリユアンゾーンの球面での状態の数に本質的に一致する．これは和を積分に拡張することでつぎのようになることがわかる．

$$\sum_{\mathbf{q}'} \delta(\omega_{\mathbf{q}}-\omega_{\mathbf{q}'}-\omega_{\mathbf{q-q'}}) = \frac{V}{8\pi^3} \int_{S_{\mathbf{q}'}} \int_0^\infty \delta(\omega_{\mathbf{q}}-\omega_{\mathbf{q}'}-\omega_{\mathbf{q-q'}}) dq' dS_{\mathbf{q}'} \tag{3.92}$$

さらに，立体角についての積分を行い，群速度を導入するとつぎのようにまとめられる．

$$\sum_{\mathbf{q}'} \delta(\omega_{\mathbf{q}}-\omega_{\mathbf{q}'}-\omega_{\mathbf{q-q'}}) = \frac{V}{2\pi^2} \frac{\mathbf{q}^2_{\text{LA}}}{v_{\text{LA}}} \tag{3.93}$$

118   3. 格子力学

最終的につぎのようになる。

$$\Gamma_{\mathrm{LO}}(\mathbf{q})=\frac{V\hbar^2}{8\pi^2 NM^3}\frac{C'^2_{qq'q''}q^2_{\mathrm{LA}}}{\omega_{\mathrm{LO}}\omega_{\mathrm{LA}}(\omega_{\mathrm{LO}}-\omega_{\mathrm{LA}})v_{\mathrm{LA}}}N_{\mathrm{LO}}(N_{\mathrm{LA}}+1)(N_{\mathrm{LO-LA}}+1)$$
(3.94)

ボーズ-アインシュタイン分布の添え字は，これらの項を決めたときに関与した，そのフォノンエネルギーを指す。

3.5.2 フォノン寿命

電子によって放出された過剰な極性光学フォノンまたは非極性光学フォノンの寿命さえも，これらのモードが音響モードへ崩壊する割合に関係する。つまりその光学フォノンに対する連続方程式はつぎのように書ける。

$$\frac{dN_{\mathrm{LO}}}{dt}=G-\Gamma_{\mathrm{LO}}$$
(3.95)

ここで G はより低エネルギーの音響フォノンの吸収や電子からの放出によって光学フォノンが生ずる割合である。差し当たり電子によるフォノン放出の生成を無視すると，光学フォノンの寿命を決定できる。それで G に対する行列要素は，式（3.94）で $N(N+1)(N+1)$ の項が $(N+1)NN$ になる以外，崩壊過程と同じになる。つまり式（3.95）に式（3.94）を代入するとつぎのような崩壊項を導く。

$$\begin{aligned}\frac{dN_{\mathrm{LO}}}{dt}&=\widehat{\Gamma}_{\mathrm{LO}}[N_{\mathrm{LO}}(N_{\mathrm{LA}}+1)(N_{\mathrm{LO-LA}}+1)-(N_{\mathrm{LO}}+1)N_{\mathrm{LA}}N_{\mathrm{LO-LA}}]\\ &=\widehat{\Gamma}_{\mathrm{LO}}N_{\mathrm{LO}}\Big[1+N_{\mathrm{LA}}+N_{\mathrm{LO-LA}}-\frac{N_{\mathrm{LA}}N_{\mathrm{LO-LA}}}{N_{\mathrm{LO}}}\Big]\end{aligned}$$
(3.96)

前因子 $\widehat{\Gamma}_{\mathrm{LO}}$ は式（3.94）の主要項であり，角かっこの中の項は平衡では消える。つまり，n_{LO} を平衡からのずれとしたとき，$N_{\mathrm{LO}}=N_{\mathrm{LO}}+n_{\mathrm{LO}}$ と書くと寿命はつぎのように記述できる。

$$\frac{1}{\tau_{\mathrm{LO}}}=\widehat{\Gamma}_{\mathrm{LO}}(1+N_{\mathrm{LA}}+N_{\mathrm{LO-LA}})$$
(3.97)

一般的にスティフネス定数 C は体積弾性係数と同程度の大きさと考えられて

いる[29]）。後者は，d を格子の原子間距離としたとき d^{-5} として明白にスケールされる．図 3.9 に 300 K でのいくつかの半導体結晶で測定されたフォノン寿命をプロットしている．$C^2 \sim d^{-10}$ というスケールはこれらの物質にかなりよく合う．四角はいくつかの物質のウルツ鉱構造相を示し，ZnSe では値に不確定さがある．

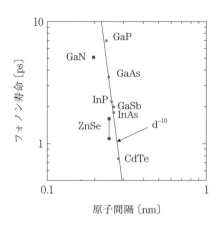

図 3.9 閃亜鉛鉱構造（丸）とウルツ鉱構造（四角）の物質で測定された LO フォノンの寿命．

演習問題

問 3.1 典型的な金属の結晶は単純立方晶構造を持つ．その縦波音響フォノン分枝の [100] 方向の波は，容易に擬一次元チェーンで表せる．a が 0.58 nm，音速が 2.5 km/s のとき $q = \pi/a$（つまりゾーン端）の周波数を求めなさい．

問 3.2 二つの質量が等しいが，比が 2 倍のばね定数で結ばれた，2 原子格子の運動方程式を解きなさい．このばね定数は原子間の一つおきのばねに対応する．

問 3.3 一つおきに Ga と As 原子が並んだ一次元チェーンがある．単純なモデルを使用して，ゾーン端の光学および音響フォノン分枝の周波数を求めよ．ただし，ゾーン中心の光学フォノン周波数は 5.35×10^3 Hz で，ばね定数は等しいと仮定して良い．

問 3.4 ウェブサイトから信頼できる弾性定数の組みを調べ，Si と Ge での [100]，[110] および [111] 方向の音速を決めなさい．

問 3.5 立方晶結晶の1面に力を加えて，厚さを $\delta L/L$ の割合で縮ませた．その結果立方体は横（幅）の大きさが δW だけ伸びた．そのとき，次式を導きなさい．

$$\frac{\delta L}{\delta W} = -\frac{C_{12}}{C_{11}+C_{12}}$$

問 3.6 シェル模型を用いて，Si と Ge のフォノンスペクトルを計算する計算機プログラムをつくりなさい．ブリユアンゾーンを通して，観測されているフォノンスペクトルに合うようにパラメータを調整しなさい．

問 3.7 価電子力場模型を用いて，Si と Ge のフォノンスペクトルを計算する計算機プログラムをつくりなさい．ブリユアンゾーンのすべての領域で，観測されているフォノンスペクトルに合うようにパラメータを調整しなさい．

引用・参考文献

1) D. K. Ferry：*Quantum Mechanics*, 2nd Ed., Inst. of Phys. Publ., Bristol (2001)
2) O. Madelung, (ed)：*Semiconductors*—Basic Data, 2nd Ed., Springer, Berlin (1996)
3) See, e. g., G. Dolling："Neutron spectroscopy and lattice dyanmics," in *Dynamical Properties of Solids*, Vol. 1, (G. K. Horton and A. A. Maradudin, eds.), Ch. 10, North Holland, Amsterdam (1974)
4) W. Cochran：*Proc. Roy. Soc.* A, **253**, 260, London (1959)
5) G. Dolling and R. A. Cowley：*Proc. Phys. Soc.*, **88**, 463, London (1966)
6) H. Bilz, B. Gliss, and W. Hanke："Theory of Phonons in Ionic Crystals," in *Dynamical Properties of Solids*, Vol. 1, (G. K. Horton and A. A. Maradudin, eds.), Ch. 6. North Holland, Amsterdam (1974)
7) P. Y. Yu and M. Cardona：*Fundamentals of Semiconductors*, 3rd Ed., Sec. 3.2.3, Springer, Berlin (2001)
8) M. J. P. Musgrave and J. A. Pople：*Proc. Roy. Soc.* A, **268**, 474, London (1962)

9) M. A. Nusimovici and J. L. Birman : *Phys. Rev.*, **156**, 925 (1967)
10) P. N. Keating : *Phys. Rev.*, **145**, 637 (1966)
11) J. S. Ayubi-Moak : dissertation (unpublished), Arizona State University (2008)
12) R. M. Martin : *Phys. Rev.*, **186**, 871 (1969)
13) W. Weber : *Phys. Rev.* B, **15**, 4789 (1977)
14) A. Valentin, J. Sée, S. Galdin-Retailleau, and P. Dollfus : *J. Phys. Cond. Matt.*, **20**, 145213 (2008)
15) H. M. Tütüncü and G. P. Srivastava : *J. Phys. Cond. Matt.*, **8**, 1345 (1996)
16) P. D. De Ciccio and F. A. Johnson : *Proc. Roy. Soc.* (London) A, **310**, 111 (1969)
17) R. Pick, M. H. Cohen, and R. M. Martin : *Phys. Rev.* B, **1**, 910 (1970)
18) L. J. Sham and W. Kohn : *Phys. Rev.*, **145**, 561 (1966)
19) P. E. Van Camp, V. E. Van Doren, and J. T. Devreese : *Phys. Rev. Lett.* **42**, 1224 (1979)
20) S. Baroni, P. Giannozzi, and A. Testa : *Phys. Rev. Lett.*, **58**, 1861 (1987)
21) D. King-Smith and R. J. Needs : *J. Phys. Cond. Matter*, **2**, 3431 (1990)
22) K. Kunc and R. M. Martin : Phys. Rev. Lett., **48**, 406 (1982)
23) P. Giannozzi, S. de Gironcoli, P. Pavone, and S. Baroni : *Phys. Rev.* B, **43**, 7231 (1991)
24) H. Hellmann : *Einführung in die Quantenchemie*, Deuticke, Leipzig (1937)
25) R. P. Feynman : *Phys. Rev.*, **56**, 340 (1939)
26) T. Basak, M. N. Rao, M. K. Gupta, and S. L. Chaplot : *J. Phys. Cond. Matt.*, **24**, 115401 (2012)
27) P. Giannozi, S. Baroni, N. Bonini, M. Calandra, R. Car, C. Cavazzoni, D. Ceresoli, G. L. Chiarotti, M. Cococcioni, A. Dal Corso, S. de Gironcoli, S. Fabris, G. Fratesi, R. Gebauer, U. Gerstmann, C. Gougoussis, A. Kokalj, M. Lazzeri, L. Martin-Samos, N. Marzini, F. Mauri, R. Mazzarello, S. Paolini, A. Pasquarello, L. Paulatto, C. Sbraccia, S. Scandolo, G. Sclauzero, A. P. Seitsonen, A. Smogunov, P. Umari, and R. M. Wentzcovitch : *J. Phys. Cond. Matt.*, **21**, 395502 (2009); http://www.quantum-espresso.org/
28) E. Merzbacher : *Quantum Mechanics* (Wiley, New York, 1970)
29) G. Weinrich : *Solids: Elementary Theory for Advanced Students*, Wiley, New York (1965)
30) W. A. Harrison : *Electronic Structure and the Properties of Solids*, Freeman, San Francisco (1980)

4 電子-フォノン相互作用

　ある状態からほかの状態への電子または正孔の散乱が，格子振動か，不純物のクーロン場かまたは何か違う過程により起こるにせよ，この散乱が半導体中のキャリヤの伝導にとって最も重要な過程の一つである．前に説明したように，ある意味で，印加した電場中で電荷キャリヤの速度を制限するのが散乱である．一方，散乱を受けない電子は（印加された直流電場中で）波数 $\mathbf{k}$ の一定の増加に従い，ブリユアンゾーンを循環するようになり，時間平均速度ではゼロになる．後者において，散乱は相関し加速された状態を壊し，実際の伝導過程を導く．伝導はまた加速力と散逸力（散乱）の釣合いとして考えられる．

　2章の断熱原理の議論では，格子の運動から電子の運動を切り離せた．電子の運動は静的なエネルギーバンドとして解け，一方，格子の運動は格子力学つまり，原子の運動とフォノンスペクトルをもたらした．まだ電子運動を格子運動に結合させる項が残っている．この項が電子-フォノン相互作用のもとである．一つの相互作用項だけではない．むしろ電子-フォノン相互作用は散乱波数ベクトル数 $\mathbf{q}=\mathbf{k}-\mathbf{k}'$ のべきで展開でき，この過程はフォノン分枝の数や相互作用項の種々のタイプに対応する多数の項を生じさせる．そこには電子と音響フォノンの相互作用や（化合物半導体中での）極性相互作用または非極性相互作用による光学フォノンとの相互作用がある．これらはちょうど格子の調和展開までの項であり，高次の項は高次の相互作用をつくる．

　この章では基本的な電子-フォノン（または正孔-フォノン）相互作用を一般的に扱う．半導体で重要である種々の相互作用を用い，各過程による散乱確率を論じる．これに続いて，最も一般的な半導体に寄与する種々の過程の概要を

述べたあと，格子力学的でない散乱過程を議論する。これらはイオン化不純物散乱，合金散乱，表面粗さ散乱や格子欠陥散乱を含む。この章を通して，エネルギーバンドはこの上なく放物線であることを仮定しているが，非放物線バンドへの拡張は普通状態密度の変形を通して単純に拡張できる。

4.1 基本相互作用

ここでの取扱いは格子の振動がエネルギーバンドに微小な変化を起こすという簡単な仮定のもとで行われる。平衡の格子位置からの微小な変化によるバンドのずれは，散乱過程を引き起こす付加的なポテンシャルをもたらす。散乱ポテンシャルを時間依存一次摂動理論で使用し，電子が状態 $\mathbf{k}$ からもう一つの状態 $\mathbf{k}'$ に散乱され，波数 $\mathbf{q}$ のフォノンが吸収か放出される散乱確率を計算する。異なる過程または各相互作用はそれぞれ違った「行列要素」を導く。これらの項は波数ベクトルとそれに対応するエネルギーに依存する。このことはつぎの節で議論するが，ここでの取扱いはただ散乱ポテンシャル δE があるとすると，つぎの行列要素が導かれる。

$$M(\mathbf{k},\mathbf{k}') = \langle \Psi'_{\mathbf{k}',\mathbf{q}} | \delta E | \Psi_{\mathbf{k},\mathbf{q}} \rangle \tag{4.1}$$

ここで下添え字は波動関数が電子と格子の両方の座標を含んでいることを示している。普通電子の波動関数は格子の周期性を示すブロッホ関数をとる。加えて，行列要素は運動量保存の条件を含む。この保存の条件はつぎのようになる。

$$\mathbf{k} - \mathbf{k}' \pm \mathbf{q} = \mathbf{G} \tag{4.2}$$

ここで $\mathbf{G}$ は逆格子ベクトルである。本質的に $\mathbf{G}$ の存在は実空間から運動量空間へのフーリエ変換の結果と結晶運動量を一つのブリユアンゾーンだけに定義した結果である。上の符号では終状態は始状態より高い運動量を持ち，それゆえまた高いエネルギーにある。この上の符号は電子によるフォノンの吸収に対応するに違いない。下の符号はより低いエネルギーと運動量を持つ終状態を導き，それゆえ電子によるフォノンの放出に対応する。

4. 電子-フォノン相互作用

簡単な時間依存一次摂動理論より**フェルミの黄金則**[1]を使うと散乱確率の式が導かれる。

$$P(\mathbf{k},\mathbf{k}')=\frac{2\pi}{\hbar}|M(\mathbf{k},\mathbf{k}')|^2\delta(E_\mathbf{k}-E_{\mathbf{k}'}\pm\hbar\omega_\mathbf{q}) \tag{4.3}$$

ここで符号は前段落と同じ意味を持つ。例えば上の符号はフォノンの吸収に対応し，下の符号はフォノンの放出に対応する。式（4.3）の導き出し方は多くの初等量子力学の教科書に書いてあるので見ていただきたい。たいてい，δ-関数は極限 $t\to\infty$ を実施して衝突が完全に完了することを必要としている。その上，それぞれの衝突は実空間で局部に制限されて，定義されたフーリエ係数 $\mathbf{k}$, $\mathbf{k}'$ や $\mathbf{q}$ を使うことができる。摂動ポテンシャルは小さいはずなので，その結果限定されたエネルギーバンドの摂動として扱え，二つの衝突が空間や時間上で「重ならない」。

波数 $\mathbf{k}$, エネルギー $E_\mathbf{k}$ で定義された状態からの散乱確率はすべての終状態について式（4.3）を積分することによって求められる。運動量保存条件である式（4.2）のため，この積分は，同じ結果が得られるが，$\mathbf{k}'$ かまたは $\mathbf{q}$ について行われる（逆格子ベクトル $\mathbf{G}\neq 0$ の過程は除く）。そこでいま，積分を終状態の波数 $\mathbf{k}'$ について行うと（$\Gamma=1/\tau$ は散乱確率で，その逆数が散乱時間 τ である）

$$\Gamma(\mathbf{k})=\frac{2\pi}{\hbar}\sum_{\mathbf{k}'}|M(\mathbf{k},\mathbf{k}')|^2\delta(E_\mathbf{k}-E_{\mathbf{k}'}\pm\hbar\omega_\mathbf{q}) \tag{4.4}$$

行列要素 M が<u>フォノンの波数ベクトルに依存しない</u>場合には，行列要素は和から取り去ることができ，つぎのようにちょうど状態密度を導く。

$$\Gamma(\mathbf{k})=\frac{2\pi}{\hbar}|M(\mathbf{k})|^2\rho(E_\mathbf{k}\pm\hbar\omega_\mathbf{q}) \tag{4.5}$$

これにはつぎのような十分納得できる解釈ができる。全散乱確率はちょうど始状態と終状態を結ぶ行列要素と終状態のすべての数の積になっている（しかし，スピンが保存するこれらの散乱過程では状態密度に「スピンに対する因子2」を含まないというような状態密度の評価に気配りすることを注意すべきである）。これらの場合に対して，散乱角は終状態の等エネルギー面に一様に分

布する確率変数である．つまり，終状態のエネルギー面にある状態は等価であり，散乱は等方的であるといえる．

　行列要素にフォノンの波数依存性があるときには，扱いは多少複雑になり，そしてこの依存性は和の中にあり，うまく処理せねばならない．この場合フォノン波数についての和を行うことはより容易であるが，むしろ波数の和を積分に変える（終状態の波の記述に球座標を使用し，$\mathbf{k}'$ よりむしろ $\mathbf{q}$ について積分にする）．

$$\Gamma(\mathbf{k}) = \frac{2\pi}{\hbar} \frac{V}{(2\pi)^3} \int_0^{2\pi} d\phi \int_0^{\pi} d\vartheta \sin\vartheta \int_0^{\infty} q^2 dq |M(\mathbf{k},\mathbf{q})|^2 \delta(E_{\mathbf{k}} - E_{\mathbf{k}\pm\mathbf{q}} \pm \hbar\omega_{\mathbf{q}}) \tag{4.6}$$

ここでは半導体は三次元結晶であるとした．$\mathbf{q}$ だけが持つ角度が行列要素に現れる場合はほとんどない．むしろ重要なのは $\mathbf{q}$ と $\mathbf{k}$ の間の相対角度だけであり，その結果後者のベクトルは z 方向または式（4.6）の球座標の極軸に向いていると考えて差支えない．この配置では方位対称を持たない理由はないので，ϕ に対する変化がなく，この積分はただちに行われ，2π になる．

　天頂角についての 2 番目の角度積分は δ-関数を含み，この関数の変数はつぎのように展開できる．

$$E_{\mathbf{k}} - E_{\mathbf{k}\pm\mathbf{q}} \pm \hbar\omega_{\mathbf{q}} = \frac{\hbar^2 k^2}{2m^*} - \frac{\hbar^2(\mathbf{k}\pm\mathbf{q})^2}{2m^*} \pm \hbar\omega_{\mathbf{q}}$$

$$= -\frac{\hbar^2 q^2}{2m^*} \mp \frac{\hbar^2}{m^*} kq \cos(\vartheta) \pm \hbar\omega_{\mathbf{q}} \tag{4.7}$$

天頂角の積分を行うと二つの効果が起こる．最初は δ-関数の変数より（ϑ についての）一組みの定数が現れることであり，2 番目は起こりうる q の範囲が限られることである．天頂角の積分の範囲内で式（4.7）がゼロとなるように積分の範囲が決まる．フォノンの吸収（上の符号）の場合，つぎのところでこの式が 0 になる．

$$q = \pm\sqrt{k^2 \cos^2(\vartheta) + \frac{2m^*\omega_{\mathbf{q}}}{\hbar}} - k\cos(\vartheta) \tag{4.8}$$

そのときつぎの範囲になる．

4. 電子-フォノン相互作用

$$\sqrt{k^2 + \frac{2m^*\omega_q}{\hbar}} - k < q < \sqrt{k^2 + \frac{2m^*\omega_q}{\hbar}} + k \tag{4.9}$$

2番目，つまりフォノンの放出の場合，ゼロはつぎのところで起き

$$q = k\cos(\vartheta) \pm \sqrt{k^2\cos^2(\vartheta) - \frac{2m^*\omega_q}{\hbar}} \tag{4.10}$$

つぎの範囲になり

$$k - \sqrt{k^2 - \frac{2m^*\omega_q}{\hbar}} < q < k + \sqrt{k^2 - \frac{2m^*\omega_q}{\hbar}} \tag{4.11}$$

つぎのような付加条件が必要である．

$$k^2 \geq \frac{2m^*\omega_q}{\hbar} \Rightarrow E_k \geq \hbar\omega_q \tag{4.12}$$

後者の式は，電子がフォノンのエネルギーより高いエネルギーを持っていなければ，電子はフォノンを放出できないことを単純に言っている．

さて，これらを使って天頂角に対する積分を行うと，つぎの結果を最終的に得る．

$$\Gamma(\mathbf{k}) = \frac{m^*V}{2\pi\hbar^3 k}\int_{q_-}^{q_+}|M(\mathbf{k})|^2 q\,dq \tag{4.13}$$

積分範囲 q_+ と q_- はフォノン吸収または放出に対してそれぞれ式 (4.9) または式 (4.10) で与えられる．もしも散乱過程で両スピン終状態に散乱される場合は，2 の付加因子を式 (4.13) に掛けておかなければならない．この時点では，式 (4.13) に現れる行列要素の詳細を明確にしなければ先には進めることはできない．

4.2　音響型変形ポテンシャル散乱

4.2.1　球対称バンド

最も一般的なフォノン散乱の一つは，変形ポテンシャルを通して格子の音響モードと電子（または正孔）の相互作用によるものである．ここでは格子中を運動している長波長の音響波が，結晶中に局所歪みを起こさせ，その格子変位

によりエネルギーバンドに摂動を引き起こす．このバンド変化が弱い散乱ポテンシャルを生み，つぎのような摂動エネルギーを導く[2]．

$$\delta E = \Xi_1 \Delta = \Xi_1 \nabla \cdot \mathbf{u}_\mathbf{q} \tag{4.14}$$

ここで Ξ_1 はある特定のバンドの**変形ポテンシャル**で Δ は波によって生じた格子の**膨張**であり，その波のフーリエ係数が $\mathbf{u}_\mathbf{q}$ である．全体としての結晶の変位である静的な格子の変位は寄与せず，その結果バンドに局所歪みを生じさせるのは結晶中の波動の振幅変動であることをここに注意する．この変動は膨張によって表され，これがちょうど式（4.14）に出てきた波の発散である．振幅 $\mathbf{u}_\mathbf{q}$ は全体にわたる格子の波の，比較的一様なフーリエ係数であり，時間の振動項を含めてつぎのように表せる．

$$\mathbf{u}_\mathbf{q} = \left(\frac{\hbar}{2\rho_m V \omega_\mathbf{q}}\right)^{\frac{1}{2}} \mathbf{e}_\mathbf{q} [a_\mathbf{q} e^{i(\mathbf{q}\cdot\mathbf{r} - \omega_\mathbf{q} t)} + a_\mathbf{q}^+ e^{-i(\mathbf{q}\cdot\mathbf{r} - \omega_\mathbf{q} t)}] \tag{4.15}$$

ここで ρ_m は質量密度，V は体積，$a_\mathbf{q}$ および $a_\mathbf{q}^+$ は（前章で使ったように）フォノンの生成，消滅演算子，$\mathbf{e}_\mathbf{q}$ は偏向ベクトルであり，完成形として平面波因子が規格化因子とともに書き加えられている．発散（div）演算子は偏向方向に平行な $\mathbf{q}$ の成分に比例した因子をつくるので，縦波音響モード（進行方向に沿った偏向を持つ）だけが球対称バンドの電子と結合する（楕円体バンドの場合についてはのちに扱う）．その結果の相互作用ポテンシャルは $\mathbf{q}$ に比例（つまりフォノン波数ベクトルに一次に比例）するので，この項を一次相互作用と呼ぶ．

行列要素は格子と電子の波動関数両方について適切な和を考慮すれば，ただちに計算できる．式（4.15）の角かっこ [ ] の２項目はキャリヤによるフォノン放出に対応する項で，つぎのような行列要素の２乗を導く．

$$|M(\mathbf{k},\mathbf{q})|^2 = \frac{\hbar \Xi_1^2 q^2}{2\rho_m V \omega_\mathbf{q}} (N_\mathbf{q} + 1) I_{\mathbf{k},\mathbf{q}}^2 \tag{4.16}$$

ここで $N_\mathbf{q}$ はフォノンのボーズ-アインシュタイン分布関数であり

$$I_{\mathbf{k},\mathbf{q}} = \int_\Omega u_{\mathbf{k}-\mathbf{q}}^+ u_\mathbf{k} d^3\mathbf{r} \tag{4.17}$$

これは始状態と終状態に対するブロッホ波の単位胞内部間での**重なり積分**であ

り(残念なことに,同じ記号が使われているが,この式のu_kはブロッホ波の単位胞周期部分であり,上で与えられたフォノン振幅ではない),積分は単位胞の体積Ωについて行われる。電子によるフォノン吸収の場合(N_q+1)をN_qで置き換えるだけで,式(4.16)と本質上まったく同じ結果が得られる。

考慮すべき一つは音響モードが非常に低いエネルギーをもっていることである。もしも音速が5×10^5 cm/sであるとすると,ゾーン端の25%の波数ベクトルでは,たった10 meV程度のエネルギーである。この波数は非常に大きな波数ベクトルであり,それゆえ実際の多くの場合には音響モードのエネルギーは1 meVよりも低い。この行列要素を上の散乱公式に導入するときには,このことがあとで重要になってくる。フォノンエネルギーが無視できる散乱過程を**弾性**散乱事象と呼んでも良い。より興味深いことに,極低温以外ではこれらのエネルギーが熱エネルギーより十分低く,ボーズ-アインシュタイン分布はつぎのように高温近似で展開できる。

$$N_q = \frac{1}{\exp\left(\frac{\hbar\omega_q}{k_B T}\right)-1} \sim \frac{k_B T}{\hbar\omega_q} \gg 1 \tag{4.18}$$

この分布関数は非常に大きな値を持ち,エネルギー交換は非常に小さくなるので,非常に簡単なことに放出および吸収に対しての二つの項を加えればよく,音速v_sとして$\omega_q=qv_s$の関係を使えばつぎの式に至る。

$$|M(k)|^2 \approx \frac{\Xi_1^2 k_B T}{\rho_m V v_s^2} \tag{4.19}$$

最終形の式(4.19)はフォノンの波数ベクトルに依存しないので,その結果式(4.5)の簡単な形式が使える。単純な球エネルギー面で放物線バンド上での電子では,つぎのようになる。

$$\Gamma(k) = \frac{2\pi}{\hbar} \frac{\Xi_1^2 k_B T}{\rho_m V v_s^2} \frac{V}{4\pi^2}\left(\frac{2m^*}{\hbar^2}\right)^{\frac{3}{2}} E^{\frac{1}{2}} = \frac{\Xi_1^2 k_B T (2m^*)^{\frac{3}{2}}}{2\pi\hbar^4 \rho_m v_s^2} E^{\frac{1}{2}} \tag{4.20}$$

相互作用ではスピン状態は混ざらないと仮定しており,この因子は状態密度の中に考慮してある。特定の半導体ではこれらの多くのパラメータは容易に得ら

れるが，すべての半導体に対して変形ポテンシャル自体はほとんど例外なく 7〜10 eV 程度の大きさである。

図 4.1 に，振舞いを例示するために GaN と Si の音響フォノンによる散乱確率を示す．式 (4.20) により，両方とも最初はエネルギーの平方根のような変化を示す．しかし，計算では仮定されているのだが，バンドの非放物線性のため高いエネルギーではこの振舞いからずれる．GaN ($0.2m_0$) の有効質量は Si より小さい一方，変形ポテンシャルは大きくほかのパラメータも異なり，この物質では散乱が非常に強くなる．

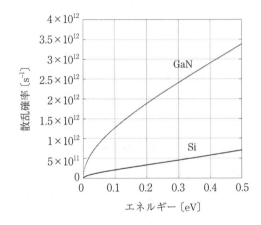

図 4.1 GaN と Si の音響フォノンによる散乱確率．計算では非放物線バンドモデルを仮定した．

4.2.2 楕円体バンド

上で述べた球エネルギー面の扱いでは，行列要素は運動量空間での方向によらず，（高温近似では）波数ベクトルにもよらないことがわかった．Si や Ge の伝導帯のような多数バレー半導体ではもはやこの場合ではない．等エネルギー面が楕円体なので，**膨張**歪みと同様にせん断歪みも変形ポテンシャルを生み出す．せん断歪みはやはり **q** のベクトル方向に依存する項を導き，バンド端のずれはせん断テンソルの 6 個の成分全部に依存することが当然予想される．それゆえ同数の 6 個の変形ポテンシャルがあるだろう．しかし，興味のある半導体ではバレーは楕円体で高対称な ⟨１００⟩ と ⟨１１０⟩ 軸上に中心があるので，

対称性によりたった二つの独立のポテンシャルに減少する。これらは**膨張ポテンシャル** Ξ_d と**一軸性せん断ポテンシャル** Ξ_u である。これらのポテンシャルを使って，楕円体の長軸が z 軸に揃っている場合には変形エネルギーはちょうどつぎのようになる[3]。

$$\delta E = \Xi_d(e_{xx}+e_{yy}+e_{zz})+\Xi_u e_{zz} \tag{4.21}$$

ある方向 **q** の縦波では，因子 $\Xi_l^2 (\mathbf{e_q}\cdot\mathbf{q})^2$ はつぎのようになり

$$\Xi_{LA}^2 q^2 = (\Xi_d^2 + \Xi_u^2 \cos^2\vartheta)q^2 \tag{4.22}$$

ϑ は z 軸（楕円主軸）とベクトル **q** の間の角度である。横波では e_{zz} 項だけが結合し，正確な形はちょうどつぎのようになる。

$$\Xi_{TA}^2 q^2 = \Xi_u^2 \sin^2\vartheta \cos^2\vartheta\, q^2 \tag{4.23}$$

二つの横波は一般的な取扱いとしてこれに含まれていることに注意すべきである。上の相違は一つの楕円体バレー内の各主軸に対して異なった散乱確率を導く。（電流に対する）多数バレーへの和は，（もしもバレーがおたがいに同等でなくなるならば）立方対称性ではすべてのバレーに対して行う。後者の結果を得るためには，q の和では各バレーを個別に論じ，個々の結果を足さねばならない。Si や Ge では角度平均の計算が行われ，縦波と横波モードの組合せに対する単一のエネルギー依存散乱確率を使うとかなり良い近似になることがわかっている。例えば Ge の場合，つぎのようになることがわかっている[3]。

$$\Xi_l^2 \approx \frac{3}{4}(1.31\Xi_d^2 + 1.61\Xi_d\Xi_u + 1.01\Xi_u^2) \approx 0.99\Xi_d^2 \tag{4.24}$$

つまり単一変形ポテンシャルを使うのは，多くの場合，特に楕円体の組が外場下で同等ならば，悪い近似ではない。Si で認められている Ξ_d と Ξ_u の値はそれぞれ $-6\,\mathrm{eV}$ と $9\,\mathrm{eV}$ である。

4.3　ピエゾ（圧電）相互作用散乱

ピエゾ（圧電）効果は GaAs やその他のⅢ-Ⅴ族化合物のような化合物物質の極性特性から生じる。これらの物質では反転中心がない（Ga と As 原子の

4.3 ピエゾ（圧電）相互作用散乱

間に立つと，なぜ反転対称性がないのか理解できる。つまり一方を見るとGa原子が見え，他方を見るとAs原子が見える）。ある一定の方向に印加した歪みは基本の単位胞の変形に起因する内蔵された電場をつくりだす。歪みによるこの電場の生成がピエゾ（圧電）効果と呼ばれる。石英などの大きな圧電係数を持つ物質では，この効果を利用して正確な周波数の振動子がつくられている。多くの半導体ではこの効果は小さいが，特にほかの散乱機構が弱い低温では，キャリヤの散乱を起こさせる。そこにおいて局所電場を引き起こすのが音響モードの存在である。キャリヤはこの電場により進路がそれて，それゆえ散乱される。興味ある結晶は単一の圧電定数 d を持っている（一般の立方晶物質では応力や歪みはテンソル表示で議論されるが，この定数は要素 d_{14} になり，この表示は以下で使用される）。変位の波で展開することによって，分極成分は（フーリエ変換形式で）つぎのように見出される。

$$P_x = i\frac{d_{14}}{\varepsilon_\infty}(e_{q_y}q_z + e_{q_z}q_y)\,u_{\mathbf{q}}$$
$$P_y = i\frac{d_{14}}{\varepsilon_\infty}(e_{q_z}q_x + e_{q_x}q_z)\,u_{\mathbf{q}} \tag{4.25}$$
$$P_z = i\frac{d_{14}}{\varepsilon_\infty}(e_{q_x}q_y + e_{q_y}q_x)\,u_{\mathbf{q}}$$

ここで，e_{q_i} は波数 $\mathbf{q}$ フォノンの変位単位ベクトルの i 成分，ε_∞ は高周波数誘電率である。相互作用エネルギーシフトはつぎのように見出される。

$$\delta E = -\varepsilon_\infty \mathbf{F} \cdot \mathbf{P} \tag{4.26}$$

ここで電場 $\mathbf{F}$ は誘導ポテンシャルから発生した。分極がこのポテンシャルを生み，連動して摂動エネルギーを形成する。そのポテンシャルとして，標準的な遮蔽されたクーロン形式

$$\Phi(\mathbf{r}) = \frac{e}{4\pi\varepsilon_\infty r} e^{-q_{\mathrm{D}} r} \tag{4.27}$$

を使う。ここで q_{D} はデバイ遮蔽の距離の逆数である。指数関数の因子はクーロン相互作用のカットオフを示す。このポテンシャルは（三次元では）つぎのようにフーリエ変換される。

$$\Phi_{\mathbf{q}} = \frac{e}{\varepsilon_\infty} \frac{1}{q^2 + q_D^2} \tag{4.28}$$

これはさらにつぎのような電場を生み出す．

$$\mathbf{F} = -i\frac{e}{\varepsilon_\infty} \frac{\mathbf{q}}{q^2 + q_D^2} \tag{4.29}$$

摂動ポテンシャルは上の定義よりただちにつぎのように書ける．

$$\delta E = -\frac{2ed_{14}}{\varepsilon_\infty} \frac{q^2}{q^2 + q_D^2} (\beta\gamma\, e_{q_x} + \gamma\alpha e_{q_y} + \alpha\beta e_{q_z})\, u_{\mathbf{q}} \tag{4.30}$$

ここで α, β と γ は波数ベクトル $\mathbf{q}$ と3軸 x, y, z との間のそれぞれの方向余弦である．

　遮蔽の役割は興味深い．式（4.30）を調べると，小さな $\mathbf{q}$（長距離）では相互作用ポテンシャルは q^2 で消失していき，一方，大きな $\mathbf{q}$（短距離）では主要な q-依存性因子は1になる．そこにはデバイ遮蔽の距離の逆数である q_D で決まる q に対する本来のカットオフ値がある．これよりピエゾ散乱は短距離効果であり，のちに議論するほかのクーロン散乱体に非常に似ているようである．しかしながらこの遮蔽には複雑さがある．電子-フォノン相互作用からくる実際のポテンシャルは，周波数 $\omega_\mathbf{q}$ の調和的変動のため真のクーロンポテンシャルではない．もしもその周波数が十分高いと，完全な動的遮蔽になり，その遮蔽は著しく減少する[5]．この効果は長波数ベクトルでピエゾ相互作用を強くする．しかし，フォノンエネルギーが電子エネルギーと同程度のときだけこの遮蔽減少が十分に有効になる．われわれは弾性散乱を扱うので，このようなことはめったに起こらず，上の公式（4.30）は多いに使って良い．

　前節の結果を使って行列要素を計算できる．式（4.30）は直接式（4.19）と比較でき，高温近似でつぎのようになる．

$$|M(\mathbf{k}, \mathbf{q})|^2 = \frac{4e^2 d_{14}^2 k_B T}{\varepsilon_\infty^2 \rho_m V \omega_\mathbf{q}^2} \left(\frac{q^2}{q^2 + q_D^2}\right)^2 (\beta\gamma e_{q_x} + \gamma\alpha e_{q_y} + \alpha\beta e_{q_z})^2 \tag{4.31}$$

最後の項はいろいろな方向で平均化でき，縦波では 12/35，横波では 16/36 となる球対称平均が求まる[6],[7]．このことを念頭に入れると，つぎのように平均格子歪み定数を導入できる．

$$c_\mathrm{L} = \frac{2}{5}(c_{12} + 2c_{44}) + \frac{3}{5}c_{11}, \qquad c_\mathrm{T} = \frac{1}{5}(c_{11} - c_{12}) + \frac{3}{5}c_{44} \tag{4.32}$$

このことよりつぎの有効結合定数を定義できる．

$$K^2 = \frac{d_{14}^2}{\varepsilon_\infty}\left(\frac{12}{35c_\mathrm{L}} + \frac{16}{35c_\mathrm{T}}\right) \tag{4.33}$$

これでこの結果を使って散乱確率が計算できる．しかしながら，キャリヤに比べて非常に低いエネルギーの音響フォノンが関与するので，この散乱は本質的に弾性散乱である．つまりこの極限はフォノンエネルギーが無視されて単純化できるが，異方的近似 (4.6) が使用されるべきである．上記のことを考慮すると散乱確率はつぎのように書くことができる．

$$\begin{aligned}\Gamma(\mathbf{k}) &= \frac{2m^* e^2 K^2 k_\mathrm{B} T}{\pi \varepsilon_\infty \hbar^3 k} \int_0^{2k} \frac{q^3 dq}{(q^2 + q_\mathrm{D}^2)^2} \\ &= \frac{m^* e^2 K^2 k_\mathrm{B} T}{\pi \varepsilon_\infty \hbar^3 k} \left[\ln\left(1 + 4\frac{k^2}{q_\mathrm{D}^2}\right) - \frac{4k^2}{4k^2 + q_\mathrm{D}^2}\right]\end{aligned} \tag{4.34}$$

ピエゾ（圧電）散乱はかなり低温でおもに起こり，そこでは高温近似は良くないだろう[†]．

4.4　光学フォノン散乱とバレー間散乱

　四面体配位半導体では単位胞サイト当り 2 個の原子があり，その 2 個の原子が相対的に振動する光学モードとの相互作用がまた許される．これらのフォノンは 30～50 meV（またはそれ以上）程度のエネルギーを持つのでむしろ強力な散乱体であり，散乱過程の間にキャリヤのかなりのエネルギー増減が起こり，**非弾性散乱過程**を引き起こす．上で述べてきた過程は本質的に弾性散乱だったので，非弾性散乱の重要さはきわめて明白である．つまり，電場から得たエネルギーを緩和させるには光学フォノンが必要である．そこでこれらの非弾性過程の詳細に移りたい．普通，単に一つのバンドの最小つまりバレーを思い浮かべるが，光学フォノンはまた**バレー間**または**バンド間**散乱の原因にもな

[†] 訳者注：原著者の許可を受け，式 (4.34) 以下一部割愛して翻訳した．

る。そのような例として，ブリユアンゾーンの中間のフォノンによる軽い正孔価電子帯から重い正孔価電子帯への散乱やゾーン端の光学（または高周波数音響）フォノンによる伝導体中のΓからL点へのバレー散乱がある。

4.4.1 ゼロ次散乱

この散乱機構の行列要素は，二つの部分格子が単にたがいに反対方向に運動しているという変形イオン模型を使用することにより通常得られる。つまり，それぞれのイオンのポテンシャル場が少々移動する。これは結果としてボンド電荷の移動を起こす。つまりイオンどうしが離れ動いた所には少し余分な正の電荷を，たがいに近づいた所にはわずかな負の電荷を置き残す。これは通常eV/cmの単位で与えられるマクロな変形場Dを生む。この散乱はゼロ次過程で，結果として生じた相互作用ポテンシャルは波数ベクトルに依存せず，つまり

$$\delta E = D u_q \tag{4.35}$$

であり，その結果

$$M(\mathbf{k},\mathbf{q}) = \left(\frac{\hbar D^2}{2V\rho\omega_q}\right)^{\frac{1}{2}} [\sqrt{N_q}\delta(E_k - E_{k+q} + \hbar\omega_q) \\ + \sqrt{N_q+1}\delta(E_k - E_{k-q} - \hbar\omega_q)] \tag{4.36}$$

である。ここでρは質量密度で，N_qはフォノンの占有関数である。δ-関数が式（4.36）に現れているが，それは4.1節で現れた積分にすでに組み入れられていた。

ゾーン中心近くの長波長フォノンによる単一バンド（またはバレー）内光学フォノン散乱では，光学フォノン分散関係は非常に平坦で波数ベクトル$\mathbf{q}$の大きさにほとんど依存しない。このことは波数ベクトル$\mathbf{q}$に対する積分で定数として$\omega_q = \omega_0$とすることが妥当な近似であることを示している。バレー間フォノン散乱または異なった価電子帯バレー間散乱では，フォノンの波数ベクトルの大きさの部分は非常に大きいが，光学（またはバレー間の）フォノンの周波数を定数と扱い続けても重要な間違いは起こらない。その上，散乱は等方

4.4 光学フォノン散乱とバレー間散乱

的である．つまり，いったん ω_0 を定数とすれば行列要素での q 依存性がなくなる．これは式 (4.5) の状態密度の結果を使えることを意味するが，しかし放出または吸収項をつぎのように分ける．

$$\begin{aligned}\Gamma(k) &= \frac{2\pi}{\hbar}\frac{\hbar D^2}{2V\rho\omega_0}\left[\frac{V}{4\pi^2}\left(\frac{2m^*}{\hbar^2}\right)^{\frac{3}{2}}\right][N_q\sqrt{E_k+\hbar\omega_0} \\ &\quad + (N_q+1)\sqrt{E_k-\hbar\omega_0}\,u_0(E_k-\hbar\omega_0)] \\ &= \sqrt{\frac{m^*}{2}}\frac{m^*D^2}{\pi V\rho\hbar^3\omega_0}[N_q\sqrt{E_k+\hbar\omega_0} \\ &\quad + (N_q+1)\sqrt{E_k-\hbar\omega_0}\,u_0(E_k-\hbar\omega_0)] \end{aligned} \quad (4.37)$$

平方根の変数が正つまり $E_k < \hbar\omega_0$ のエネルギーを持ったキャリヤはフォノンを放出できないことを保証するヘヴィサイドの階段関数 u_0 が最後の項に加わっている．バレー間散乱では，式 (4.37) はさらにキャリヤが散乱する終状態の楕円の数だけ掛けなければならない．ただし，この因子はこの式に出てくる状態密度の有効質量 m^* の中に容易に含ませることもできる．ここで計算された光学フォノン散乱確率は衝突の平均自由時間になる．なぜなら，この過程もまたエネルギーと運動量の両方を非常に効率的に緩和するが，後者の量の緩和時間に密接に関係している．散乱発生時のエネルギーシフト以外では，光学フォノン散乱のエネルギー依存性は音響モードの場合とよく類似しているが，ここで残ったボーズ-アインシュタイン分布 N_q の完全形のため，非常に強い温度依存性がある．

Si では，バレー間過程は f と g フォノン両方（のちの議論を参照）の数を含む．しかし実際の目的ではこれらは一つの有効な高周波数（LO のような）フォノンと一つの有効な低周波数（LA のような）フォノンに結びつけられる[1]．高エネルギーモードは通常のゼロ次相互作用フォノンになり，一方，低エネルギーモードは普通禁止されている．したがって，この後者のフォノンは下で議論するように，一次相互作用を導く．図 4.2 に，フォノン吸収過程に対するこれらの二つの散乱確率をプロットする．

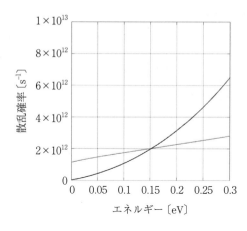

図 4.2 Si の電子によるバレー間フォノン吸収の散乱確率。薄い曲線はゼロ次過程で高エネルギーバレー間過程。濃い曲線は一次で低エネルギーバレー間過程である。

4.4.2 選 択 則

散乱が単一バレーつまりバンド極小内，または同等であろうとなかろうと異なったバレー間で起こるとき，必ずしもどんなフォノンでもうまく相互作用して，キャリヤを始状態から終状態に散乱できるとは限らない。2章で議論したように，例えば，価電子帯のトップはおもに陰イオンの p 軌道状態から形成され，一方，Γ 点にある伝導帯の底はおもに陽イオンの s 軌道状態からなる。もしもある電子が伝導帯の Γ 点から L 点に散乱されると，例えば，電子と相互作用するため陽イオン原子が（フォノン波による）運動をしている必要がある。陽イオンが2原子の内の軽いほうであれば，L 点フォノンモードの陽イオン運動は LO モードであり，重いほうであれば LA モードであることが知られている。これは強引な議論と思われるかもしれないが，群論によりきわめて厳密に証明されている。

空間群の選択則は群論的方法で普通計算される。この方法を詳細に説明することはこの本の範囲を超えるので，単に議論の概要だけをまとめる。キャリヤとフォノンを結ぶ行列要素のような，与えられた一組みの物理量 M を仮に計算するときには，選択則はこのセット M の独立した行列要素の数 n_M を決定する。例えば，遷移が $(k_0, 0, 0)$ にあるバレーから $(-k_0, 0, 0)$ にあるバレーへ起こる，Si 中の電子に対する要求される選択則を考えよう。ただし，ここで

$k_0 = 0.857\,\pi/a$ である（これは図 2.12 において伝導帯の最小が現れた点である）．この遷移を g-フォノンと名付け（Si 中のこのフォノン散乱の詳細はあとで議論する），選択則はつぎのように書ける．

$$\Delta_1(k_0) \otimes \Delta_1(-k_0) = \Delta_1(2k_0) \tag{4.38}$$

ここで Δ_1 は伝導帯の該当する極小の電子の波動関数に対する対称性を表し，$\otimes$ は群論の直積演算子である．要するに，左辺の二つの波動関数は右辺に現れる対称の波動関数を持つフォノンだけと相互作用できる．問題は，右辺の波数ベクトルがブリユアンゾーンの端を越えた**ウムクラップ過程**と呼ばれる場合，つまり波数ベクトルが逆格子ベクトルだけ縮小せねばならないときである．しかし，どの逆格子ベクトルを差っ引けば良いだろうか？ この $2k_0$ 点は X 点を越えて第二ブリユアンゾーンの（１００）方向（Δ 方向）の延長線上にある（図 2.9 を参照）．q が X 点を通り過ぎると，Δ_1 対称は Δ_2' 対称の関数になる．つまり，関与するフォノンは（１００）軸に沿う波数ベクトルを持ち，上で議論した二つのバレー間を結ぶには Δ_2' 対称性を持たねばならない．もしもこの対称性を持つフォノンがなければ，前節で計算した相互作用のゼロ次散乱は禁止されるだろう．幸いなことに，Si では LO フォノン分枝がこの対称性を持つので，関与するフォノンは $q = 0.3\pi/a$ で LO モードである．2 番目の例として，GaAs における中心の Γ 点にある最小から L 点のバレーへの散乱を考えてみよう．後者のバレーは中心の Γ 点の最小より $0.29\,\mathrm{eV}$ 上にあり（図 2.11 参照），この物質おいてはこれらのバレーへの散乱過程であるバレー間遷移が起こる．中心のバレーにあってエネルギーを持った電子が，質量がより重く移動度が非常に低い隣接するバレーへ散乱される．つまり対称性の演算はつぎのように与えられる．

$$\Gamma_1(0) \otimes L_1(-\mathbf{k}_L) = L_1(\mathbf{k}_L) \tag{4.39}$$

ここで $\mathbf{k}_L = (\pi/2a, \pi/2a, \pi/2a)$ はブリユアンゾーンの L 点の位置である．その $\mathbf{k}_L$ の値は関与するフォノンの波数ベクトルであり，関与するフォノンは式 (4.39) の右辺に与えられた対称性を持っていなければならない．驚きはないが，ちょうど上での強引な議論が示唆したように，もしも陽イオンがより軽い

原子の場合この対称性を持った分枝が LO 分枝であり,もしも陽イオンがより重い原子の場合 LA 分枝である。**表 4.1** に,正確な群論計算を元にした興味ある物質での許容なフォノンを示す[8)-10)]。

表 4.1 光学モードの選択則

物質	バレー内	バレー間
Si	禁止	$g : \Delta_{2'}(\mathrm{LO})$
		$f : \Sigma_1 (\mathrm{LA, TO})$
Ge	$\Gamma(\mathrm{LO})$	$X_1(\mathrm{LA, LO})$
$\mathrm{A^{III}B^{V}}$	Γ(極性 LO)	$\Gamma \to L : L^a$
		$\Gamma \to X : X^a$
		$\Gamma \to L : X^a$

[a] $m_V > m_{III}$ の場合は LO モード,それ以外は LA モード。

4.4.3 一 次 散 乱

光学フォノンまたはバレー間の相互作用のゼロ次の行列要素が消滅する場合,例えば,Si で音響モードがウムクラップ過程のフォノンになる場合,D は恒等的に 0 になることが予想される。しかし,通常の電子-フォノン相互作用は q のべきで展開されて,ゼロ次相互作用はちょうど q^0 のオーダー項になる。その上,選択則はゼロ次相互作用だけに厳しく限定される。一次の相互作用は $\Xi_0 \mathbf{q} \cdot \mathbf{e}_q$ の項から出てくる(4.2 節での音響型変形ポテンシャルと表示が明らかに一致しているが)。Ξ_0 は一次の光学型結合定数である。実際,この近似は音響型変形ポテンシャルとちょうど同じ形を生む。なぜなら後者もまた一次散乱であるからである。結果として,そのような近似が光学フォノンにもできるということである。先に進めると,式 (4.16) を使い,変形ポテンシャルと一定の周波数の表示を変えると,つぎのようになり

$$|M(\mathbf{k},\mathbf{q})|^2 = \frac{\hbar \Xi_0^2 q^2}{2\rho V \omega_0}(N_q + 1) \tag{4.40}$$

と吸収項に対する同等な項がある。行列要素の q 依存性のため,式 (4.6) を使うが,この式は行列要素を代入する前の一般化されたものである。

4.4 光学フォノン散乱とバレー間散乱

$$\Gamma(\mathbf{k}) = \frac{2\pi}{\hbar} \frac{V}{(2\pi)^2} \int_0^\pi d\vartheta \sin\vartheta \int_0^\infty q^2 dq |M(\mathbf{k},\mathbf{q})|^2 \delta(E_k - E_{k\pm q} \pm \hbar\omega_0) \tag{4.41}$$

方位角の積分はすでに行っている．天頂角についての積分は，4.1 節で議論したように，δ-関数の変数にも含まれていて，これは式 (4.13) の一般的な結果を与える．その結果を使うと一次の光学フォノン散乱はつぎのように与えられる．

$$\Gamma(\mathbf{k}) = \frac{m^* \Xi_0^2}{4\pi\rho\hbar^2 k\omega_0} \left\{ (N_q+1) \int_{q_-^e}^{q_+^e} q^3 dq + N_q \int_{q_-^a}^{q_+^a} q^3 dq \right\} \tag{4.42}$$

積分を素直に行えば，最終の散乱確率はちょうど

$$\Gamma(\mathbf{k}) = \frac{\sqrt{2}(m^*)^{\frac{5}{2}} \Xi_0^2}{\pi\rho\hbar^5 \omega_0} \{ N_q(2E_k + \hbar\omega_0) \sqrt{E_k + \hbar\omega_0} \\ + (N_q+1)(2E_k - \hbar\omega_0) \sqrt{E_k - \hbar\omega_0} \, u_0(E_k - \hbar\omega_0) \} \tag{4.43}$$

になり，ここで平方根の変数が正であることを保証するため，ヘヴィサイドの階段関数 u_0 が放出項に加っている．一次過程は低エネルギーで非常に小さいが，ゼロ次光学フォノン-バレー間過程よりはるかに強いエネルギー依存性を持つ．つまり通常の条件では一次過程は非常に弱いが，高電場では運動するキャリヤに対して主要な過程になる．

前に述べたように，Si ではバレー間での低エネルギーフォノンは対称性により普通禁制であるので，それは一次のような過程によって結合する．このことは図 4.2 に示されており，低エネルギーでは弱い一方，非常に強いエネルギー依存性が見られ高エネルギーでは重要になることが明らかである．

4.4.4 変形ポテンシャル

一般的に，電子-フォノン相互作用の研究は変形ポテンシャルを調整可能な定数として扱って進められてきた．特に（音響モード以外は）変形ポテンシャルはいままで大きさがほとんど測定されなかったので，こういうやり方はかなり成功を収めた．それゆえ，運動量に依存する変形ポテンシャルを実際に計算

140　4. 電子-フォノン相互作用

する方法に立ち向かう前では，典型的な半導体において重要な種々の散乱過程の解釈の実態を概説することは多分有益である。ほとんどすべての半導体において伝導に対する完全な理解がまだ不足していることがおもな理由だが，最初に，Si，Ge や2，3のⅢ-V族物質について振り返ってみよう。ここで述べることは，少し推測が入るが，現在の理解状況である。

シリコン　Si の伝導帯はΔ［これは（100）軸］線上をゾーン端 X 点へ85％行ったところにある6個の同等な楕円体を持っている。バレー内光学フォノン過程は表4.1に示したように禁止されているので，各楕円内散乱は音響フォノンと不純物（のちに説明する）に限られる。変形ポテンシャルによる音響モード散乱は，それぞれ9 eVと-6 eVの値を持つと考えられる二つの定数 Ξ_u と Ξ_d で特徴づけられる[4]。それゆえ，有効変形ポテンシャルはこれらの和になり，およそ3 eVになる。非極性光学フォノン散乱は同等な楕円間の散乱に対して起こる。この過程に関与できる二つの可能なフォノンがある。一つは，g-フォノンと呼んだが，同じ（100）軸の反対方向にある二つのバレー間を結ぶ。これは前に議論したウムクラップ過程に対応し，正味 $0.37\pi/a$ のフォノン波数ベクトルを持つ。同時に f-フォノンは（100）バレーと（010）バレーおよび（001）バレーを結ぶ，などである。その波数ベクトルは $2^{1/2}(0.85)\pi/a=1.2\pi/a$ の大きさを持ち，（110）線の延長上にあるブリユアンゾーンの六角形の陵の近くにあり（図2.9）第二ブリユアンゾーンに入る。そこでのこれらのフォノンは，値的に K 点の近くのフォノンになるが異なった対称性を持つ。それでも，表4.1はLAとTOモードが同等なバレー間散乱に寄与できることを示している。LO g-フォノンとLAおよびTO f-フォノンは皆ほとんど同じ周波数であり，一方，低エネルギーバレー間フォノンは禁止されていることを注意する。しかし，Long[13]は温度に対する移動度の実験の詳細な解析より，データに合わせるためには弱い低エネルギーのバレー間フォノン散乱が必要であることを見つけた。実際，彼は許容な高エネルギーフォノンを64.3 meVを持った一つの同等バレー間フォノンとして扱うが，10.4 meVのエネルギーを持った低エネルギーバレー間フォノンを導入せねばなら

4.4 光学フォノン散乱とバレー間散乱

ない。低エネルギーフォノンの存在はまた，Si の反転層での磁気フォノン（フォノン周波数がサイクロトロン周波数の倍数に一致する）の研究で確かめられている。この事実は低エネルギーフォノンによる散乱が伝導に弱い寄与をすることを示している[14]。低エネルギーフォノンは確かに禁制で Long はそれを非常に弱い定数として扱っている。禁制な低エネルギーバレー間フォノンは一次相互作用で扱うべきであり，データは結合定数 $\Xi_0=5.6\,\text{eV}$ で合い，一方，許容な遷移は結合定数 $D=9\times10^8\,\text{eV/cm}$ で扱えると Ferry[11] は指摘した。これらの値を直接確かめる実験データはないが，これらはその相互作用に予想される大きさのオーダーを単に示していると捉えるべきである。そうではあるが，6 eV に近い Ξ_0 の値は妥当な大きさであり，モンテカルロ・シミュレーションを使うと，計算で全エネルギーバンドを使った計算結果にこれらは非常によく合っている。

価電子帯はかなりの異方性があり，ゾーン中心のバンドの縮退は歪みで解ける。それでも，音響型変形ポテンシャルは約 2.5 eV の有効値を持つと考えられている。光学モードは正孔を一つの価電子帯からほかの価電子帯への結合をさせることができるが，この相互作用の大きさはほとんどわかっていない。

ゲルマニウム　Ge の伝導帯は（１１１）方向のゾーン端である L 点にある 4 個の楕円体を持つ。音響モードは 2 個の変形ポテンシャル Ξ_u と Ξ_d で特性が表され，これらはそれぞれ約 16 eV と -9 eV の値を持つと考えられている。光学フォノン・バレー内散乱は LO モードによって許される。同等なバレー間散乱もまた（縮退している）X 点 LA と LO フォノンによって許される。これらのフォノンに対する結合定数は，低電場と高電場の両方の（温度を関数とした）伝導研究より $7\times10^8\,\text{eV/cm}$ とほぼ確立している[15]。

Ge の価電子帯は，ちょうど Si と同じように異方性価電子帯で特徴づけられ，音響型変形ポテンシャルは Si に非常に近い値になる。また，光学フォノンによる価電子間散乱の結合定数は知られていない。

III-V族化合物　GaAs，InP や InSb については，文献にさまざまな値が載っているが，音響型変形ポテンシャルは約 7 eV である。伝導帯は種々の極

小がある Γ 点, L 点や X 点での順番で性質が決まってくる。Γ 点バレーでの伝導は極性 LO モード散乱が主であり，一方，十分に高いエネルギーでは，キャリヤは非等価のバレー間散乱を通して L 点や X 点へ散乱される。実験や理論的計算でも（文献では論争が静まっていないが），これらの二つの過程に対する変形場は GaAs ではそれぞれ 7×10^8 と 1×10^9 eV/cm とほぼ確立している[16]。InP は同じ値を持つと思われている[17]。L 点バレーは Ge と似ているので，L-L 散乱は Ge の値を与えるべきである。L-X 散乱は，これを支持する実際の実験的証拠はないが，5×10^8 eV/cm の変形場を持つと考えられる。InSb では Γ-X 散乱確率はもう少し大きいと考えられ，1×10^9 eV/cm の程度である[18],[19]。

また，正孔は異方的価電子帯によって特徴づけられるが，GaAs では主要な音響型変形ポテンシャルは約 9 eV と考えられており，一方，価電子帯間の散乱は極性 LO モードと非極性 TO モードの両方を通して起こると扱われてきた。後者は約 1×10^9 eV/cm の変形場を持つと考えられており，この値はいくつかの伝導の議論に使われてきた[20]。

得られる実験データへフィットさせる手順は有用であるが，一方，ブリユアンゾーンの重要な点での散乱に対してのみ，一般的にはそれらが実際上妥当であるだけである。もしも電子が Γ 点，X 点や L 点から離れたところにあるとすれば，変形ポテンシャルはおそらく異なった値を取るだろう。つまり，変形ポテンシャルはブリユアンゾーンを通して運動量依存性があるのはごく普通であり，上のフィット手順では捉えられない。したがって，前の二つの章の手順を踏むことによって実際の変形ポテンシャルを計算できる。最初に，2 章で書いたように，第一原理アプローチまたは経験的擬ポテンシャル近似を使ってエネルギーバンドを計算する。つぎに格子振動による変形した結晶の結晶ポテンシャルをエネルギーバンドの変化と共に計算する。普通，リジッドイオン模型[21]によるイオン間方向のずれより，このことが計算される。このアプローチではイオンポテンシャルはイオンと連動して変化することが仮定されている。このことは多くの点で擬ポテンシャル計算に影響する。最初に，そのずれ

4.4 光学フォノン散乱とバレー間散乱

によって単位胞の原子位置が変わり，これがまた形成因子を変化させる．後者では，2 章で議論した少数ではなく，すべてのフーリエ値に対する形成因子を知る必要があり，実際の関数への推測が入ってくる．これらの関数は，例えば「知られた」値にスプライン曲線でフィットすることで得られる．この手順は平衡値の周りの一連の変位に対して繰り返される．各点での新しいエネルギー構造が計算され，一組みのエネルギーを汎関数として変位にフィットさせ，その一次係数が光学型変形ポテンシャルを生ずる．

リジッドイオン近似の改良が行われ[22]，ほかの研究者より多少大きな変形ポテンシャルが導かれた．バレー間散乱変形ポテンシャルの慎重な研究が Zollner ら[23] によってなされた．リジッドイオン近似はまた量子井戸[24] や GaN[25] でも使われた．グラフェンでの電子–格子相互作用の強さを 1 章にある図 1.2（p.7）に示した．この図から明らかなことは，通常仮定されるように，実際の相互作用の強さは一定でなく，運動量状態 $\mathbf{k}$ に対して著しく変化する．ここで変形ポテンシャルは K 点で最も大きく，ブリユアンゾーンの K 点と K' 点を結合させる．そしてこれらの高対称点から離れると，これらの大きさはかなり急速に小さくなる．

変形ポテンシャルの正確な計算では，多くの場合，全バンド伝導のシミュレーションも同時になされる．半導体の全バンド近似は 1 章で指摘されたように，Shichijo と Hess[27] によって最初に利用された．その後，IBM の Fischetti と Laux[28] によって，それは重要なシミュレーション・パッケージとして開発された．これらの近似はセル化したモンテカルロ法と共通性があり，始および終運動量状態に基づく散乱の定式化へ応用される．つまりこの運動量依存相互作用の強さを取り入れて，モンテカルロ近似を改良できる．このセル化した方法では，われわれはブリユアンゾーンの特別状態間の散乱に関心があり，散乱過程のエネルギー依存性にはそれほど関心はない．つまり，式 (4.4) や式 (4.6) に現れる全ブリユアンゾーンについての積分を，細かく分けられたブリユアンゾーンの終状態を表す小さなセルだけについての積分に置き換える．そのため，行列形式で表をつくることができ，その結果，出てくる

144   4. 電子-フォノン相互作用

Γ_{ij} はセル i からセル j への散乱確率を与える。

最後に，これらの変形ポテンシャルは自由キャリヤによる遮蔽を必要としないことを述べておく。実際のバンド構造から生ずる特性に従って，結合を担う（価）電子によってそれらはすでに遮蔽されているからである。

4.5 極性光学フォノン散乱

前節で議論した非極性フォノン相互作用はエネルギーバンドの変形から生じた。このことは巨視的な変形ポテンシャルまたは場を導いた。化合物半導体では，単位胞内の2個の原子が異なった電荷を持ち，これらの2個の原子が相対的に運動する光学フォノンは相互作用に寄与する強いクーロンポテンシャルを持つ。このクーロン相互作用が，ゾーン中心近くの長波長 LO モードの分散関係を通して誘電関数を変化させる（3.3節を参照）。これがまた，順次極性半導体の格子上の2原子の有効電荷の相互作用になる。しかしここで興味深いことは，Ⅲ-V および Ⅱ-Ⅵ 族半導体のゾーン中心バレーの電子では格子振動のこのモードが非常に有力な散乱機構になるという事実である。特に中心にある Γ 点伝導帯バレーでは，非極性相互作用は一般的に弱く，極性相互作用が支配的になる。TO フォノンによる非極性相互作用も非常に有力であり，極性相互作用と競うけれども，正孔でもこのことは有効である。前述した q による展開の点からみると，極性相互作用はクーロン的性質から生ずる q^{-1} の項になる。

極性モードの振動を伴う双極子場の分極は，本質的に有効電荷と変位の掛け算で表せる。変位は 4.2.1 項に出てきたフォノンモードの振幅 $\mathbf{u_q}$ である。つまり分極はつぎのように書ける。

$$\mathbf{P_q} = \sqrt{\frac{\hbar}{2\gamma V \omega_0}} \mathbf{e_q}(a_q^+ e^{-i\mathbf{q}\cdot\mathbf{r}} + a_q e^{i\mathbf{q}\cdot\mathbf{r}}) \tag{4.44}$$

ここで，$\mathbf{e_q}$ はその振動モード対する分極の単位ベクトル，a_q^+ と a_q はモード $\mathbf{q}$ の生成，消滅演算子であり，（有効電荷に関連した）有効相互作用パラメータは

$$\frac{1}{\gamma} = \omega_0^2 \left(\frac{1}{\varepsilon_\infty} - \frac{1}{\varepsilon(0)} \right) \tag{4.45}$$

となる．ここで ε_∞ と $\varepsilon(0)$ はそれぞれ高周波数，低周波数誘電率である（この違いは極性相互作用の強さを与え，二つの値が等しい非極性物質ではなくなる）．式 (4.44) と式 (4.36) を比べると，式 (4.45) が D^2/ρ の値に置き換わる．この分極がフォノンの波の進行方向である縦の場を導き，これがキャリヤを散乱する場である．分極と相互作用場との観点からみると，ピエゾ（圧電）相互作用と同じ仕方で（それはこのクーロン相互作用に対応する音響モードだが），相互作用エネルギーはこの分極から生じる．これらのことは極性相互作用が遮蔽された形を導き，そこでの摂動エネルギーは時間の振動項を含めてつぎのように与えられる．

$$\delta E = i \left(\frac{\hbar e^2}{2\gamma V \omega_0} \right)^{1/2} \frac{q}{q^2 + q_D^2} (a_q^+ e^{-i(\mathbf{q}\cdot\mathbf{r} - \omega_0 t)} - a_q e^{i(\mathbf{q}\cdot\mathbf{r} - \omega_0 t)}) \tag{4.46}$$

（ピエゾ散乱で議論した）簡単な遮蔽を使用し続けるなら，このフォノンの調和的運動は遮蔽効果を弱め，その結果 q_D はデバイ遮蔽の距離より小さくなるだろうということをここに述べておかねばならない．この場合，フォノンエネルギーは多くの場合電子エネルギーと同程度になる．しかしながら，このことを無視してデバイ遮蔽の値を使用しても良い近似になっている．これは完全な動的遮蔽に対して非常に単純な近似であり，その正当性は確かめられていないということを強調しておく．式 (4.46) を使用すると，つぎの行列要素

$$|M(\mathbf{k},\mathbf{q})|^2 = \left(\frac{\hbar e^2}{2\gamma V \omega_0} \right) \frac{q^2}{(q^2 + q_D^2)^2} [(N_q + 1)\delta(E_\mathbf{k} - E_{\mathbf{k}-\mathbf{q}} - \hbar\omega_0)$$
$$+ N_q \delta(E_\mathbf{k} - E_{\mathbf{k}+\mathbf{q}} + \hbar\omega_0)] \tag{4.47}$$

となる．ここで，上の散乱確率を求めたときも考慮に入れたが，δ-関数が再び含まれている．この結果をただちに式 (4.13) に代入するとつぎのような散乱確率が求まる．

$$\Gamma(\mathbf{k}) = \frac{m^* e^2}{4\pi\hbar^2 k \gamma \omega_0} \left[(N_q + 1) \int_{q_-^e}^{q_+^e} \frac{q^3}{(q^2 + q_D^2)^2} dq + N_q \int_{q_-^a}^{q_+^a} \frac{q^3}{(q^2 + q_D^2)^2} dq \right]$$
$$\tag{4.48}$$

放出と吸収項に対する積分範囲はそれぞれ式 (4.11) と式 (4.9) で与えられる。遮蔽された相互作用の最終結果は

$$\Gamma(\mathbf{k}) = \frac{m^* e^2 \omega_0}{4\pi \hbar^2 k} \left(\frac{1}{\varepsilon_\infty} - \frac{1}{\varepsilon(0)} \right) \left[G(\mathbf{k}) - \frac{q_\mathrm{D}^2}{2} H(\mathbf{k}) \right] \quad (4.49)$$

となり，ここで

$$G(\mathbf{k}) = (N_q+1) \ln \left[\frac{(k+\sqrt{k^2-q_0^2})^2 + q_\mathrm{D}^2}{(k-\sqrt{k^2-q_0^2})^2 + q_\mathrm{D}^2} \right]^{\frac{1}{2}} + N_q \ln \left[\frac{(\sqrt{k^2+q_0^2}+k)^2 + q_\mathrm{D}^2}{(\sqrt{k^2+q_0^2}-k)^2 + q_\mathrm{D}^2} \right]^{\frac{1}{2}}$$
$$(4.50\mathrm{a})$$

$$H(\mathbf{k}) = (N_q+1) \frac{4\sqrt{k^2-q_0^2}}{(q_0^2-q_\mathrm{D}^2)^2 + 4k^2 q_\mathrm{D}^2} + N_q \frac{4\sqrt{k^2+q_0^2}}{(q_0^2+q_\mathrm{D}^2)^2 + 4k^2 q_\mathrm{D}^2} \quad (4.50\mathrm{b})$$

$$q_0^2 = \frac{2m^* \omega_0}{\hbar} = \frac{\hbar \omega_0 k^2}{E_k} \quad (4.50\mathrm{c})$$

キャリヤのエネルギーがフォノンエネルギーより大きいとき放出が起こることを保証するため，放出項はヘヴィサイドの階段関数を掛けておくべきである。値 q_0 はいわゆる「主要なフォノン」の波数で，起こりうる遮蔽の減少を評価するのに使用される。これが起こる場合，デバイ遮蔽の波数 q_D は多くて $1/\sqrt{2}$ 倍まで減少する。

極性フォノン相互作用によるキャリヤの散乱では，遮蔽は重要な役割を果たす。式 (4.49) の角かっこの中の両項において，遮蔽波数ベクトルは起こる散乱回数を減少させる。第一項では，遮蔽波数ベクトルは対数の変数にある分数の大きさを減少させるように働き，それゆえ散乱強度を減少させる。第二項は負であるため，これもまた強度を減少させる。$q_\mathrm{D} \sim 0$ である遮蔽がない場合（自由キャリヤが低密度のとき起こる），式 (4.49) はつぎの通常の形に簡単化される。

$$\Gamma(\mathbf{k}) = \frac{m^* e^2 \omega_0}{4\pi \hbar^2 k} \left(\frac{1}{\varepsilon_\infty} - \frac{1}{\varepsilon(0)} \right) \left[(N_q+1) \ln \left(\frac{k+\sqrt{k^2-q_0^2}}{k-\sqrt{k^2-q_0^2}} \right) u_0 (E_k - \hbar \omega_0) \right.$$
$$\left. + N_q \ln \left(\frac{\sqrt{k^2+q_0^2}+k}{\sqrt{k^2+q_0^2}-k} \right) \right] \quad (4.51)$$

ここでは終状態のスピン縮退度を前因子の中に考慮していないと仮定，例えば

スピンは散乱過程を通して保存されていると仮定している。

InP 上に成長させた，歪んだ $In_{0.75}Ga_{0.25}As$ での電子に対する極性光学フォノン散乱確率を図 4.3 に示す。この歪んだ状況では，エネルギーギャップは約 $0.58\,eV$ に開いており，一方，L 点バレーもまたさらに約 $0.58\,eV$ の上に位置する。光学フォノンの吸収と放出率を別々に示している。比較のため，Γ から L 点への全散乱確率も示した。L 点バレーの状態密度が非常に高いため，電子が移動しやすいことが明らかである。この物質はテラヘルツ高電子移動度トランジスタ（THz HEMTs）として非常に有名である[31),32)]。

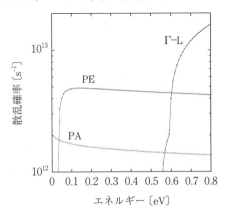

図 4.3 仮像結晶（pseudomorphic）に歪んだ InGaAs での光学フォノンに対する極性フォノン吸収過程（PA）と放出過程（PE）散乱確率。比較のため，Γ-L 点の非極性フォノン・バレー間散乱確率も示した。

4.6 その他の散乱過程

格子振動によるフォノンを含まないが，半導体で起こるきわめて重要な多くのほかの散乱過程がある。いままでの仕上げに，この節でいくつかの重要な過程を議論する。

4.6.1 イオン化不純物散乱

イオン化不純物のクーロンポテンシャルからの電子散乱を扱うには，ポテン

シャルの長距離性を考慮することが必要である．もしも相互作用が全空間に及ぶと仮定した場合，積分は発散するので積分範囲を限定するカットオフ（遮断）手法を実施せねばならない．一つの方法として平均不純物空間でちょうど積分範囲をカットオフする，いわゆるConwell-Weisskopf[33]の方法である．2番目の方法は，ピエゾ（圧電）散乱で行った，自由キャリヤによる遮蔽を採用することである．この場合近くのキャリヤからのクーロン力によって，元々のクーロン相互作用より十分早く減衰するポテンシャルが導かれる．電荷の背景をつくるほかのキャリヤで遮蔽が生じる．非縮退物質では，この遮蔽はデバイ遮蔽の距離程度の距離以上で効いてくる．反発力であるクーロンポテンシャルの遮蔽より，さらなる近似をしないでも（散乱断面積の）積分が収束することになる．

散乱中心すなわち局在イオンの周りの球対称では，ポテンシャルは遮蔽され，つぎのような遮蔽したクーロンポテンシャルを引き起こす．

$$\Phi(\mathbf{r}) = \frac{e^2}{4\pi\varepsilon_\infty r} e^{-q_\mathrm{D} r} \tag{4.52}$$

ここでデバイ遮蔽の波数 q_D は遮蔽距離の逆数であり，電子に対してつぎのように与えられる．

$$q_\mathrm{D}^2 = \frac{ne^2}{\varepsilon_\infty k_\mathrm{B} T} \tag{4.53}$$

ここで ε_∞ は高周波数誘電率である．一般に，もしも電子と正孔の両方が存在すれば，n は $n+p$ の和で置き換えられる．上の結果は非縮退半導体の場合である．縮退した系でも同様な結果が得られ，その場合トーマス-フェルミ遮蔽の波数はつぎになることがわかる．

$$q_\mathrm{TF}^2 = \frac{3ne^2}{2\varepsilon_\infty E_\mathrm{F}} \tag{4.54}$$

遮蔽されたクーロンポテンシャルからの散乱を扱うとき，少し違った方法を取ろう．波動の散乱アプローチを使って，散乱の角度依存を与える**散乱断面積** $\sigma(\theta)$ を計算する．入射波は平面波であり，散乱波は球面波あると仮定する．

4.6 その他の散乱過程

全波動関数はつぎのように書ける[†]。

$$\Psi(\mathbf{r}) = e^{ikz} + v(\mathbf{r}) \tag{4.55}$$

ここで，$\mathbf{k} = k\mathbf{a}_z$ は入射波を極軸の方向に進ませ，第二項は散乱波を表す。そしてこれをシュレーディンガー方程式に代入して，散乱波の二次および高次の項を無視すれば

$$\nabla^2 v(\mathbf{r}) + k^2 v(\mathbf{r}) = \frac{2m^*}{\hbar^2} \frac{Ze^2}{4\pi\varepsilon_\infty r} e^{-q_\mathrm{D} r} e^{ikz} \tag{4.56}$$

となる。因子 Z は不純物の電荷状態を記述するのに導入された（普通 $Z=1$ である）。右辺の項を電荷分布とみなせば，電磁場理論からの典型的な結果を使って解をつぎのように書くことができる。

$$v(\mathbf{r}) = -\frac{m^* Ze^2}{8\pi^2 \varepsilon_\infty \hbar^2} \int \frac{d^3 \mathbf{r}'}{r'|\mathbf{r}-\mathbf{r}'|} e^{ikz' - q_\mathrm{D} r'} e^{ik|\mathbf{r}-\mathbf{r}'|} \tag{4.57}$$

先に進めるため，$r \gg r'$ と仮定し，実空間の極軸を $\mathbf{r}'$ に合わせる。さらに，散乱波数ベクトル $\mathbf{k}' = k\mathbf{r}/r$ を用いて $\mathbf{q} = \mathbf{k} - \mathbf{k}'$ とすると，その結果

$$\int_0^\pi \sin\theta\, d\theta\, e^{i\mathbf{q}\cdot\mathbf{r}'} = \frac{2\sin(qr')}{qr'} \tag{4.58}$$

となり，ϕ の積分は即座にできて，残りの積分はつぎのようになる。

$$v(\mathbf{r}) \cong -\frac{m^* Ze^2 e^{ikr}}{2\pi\varepsilon_\infty \hbar^2 qr} \int_0^\infty \sin(qr') e^{-q_\mathrm{D} r'} dr' = -\frac{m^* Ze^2 e^{ikr}}{2\pi\varepsilon_\infty \hbar^2 r(q^2 + q_\mathrm{D}^2)} \tag{4.59}$$

さて $\mathbf{q} = \mathbf{k} - \mathbf{k}'$ なのだが，弾性散乱では $k = k'$ つまり $q = 2k\sin(\theta/2)$ となる。ここで θ は $\mathbf{k}$ と $\mathbf{k}'$ の間の角度である。散乱波動関数 $v(\mathbf{r})$ を $f(\theta)e^{ikr}/r$ と書けば，因子 $f(\theta)$ は行列要素となることがわかり，その断面積はつぎで定義できる。

$$\sigma(\theta) = |f(\theta)|^2 = \left(\frac{m^* Ze^2}{8\pi\hbar^2 k^2 \varepsilon_\infty}\right)^2 \frac{1}{[\sin^2(\theta/2) + q_\mathrm{D}^2/4k^2]^2} \tag{4.60}$$

(緩和時間に対する) 全散乱断面積は各角度に $(1-\cos\theta)$ の重みを掛けて θ について積分すれば求まる。この最後の因子は運動量緩和効果のために必要に

[†] 以下の式 (4.55) から式 (4.61) の前までの説明は原著者の許可を得て，訳者が少し書き改めた。

なる。小角散乱の支配は各散乱事象が運動量を緩和するのを防ぐ。そのためこの因子をあとから挿入した（この因子は非弾性散乱では必要なく，等方的な弾性過程では，平均すると1になる）。本来，各散乱事象は非常に長時間持続するので，この過程はこの因子を含む数少ない散乱過程の一つであり，平均運動量損失率を計算する必要がある。しかしながら，アンサンブルモンテカルロ法を使う伝導シミュレーションでは，全散乱を算入したいのであって，運動量緩和率ではない。したがって，この余分の因子はそのようなシミュレーションでは含めない。最終的につぎのような全断面積を得る。

$$\sigma_c = 2\pi \int_0^\pi \sigma(\theta)(1-\cos\theta)\sin\theta \, d\theta = 16\pi \int_0^1 \sigma\left(\frac{\theta}{2}\right)\sin^3\left(\frac{\theta}{2}\right) d\left(\sin\frac{\theta}{2}\right)$$

$$= \frac{\pi}{2}\left(\frac{m^*Ze^2}{2\pi\hbar^2 k^2 \varepsilon_\infty}\right)^2 \left[\ln\left(\frac{1+\beta^2}{\beta^2}\right) - \frac{1}{1+\beta^2}\right] \tag{4.61}$$

ここで $\beta = q_D/2k$ である。散乱確率は断面積と散乱体の数 (N_{sc}) とキャリヤの速度の積，つまり

$$\Gamma(\mathbf{k}) = N_{sc}\sigma_c v = \frac{N_{sc}m^*Ze^2}{8\pi\varepsilon_\infty^2\hbar^3 k^3}\left[\ln\left(\frac{4k^2+q_D^2}{q_D^2}\right) - \frac{4k^2}{4k^2+q_D^2}\right] \tag{4.62}$$

となる。

上で述べたように，実際の散乱確率が必要で，運動量の緩和率ではない。あとで議論するように，このことはモンテカルロシミュレーションプログラムでは厳密である。この状況では，$(1-\cos\theta)$ 項を削除して式 (4.61) を修正しなければならない。その結果，式 (4.62) の角かっこの項をつぎの因子で置き換える。

$$\left[\frac{4k^2}{q_D^2(4k^2+q_D^2)}\right] \tag{4.63}$$

これは小さな $k(\ll q_D)$ でのエネルギー依存性を劇的に変化させる。式 (4.62) の形式は半導体の簡単な伝導に対して移動度や拡散定数を評価して議論するときに普通見出す式である。しかし，モンテカルロ近似で種々のランダム過程に荷重して求めるとき，重要なのは全散乱確率であって，それは，式 (4.63) を使用して得られる。

4.6.2 二次元でのクーロン散乱

もしもクーロン散乱体が境界面近くにあるとき，問題はもっと複雑になる。これは，メゾスコピック構造と同様，特に Si-SiO$_2$（またはほかの半導体-絶縁体）境界面近くにある荷電した散乱中心の場合に当てはまる。一般的に，界面近傍の結晶構造における乱れや欠陥による，境界面近くのクーロン中心が通常多くある。多くの場合，これらの欠陥はダングリングボンドと関連しており，クーロン相互作用による自由電子を散乱する，電荷捕獲中心になることができる。境界面の反転層（または量子集積層）にあるキャリヤのクーロン散乱は，次元低下のためバルク不純物の場合とは異なる。

量子化された表面キャリヤのクーロン散乱は Stern と Howard[35]によって初めて Si-SiO$_2$ 系の電子について記述された。それ以来，最初のアプローチと少し異なる多くの扱いが論文に報告されてきた。一般に，界面は伝導帯（または価電子帯）での急峻(きゅうしゅん)で無限なポテンシャルの不連続として扱われ，その結果，界面上の非化学量論性（非ストイキオメトリック）や乱雑さの問題は無視される（後者は付加的な散乱中心として以下で扱われる）。この散乱を扱うには，誘電境界面があるときの電荷に対する静電グリーン関数を使用するのが最も便利であり，その結果鏡像ポテンシャルが計算に適切に入ってくる。散乱行列要素は界面に平行な方向に運動する球面波状態についての積分を含み，それゆえクーロンポテンシャルの二次元的な変形だけを考慮するようになる。

$$G(\mathbf{q}, z-z') = \begin{cases} \dfrac{1}{2q\varepsilon_s}\left(e^{-q|z-z'|} + \dfrac{\varepsilon_s - \varepsilon_{ox}}{\varepsilon_s + \varepsilon_{ox}}e^{-q|z+z'|}\right), & z' > 0 \\ \dfrac{1}{q(\varepsilon_s + \varepsilon_{ox})}e^{-q|z-z'|}, & z' < 0 \end{cases} \quad (4.64)$$

ここで **q** は二次元の散乱ベクトル，ε_s と ε_{ox} はそれぞれ半導体と酸化物に対する高周波数背景誘電率である[†]。式 (4.64) では散乱中心は界面から z' の位置にあり（半導体は $z>0$ の空間にある），$-z'$ に鏡像を持つ。かりに界面が急峻でなければ，式 (4.64) の最初の列の右辺の第二項に現れる誘電定数の比

[†] 訳者注：$z'<0$ での誘電率を $(\varepsilon_s + \varepsilon_{ox})/2$ としている。

は q の関数になる。

式（4.64）のクーロンポテンシャルはまだ遮蔽されておらず，式（4.59）に現れる同等な因子でこの式を割る必要がある。例えば

$$q \to \sqrt{q^2+q_0^2} \tag{4.65}$$

ここで q_0 は界面があるときに当てはまる二次元遮蔽ベクトルであり，例えば非縮退半導体では[36]

$$q_0 = \frac{n_\mathrm{s} e^2}{\pi(\varepsilon_\mathrm{s}+\varepsilon_\mathrm{ox})k_\mathrm{B}T} \tag{4.66}$$

となる。ここで n_s は反転（または集積）層でのシートキャリヤ密度である。より複雑な遮蔽の仕方は可能で Stern と Howard[35] によって考えられたが，それらは現在のアプローチである入門的な範囲を超えている。

式（4.64）の2列目は酸化物内の遠方の添加物と捕獲された電荷についての状況に対応する，二次元電子ガス中ではない電荷のこの二つの実例を引用するときも考慮されることを述べておく。この場合，クーロンポテンシャルは引っ込み距離 d によってつぎの因子で修正される[37,38]。

$$e^{-qd} \tag{4.67}$$

ここではキャリヤは界面にいると仮定している。これについては下でもう一度議論するが，しばらくはこれを脇に置いておこう。

二次元の散乱については，前で出てきた入射と散乱波数ベクトルの差 $\mathbf{q}=\mathbf{k}-\mathbf{k}'$ を用いた，z' に局在する電荷に対する遮蔽されたクーロン相互作用の行列要素によって散乱断面積が決まる。しかし，二次元フーリエ変換ではないので，界面に垂直方向の運動も説明できるはずである。これはつぎのようになる。

$$\langle \mathbf{k}|V(z')|\mathbf{k}'\rangle = e^2 \int_0^\infty |\zeta(z)|^2 G(\mathbf{q}, z-z') dz \tag{4.68}$$

ここで $\zeta(z)$ は波動関数の z 部分である。つまり，この波動関数はつぎのように書ける。

$$\Psi(x,y,z) = \zeta(z) e^{i(k_x x + k_y y)} \tag{4.69}$$

界面自身（つまり $z'=0$）にある電荷からの散乱だけを考えるのは悪い仮定ではない。なぜなら界面は散乱電荷の密度が普通大きい領域だからである。この理想化では、電荷は $z'=0$ 平面に一様に分布していると仮定する。そうすると式（4.64）の2行目だけが必要で、散乱確率は

$$\Gamma(\mathbf{k}) = \frac{N_{sc}e^4 m^*}{2\pi\hbar^3(\varepsilon_s+\varepsilon_{ox})^2}\int_0^{2\pi} A^2(\theta)\frac{(1-\cos\theta)d\theta}{q^2+q_0^2} \qquad (4.70)$$

となり

$$A(\theta) = \int_0^\infty |\zeta(z)|^2 e^{-qz}dz \qquad (4.71)$$

である。ここではまた、散乱は弾性的で $q=2k\sin(\theta/2)$ となる。この時点で、先へ進めるため包絡関数 $\zeta(z)$ について言う必要がある。最も低いサブバンドでは普通つぎのような波動関数をとることが許される。

$$\zeta(z) = 2b^{\frac{3}{2}}ze^{-bz} \qquad (4.72)$$

これは反転層の平均厚みが $3b/2$ であることを導く。これを使うと式（4.70）はつぎのようになる。

$$\Gamma(\mathbf{k}) = \frac{16b^6 N_{sc}e^4 m^*}{\pi\hbar^3(\varepsilon_s+\varepsilon_{ox})^2}\int_0^\pi \frac{\sin^2\vartheta\, d\vartheta}{[4k^2\sin^2\vartheta+q_0^2][2k\sin\vartheta+2b]^6} \qquad (4.73)$$

ここで $\vartheta=\theta/2$ と置いた（式（4.72）は普通三角ポテンシャル（境界面で無限大の壁と半導体内で線形に上昇していくポテンシャル）に応用されるが、ポテンシャルのどんな形状でも応用できる）。通常、波動関数のピークは界面からほんの数 nm のところにあり、それから指数関数的に消滅する。その結果、それは界面と平行な面に局在する電子を表す。因子 b はブリュアンゾーンの端の大きさの数分の1程度である。このため通常 $b \gg k$ と仮定でき、その結果 $A(q)$ は1に近くなる。$A(q)$ を1に近いとする近似では、式（4.73）から二つの極限の場合がわかる。$q_0 \ll q$ では振舞いは本質的に遮蔽されず、積分は $\pi/4k^2$ となる。この場合、散乱確率は波数ベクトルの2乗に反比例し、この波数ベクトルは縮退反転層ではフェルミ波数ベクトルに近いと仮定できる。つまり電子密度が増えると平均エネルギー（そしてそれゆえ平均波数ベクトル）が増

えるので，反転層電子密度が増えると移動度が実際に高くなる。もう一つの極限 $q_0 \gg q$ では，散乱は反転層での電荷により強く遮蔽される。後者の場合，波数ベクトル依存性はなくなり積分は単なる $\pi/2q_0^2$ となる。その結果，密度依存性もまたこの式よりなくなり，それゆえ，散乱確率は一定になる。

上で b 依存性をなくさないようにする場合にはどうすれば良いのだろうか。そのために b の値をどのように決めたら良いのか。上で b は変分パラメータになることを述べた。これは，波動関数である式（4.72）の仮定した形をシュレーディンガー方程式に代入し，パラメータ b を変化させて得られたエネルギーを最小化することを意味する[39]。一つの問題は半導体のポテンシャルの形状（バンドの湾曲）である。Stern と Howard[35] はハートリーポテンシャルを使用し，バンドの湾曲はポアソン方程式を通して電荷自身のポテンシャルを入れることにより自己無撞着に決めた。これはここで求められているアプローチの水準を超えている。代わりに，有効電場 $F = e(N_{depl} + n_s/2)/\varepsilon_s$ である，一定の場によって表せる線形ポテンシャルとしてそのポテンシャルを捉えることにしよう。ここで N_{depl} と n_s はそれぞれ空乏層の単位面積当りの電荷の数と反転層のキャリヤ密度である。この手順は数理物理学では標準的なもので，つぎのように進める。（1）仮定した波動関数をシュレーディンガー方程式に代入し，（2）その複素共役を掛けて全空間で積分し，（3）エネルギーを最小化するように b を変化させる。この手順によりつぎが求まる[39]。

$$b = \left(\frac{3eFm^*}{2\hbar^2} \right)^{\frac{1}{3}} \tag{4.74}$$

そしてこの関係は式（4.73）つまり最終的に得た散乱確率に反転層キャリヤ密度の依存性を与える。これは波数ベクトル **k** の平均値からくる密度依存性よりさらに強い密度依存性を与える。数値はより深い洞察を与える。もしも $n_s = 10^{12}\,\mathrm{cm}^{-2}$ を持った Si 中の反転層を仮定すると，有効電場は約 $0.15\,\mathrm{MV/cm}$ になり，$b \sim 4 \times 10^6/\mathrm{cm}$ となる。一方，k_F は約 $2.5 \times 10^6/\mathrm{cm}$ となる。b に対して非常に大きな値を仮定する近似はこのような状況に対して適切ではない。しかしながら，この状況はより低い密度で改善される。

4.6 その他の散乱過程

少し異なった形が，線形なディラックバンドを持つグラフェンで見られる（2.3.2項を見よ）。この場合，相対論的記述ではいわゆる静止質量はゼロなので電子は質量なしのフェルミ粒子と呼ばれるが，しかしキャリヤはつぎのエネルギーから見つかる動的質量を持つ。

$$E = \hbar v_F k \tag{4.75}$$

ここで v_F は光速の役目をする。そして，式（2.130）はつぎのような有効質量を与える。

$$m^* = \frac{\hbar k}{v_F} \tag{4.76}$$

エネルギーバンドの特性は遮蔽や最終の散乱過程を変える。遮蔽波数式（4.66）はつぎのようになる。

$$q_0 = \frac{e^2 E}{\pi(\varepsilon_s + \varepsilon_{ox})(\hbar v_F)^2} \tag{4.77}$$

そして，下地の酸化物にある不純物による散乱確率は引っ込み項（4.67）を入れるとつぎになる[40]†。

$$\Gamma(\mathbf{k}) = \frac{N_{imp} e^4}{2\pi \hbar E(\varepsilon_s + \varepsilon_{ox})^2} \int_0^{\pi/2} d\vartheta \frac{\sin^2(2\vartheta) e^{-4kd \sin(\vartheta)}}{\left(\sin(\vartheta) + \frac{q_0}{2k}\right)^2} \tag{4.78}$$

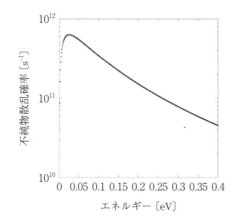

図 4.4　SiC 上のグラフェンの場合で離散した不純物による不純物散乱確率

---

† この式と以下の説明は原著者の許可を得て，訳者が書き改めた。

ここで，前のように $\vartheta = \theta/2$ と置いた。一方，大きい b の極限を採用している。まだいくつかの微妙な違いがある。分母が少し違った形を持っており，$\sin^2(2\vartheta)$ 項は異なった原因から来ている。通常の $1-\cos\theta$ とグラフェンでは後方散乱過程の禁制特性を考慮する付加 $1+\cos\theta$ の積による。図4.4に 2.5×10^{10} 個の不純物を持った SiC 上のグラフェンの不純物散乱確率を示す。

4.6.3 表面粗さ散乱

クーロン散乱に加えて，界面の無秩序に伴う短距離散乱もまた界面での擬二次元電子の移動度を制限する。Si と SiO_2 の間の境界面の高分解能透過電子顕微鏡写真は，その境界面がかなりシャープだが原子レベルの揺らぎがあることを示した[41]。実際の界面は原子レベルでは急峻ではないが，境界面の実際の位置の変動は表面に沿って1または2原子層にまで及ぶという事実は伝導に影響を及ぼす。局所的原子界面は実際には乱雑な変化がある。そのことは，表面ポテンシャルと結びついて，酸化物へのポテンシャル障壁と半導体中のバンドの湾曲によりつくられた量子井戸中のエネルギー準位の揺らぎを引き起こす。界面の粗さよって誘起された乱雑さは次節で扱う合金散乱に似ているところがあり，反転層のキャリヤの移動度を制限することができる。目下のところ，粗さの微視的な詳細を元にした散乱確率の計算はない。代わりに，通常のモデルは，現象論的な表面の粗さを粗さの高さや相関長でパラメータ化する準古典的なアプローチに頼っている。

最近の表面粗さ模型では，完全な面からの界面の変位をランダム関数 $\Delta(\mathbf{r})$ で記述できることを仮定している。ここで $\mathbf{r}$ は界面（平均境界面）に平行な二次元位置ベクトルである。この模型は $\Delta(\mathbf{r})$ が原子の大きさよりゆっくりと変化し，その結果波動関数の境界条件が急峻で連続であることを仮定している。表面の揺らぎが原子レベルで起きているときには，この仮定は明らかに間違いである。しかしながら，種々の物質や界面で測定された移動度変化と非常に良い一致を与えることが立証されている。表面ポテンシャルを $\Delta(\mathbf{r})$ で展開することによって，散乱ポテンシャルはつぎのように得ることができる。

$$\delta V(\mathbf{r}) = V[z + \Delta(\mathbf{r})] - V(z) \approx eF(z)\Delta(\mathbf{r}) \tag{4.79}$$

ここで $F(z)$ は反転層自身の電場である。摂動ポテンシャルによる散乱確率は界面に沿っての散乱中心間の相関の役割も含まねばならない。この相関はフーリエ変換 $\Delta(\mathbf{q})$ で記述できる。これよりつぎの散乱行列要素が導かれる。

$$M(\mathbf{k}, \mathbf{q}) = e\Delta(\mathbf{q}) \int_0^\infty F(z)|\zeta(z)|^2 dz = e^2 \Delta(\mathbf{q}) \frac{N_{\text{depl}} + n_s/2}{\varepsilon_s} \tag{4.80}$$

ここで波動関数の正規直交性が使われ,<u>平均電場が導入された</u>。興味ある界面での電場により, 1/2 の因子を伴って反転層キャリヤ密度が現れている。空乏層の電荷はほとんど全部境界面(酸化物側)に現れ, その結果片側に電場が生ずる。一方, 反転層のキャリヤは両側に電場を持つので半分になる。因子 $\Delta(\mathbf{q})$ は $\Delta(\mathbf{r})$ のフーリエ係数である。

行列要素では $\Delta(\mathbf{q})$ の統計的な性質だけを考慮する必要がある。つまり初期に議論された指標となる物理量(記述子)を導入できる。界面粗さに対する位置の自己相関関数の形状について論争があるし, 実験結果もはっきりしていない。多くの初期の研究では, それをガウス分布によって記述できると仮定して, つぎのように与えられた。

$$\langle \Delta(\mathbf{r})\Delta(\mathbf{r}-\mathbf{r}') \rangle = \Delta^2 e^{-r^2/L^2} \tag{4.81}$$

これより

$$|\Delta(\mathbf{q})|^2 = \pi \Delta^2 L^2 \exp\left(-\frac{q^2 L^2}{4}\right) \tag{4.82}$$

となる。量 Δ は界面の揺らぎの2乗平均の平方根(rms), L は揺らぎの相関距離である。ある意味で, L は界面の「こぶ」の間の平均距離である。TEM写真で使われた実際の界面は有限な厚さを持っており, 粗さに対するある種の平均がその像には起きているだろう。それでも, この方法から得た代表的な値として, Si-SiO$_2$ 界面での Δ は 0.2 から 0.4 nm, L は 1.0 から 3.0 nm の範囲になる[41]。しかしながら, 相関関数はガウス関数ではなく, より指数関数的な性質を持つという重要な証拠があることを Goodnick ら (1985)[41] によって指摘された。続いて行われた, Yoshinobu による原子間力顕微鏡

(AFM)[42]の測定やFeenstraによる断面の走査型トンネル顕微鏡（STM）[43]の測定では，相関関数はおそらく指数関数であることが確かめられ，つぎのように与えられる．

$$\langle \Delta(\mathbf{r})\Delta(\mathbf{r}-\mathbf{r}') \rangle = \Delta^2 e^{-\sqrt{2}r/L} \tag{4.83}$$

これより

$$|\Delta(\mathbf{q})|^2 = \frac{\pi \Delta^2 L^2}{[1+(q^2L^2/2)]^{\frac{3}{2}}} \tag{4.84}$$

となる．式（4.80）と式（4.84）を組み合わせて相関関数を組み込むと，行列要素はつぎのようになることがわかる．

$$|M(\mathbf{k},\mathbf{q})|^2 = \pi \left(\frac{\Delta L e^2}{\varepsilon_s}\right)^2 \left(N_{\text{depl}} + \frac{n_s}{2}\right)^2 \frac{1}{[1+(q^2L^2/2)]^{\frac{3}{2}}} \tag{4.85}$$

実際の散乱確率は，前項のように二次元散乱で計算される．散乱は弾性的で，その結果$|\mathbf{k}|=|\mathbf{k}'|$で$q=-2k\cos\theta$が$\delta$-関数から出てきて，エネルギー保存が成り立つ．つまりつぎのようになる．

$$\begin{aligned}
\Gamma(\mathbf{k}) &= \frac{1}{2\pi\hbar}\int_0^{2\pi}d\theta\int_0^{\infty}qdq|M(\mathbf{k},\mathbf{q})|^2\delta(E_{\mathbf{k}}-E_{\mathbf{k}+\mathbf{q}}) \\
&= \frac{m^*}{\pi\hbar^3}\int_0^{2\pi}d\theta\frac{\pi\Delta^2L^2e^4}{\varepsilon_s^2}\left(N_{\text{depl}}+\frac{n_s}{2}\right)^2\frac{1}{[1+(2k^2L^2\cos^2\theta)]^{\frac{3}{2}}} \\
&= \frac{4m^*\Delta^2L^2e^4}{\hbar^3\varepsilon_s^2}\left(N_{\text{depl}}+\frac{n_s}{2}\right)^2\frac{1}{\sqrt{1+2k^2L^2}}E\left(\frac{\sqrt{2}kL}{\sqrt{1+2k^2L^2}}\right)
\end{aligned} \tag{4.86}$$

ここで，$E(k)$は第二種完全楕円積分である．散乱確率が有効電場の2乗に正確に依存することは，表面電場を増加すると（つまり反転層キャリヤ密度を増加すると）移動度を減少させる結果になる．このことは多くの物質での移動度の実験データで観測された傾向と一致する．表面キャリヤ密度に伴う実験で得た移動度の減少は，より高電場での界面の不連続の周りで増加する電場分散から定性的にくることであり，散乱ポテンシャルをより大きくさせる．一般に，低温での反転層での全体の移動度の振舞いは，表面粗さ散乱と前項で議論した界面電荷からのクーロン散乱で説明できる．

4.6.4 合金散乱

半導体合金では，仮想結晶模型からのずれによる自由電子の散乱を合金散乱と呼んでいる。種々の半導体物質の合金と関連して仮想結晶の概念は2章で紹介した。合金散乱の一般的な取扱いは，出版されていないがよく知られているBrooksの結果に普通従っており，MakowskiとGlicksman[44]によって発展してきた。この散乱機構は通常のフォノンと不純物散乱を普通補足するのだけれども，合金では時折支配的な散乱機構になるほど十分強いと推測されている。しかし，MakowskiとGlicksmanの研究は，その散乱が一般的に非常に弱いことを示した。その散乱は実験データが示唆しているよりもっと弱いらしい（いつも見逃しがちだが，そのデータ自身合金物質中の欠陥による付加的散乱を含んでいる）けれども，InAsP系においてのみこの散乱がおそらく重要であることを彼らは見つけた。組成の半導体らのバンドギャップの相違からくる散乱ポテンシャルを，著者らは用いた。HarrisonとHauser[45]は散乱ポテンシャルが電子親和力の相違に関係していると提案した。しかしながらKroemer[46]が指摘したように，電子親和力は正に表面の性質であり，バルクでは定性的に有用な量ではなく，むしろバルクバンドのオフセット（相殺）に対しては非常に不適当な指標でさえある。それゆえ，バルク物質中のキャリヤ伝導の散乱理論にそれを使うことはある程度懐疑心を持って行うべきである。その後の努力により，湾曲（bowing）パラメータから無秩序ポテンシャルを見積もることができ，それが散乱を導くランダム（乱雑）ポテンシャルに影響を及ぼすことが指摘された。

合金散乱の電子散乱確率は，上の議論のテーマだった散乱ポテンシャルδEによってただちに決定される。散乱は弾性的で，それゆえ行列要素は簡単につぎのように与えられる。

$$M(\mathbf{k},\mathbf{q}) = \delta E e^{i\mathbf{q}\cdot\mathbf{r}} \tag{4.87}$$

これをただちに式（4.5）に使うとつぎを得る。

$$\Gamma(\mathbf{k}) = \frac{(\delta E)^2}{2\pi\hbar} \left(\frac{2m^*}{\hbar^2}\right)^{\frac{3}{2}} E^{\frac{1}{2}} \tag{4.88}$$

この結果はもちろん放物線バンドの場合のものである。秩序度を表す因子は取り除いた。そのことは合金が完全なランダム合金であることを仮定している。合金に何らかの秩序があると、散乱は減少する。

秩序の影響以外で、式（4.88）で最も重要なパラメータは散乱ポテンシャル δE である。上で述べたパラメータの実際の値と違った値を使用するが、このことは合金での格子定数の変化が通常の値に及ぼす影響を無視しているからである。無秩序散乱を引き起こす散乱ポテンシャルは、ちょうど結晶ポテンシャルの非周期寄与部分になる。そしてこの非周期部分は組成原子の乱雑（ランダム）配置によって格子に導入された無秩序からくる。仮想結晶近似では、完全な閃亜鉛鉱型格子は固溶体でも保たれている。つまりボンドの長さは等しいし、非極性（共有結合）エネルギー E_h はランダムポテンシャル δE に寄与しない。ランダムポテンシャルはバンド構造の揺らぎだけから生じる。三元化合物固体 $A_xB_{1-x}C$ では、$\delta E(=C_{AB})$ の形式はつぎのようになるはずである。

$$C_{AB}=sZ_{AB}\left(\frac{1}{r_A}-\frac{1}{r_B}\right)\exp\left(-q_{FT}\frac{r_A+r_B}{2}\right) \tag{4.89}$$

ここで r_i は原子半径、q_{FT} はトーマス-フェルミ遮蔽の波数（しかし自由電子よりもむしろ価電子のすべての組みに対する）、s はトーマス-フェルミ近似での典型的な過度の遮蔽を見直す因子（～1.5）であり、A と B 原子の原子価は同じ（Z_{AB}）と仮定した。これをただちに使用して、合金散乱に使用する非周期ポテンシャル（$U_C=C_{AB}$）を計算できる。いくつかの合金に対する結果を**表4.2**に表す。比較のため、バンドギャップの不連続から見積もった相当する数

表4.2 合金散乱パラメータ

合金	U_C [eV]	U_{BG} [eV]	合金	U_C [eV]	U_{BG} [eV]
GaAlAs	0.12	0.7	InGaP	0.56	1.08
GaInAs	0.5	1.07	InAlP	0.54	1.08
InAsP	0.36	1.0	InGaSb	0.44	0.52
GaAsP	0.43	0.83	InPSb	1.32	1.17
InAsSb	0.82	0.18	GaPSb	1.52	1.57
InAlAs	0.47	1.49	InGaAsP	0.29	0.54
AlAsP	0.64	0.27	InGaPSb	0.54	0.56
InAlAsP	0.28	0.58			

値（U_BG）をまた示す．組成からくる散乱ポテンシャル δE に弱い依存が見られるが，それは $x(1-x)$ 項に比べると小さい．

上で述べたように，合金で見つかった移動度の減少は「合金散乱」によるに違いないという実験家の強い主張がたびたびあるけれども，合金散乱の役割は非常に弱いことが一般的にわかっている．実際には，MakowskiとGlicksman[44] だけが，十分慎重にほかの機構を取り除いて研究した．合金の誘電関数の多モードによる複雑な振舞いのため，（上で議論した）光学フォノン散乱の適切な強度または純粋でない結晶に起こる転位やクラスター散乱の取り入れる努力が，一般的に足りない．

4.6.5 格子欠陥散乱

移動度を制限する短距離散乱体としての格子欠陥の役割は，非常に古くから指摘されてきた．転位は結晶格子の歪み（これゆえエネルギーバンド）[48] を通して散乱するかまたは電荷を捕獲してクーロン作用[49]で散乱する．さらに，空孔あるいは中性不純物である点欠陥はまた短距離散乱を起こす．一般的に，高純度の半導体においては，近頃このような散乱機構に出合わない．しかしながら，最近，特に GaN やグラフェンに関連してこのような仮説が成立しないことが示された．

GaN と同種の化合物　GaN には結晶成長による転位が高密度に分布し，これがバルクの低電場移動度を支配する傾向にあり，積層構造でもやはり重要になる．一般的に，ウルツ鉱格子は転位が多く，つまり転位はこれらの角柱間の隙間を埋めるように挿入された原子面で，六角柱または「プリズム」に入る[49]．この角柱間の結晶粒界では，これらの間の界面に沿って転位配列が必要となる[50]．散乱はこれらの入り込んだ転位状態上の電荷から起こり，ポテンシャルは二次元に修正されたクーロンポテンシャルになる（3番目の自由度は転位に沿う）．

$$V(r) = \frac{2ef}{4\pi\varepsilon_s c} K_0(q_\text{D} r) \tag{4.90}$$

ここで，f はその占有因子（典型的には約 70〜80 %）で，c は閃亜鉛鉱型構造 GaN の底面の格子定数である．また $K_0(x)$ はゼロ次の第二種変形ベッセル関数で q_D はデバイ遮蔽の波数である．このポテンシャルは散乱ベクトル $\mathbf{q} = \mathbf{k} - \mathbf{k}'$ でフーリエ変換でき，散乱確率はつぎのように決定できる[50]．

$$\Gamma(\mathbf{k}) = \frac{e^4 f^2 m^* N_{\mathrm{disl}}}{\hbar^3 \varepsilon_s^2 c^2 q_D^4} \frac{1}{[1+(2k/q_D)^2]^{\frac{3}{2}}} \tag{4.91}$$

ここで，N_{disl} は転位密度である．電子の運動に対する角柱の傾斜のため，k の値は転位とキャリヤの軌道の間の角度を取り入れるべきである．

完全に占有された電荷のラインとして転位を扱うが，縮退した電子ガスによって遮蔽されているという，少し異なったアプローチも行われた．これは GaN-AlGaN 界面でのキャリヤに対して，多分，より適している[52]．この場合，ポアソン方程式は解けて，つぎのような二次元散乱ポテンシャルのフーリエ係数を与える．

$$V(q) = \frac{2e\rho_L}{2\varepsilon_s q(q+q_{\mathrm{FT}})} \tag{4.92}$$

そしてこれを使うと，つぎのような散乱確率が与えられる．

$$\Gamma = \frac{N_{\mathrm{disl}} m^* e^2 \rho_L^2}{16\pi \hbar^3 k_F^2 \varepsilon_s^2} \int_0^1 \frac{du}{\left(u + \frac{q_{\mathrm{FT}}}{2k_F}\right)^2 \sqrt{1-u^2}} \tag{4.93}$$

ここで $u = q/2k_F$ で，ρ_L は転位の電荷密度である．

$\mathrm{In}_x\mathrm{Ga}_{1-x}\mathrm{N}$ における光励起キャリヤのアンサンブルモンテカルロ（EMC）シミュレーションの研究はこの物質中 10^8 cm^{-2} の欠陥密度が存在することを示唆した．しかし，より強い非弾性散乱過程の存在のため，欠陥弾性散乱は低電場移動度には影響するが高電場の過渡現象の実験では重要でないことがわかっている[53]．転位密度に対する同様な値はバルク GaN の高電場伝導の研究により見出された[54]．GaN/AlGaN 高電子移動度電界効果トランジスタの研究では，10^{10} cm^{-2} までの転位密度はドレイン電流またはトランスコンダクタンスに影響を及ばさないが，デバイス・パーフォーマンスが大きな値で著しく低下することがわかった．

4.6 その他の散乱過程

グラフェン 移動度を制限する短距離散乱体としての格子欠陥の役割は，2，3年前から指摘されてきた[56],[57]。同様に，しわ[58] やステップ[59] などのほかの機構も指摘された。原子スケールの格子欠陥は伝導に影響する散乱を引き起こすことが格子欠陥の研究からわかってきた[56],[60]。おそらく格子欠陥の強い影響のため，伝導の計算から予想されるより，グラフェンの伝導実験は普通非常に低い移動度を与えるが，これら欠陥はおそらくすべてに関連している。

Rutter ら[56] の初期の研究以来，グラフェンの伝導は，異なった対称の波動関数を混合させ，バレー内やバレー間の両遷移を引き起こす原子スケールの欠陥に影響されることが知られてきた。これらの欠陥は，電子と正孔両方に同程度影響を及ぼす[62] 短距離散乱[61] を起こさせるようである。同時に，グラフェンは結晶粒界を多く含んでいることが知られている。この結晶粒界は隣接セルの五角形-七角形対を示すようである[63]-[67]。しかしながら，これらはまた個々の欠陥のラインとして現れる可能性があり[68],[69]，これもまた隣接セルの五角形-七角形対を持つことができ，一つの安定な形状であることが示されている[70]。転位は荷電するので，転位が欠陥と同じ散乱を起こすということ，つまり，クーロンおよびまたはピエゾ（圧電）散乱か，またはより単純なポテンシャル散乱[71] を起こすかは明らかではない。しかしグラフェンでは，単一のポテンシャルによる散乱が伝導研究では現れているらしい[62],[67],[68]。したがって，原子スケールの格子欠陥散乱と転位散乱を同等に一つのタイプの散乱として取り扱っても良い。つまり，一つの局在中心を取り入れ，そのような中心の密度を論じるが，局在したサイトか，伸びている転位サイトの鎖の一部かは実際に分離できない。さらに，この欠陥はたがいに相関しないポテンシャルとして扱う。もしもこれらの欠陥が転位をつくる鎖の一部分であるなら，この扱いは重大な過ちになるかもしれない。

孤立した欠陥に対する散乱確率は不純物ポテンシャルの場合と非常に類似している。事実，散乱確率を求めるにはクーロンポテンシャルをある一定のポテンシャル（V_0）で置き換えるだけで良いと指摘されているが，注意して行わなければならない。クーロンポテンシャルのフーリエ変換はエネルギー×(長さ)^2 の

次元を持っている．したがって，V_0L^2 の次数の項で置き換える必要がある．ここで L はポテンシャルの有効距離である（L^2 は有効散乱断面積になる）[72]．これを行うと，散乱確率はつぎのように書ける．

$$\frac{1}{\tau_{\mathrm{def}}} = \frac{4\alpha^2 E(k)}{3\pi\hbar(\hbar v_{\mathrm{F}})^2} \tag{4.94}$$

ここで

$$\alpha = \sqrt{N_{\mathrm{def}}}\, V_0 L^2 \tag{4.95}$$

式（4.94）のエネルギー依存性は，およそキャリヤ密度の平方根で減少する移動度依存性が期待できることを示唆している．この結果はいくつかのケースで見つかっているが，グラフェンのすべての研究において共通ではない．

グラフェンの伝導研究では，α の値は 0.2～0.9 eV·nm より少し上までの範囲にあることがわかっている[73]．式（4.95）より，この α は散乱ポテンシャル，有効断面積 L^2 と散乱中心密度を含んでいる．個々の点欠陥に対するこれらの物理量の測定はないが，転位に対する 2,3 の値はあり，α の値が妥当であるかチェックするのにこれらの測定結果を使うことができる．つまり，通常の分析手段と同様に走査型プローブ手法を通じて多くのグループが転位や点欠陥の構造を調べたが，しかし転位の散乱ポテンシャル，または局在ポテンシャルを実際に測定したグループはほとんどなかった．Koepke ら[67]はこの量を測定し，転位の両側で約 1 nm の有効距離を持ち，0.1 eV と見積もった．これらの値と中間値である $\alpha \sim 0.5$ eV·nm を使うと，必要な欠陥密度は約 2.5×10^{15} cm^{-2} の値になり，とてつもなく大きな値になる．多くの欠陥を転位に配列しても，これはまだかなり高い転位密度である．一方で，転位は多分 1 eV のギャップを開くことができると Yazyev と Louie[64]は示唆した．また Cervenka と Flipse[68]は転位から 4 nm のポテンシャル範囲を提案した．これらの値を使うと，求めるべき欠陥密度は 10^{12} cm^{-2} より少し上と減少し，不合理な数ではない．それでも，欠陥や転位密度のさらなる測定が求められる．

ここまで，散乱ポテンシャルと点欠陥および転位を関連づけて考えてきた．しかし，どのような局所ポテンシャルでもそのような散乱過程を導くだろう．

一時，グラフェンでは弱局在[74]や伝導度ゆらぎ[75]などのメゾスコピック伝導度が低温で見えると言われてきた．これらの効果は多分無秩序誘起効果を引き起こすランダムポテンシャルによるものである．Martinら[76]はグラフェンでの局所ポテンシャルを探知するために単電子トランジスタを使用し，ディラック点近傍の電子正孔の「溜り」を実証した．のちに，これらの溜りはグラフェンシートのしわの存在の中，ディラックバンド[77]での多電子相互作用の自然応答であることが示された．したがって，不純物のランダムな分布は無秩序ポテンシャルを導けるとはいえ，これは必要なく，想像するに溜りはどのグラフェンシートにも自己無撞着に形作られる．Gibertiniら[77]は彼らのシミュレーションより溜りの大きさは数 nm であると見積もった．Deshpandeら[61]は走査型トンネル分光を用いて，溜りらしき範囲は 5～7 nm 程度の広さであることを表面トポグラフィーのゆらぎは表していると示した．窒化ボロン（BN）でさえ，溜りの大きさはほんの 10 nm 程度である[78]．最後に，Rossi と Das Sarma のシミュレーション[79]は同様な大きさの溜りを示した．そのうえ，ポテンシャルのピークは 400 meV にもなる．このゆえに，ディラック点の周りに溜りを導くランダムポテンシャルは，実際散乱中心の重要な舞台をつくるということが考えられる．もしも散乱中心として $10^{12}\,\mathrm{cm}^{-2}$ の密度と 0.2 eV の平均ポテンシャル，5 nm の範囲を使うと，$\alpha \sim 0.5\,\mathrm{eV\cdot nm}$ となり，これはまさにシミュレーションで要求される範囲内である．したがって，溜りの存在の結果として，短距離散乱はグラフェンにとって本質的に存在するのであろう．

演習問題

問 4.1 77 K における InSb でのエネルギーを関数とする散乱率を 0～2 eV の範囲で図にプロットしなさい．そのとき，音響フォノン，極性光学フォノンおよびゼロ次光学フォノン散乱による Γ–L 散乱を含めなさい．

問 4.2 体積変形ポテンシャルの絶対値を計算するのは難しいことである．GaAs で sp^3s^* バンド構造を使い，微量に結晶のサイズを変えて，伝導帯の底

と価電子帯のトップの間の基本バンドギャップの変化を決定しなさい。エネルギー変化がつぎのように書けることより，これは正味の変形ポテンシャルに関連している。

$$E(k,r) = E_0(k) + E_1\Delta(r)$$

ここで Δ は結晶の膨張を表す。ゆえに，最近接距離による変化量が図示でき，その結果膨張に対する傾斜が変形ポテンシャルに対応する。

問 4.3 77 K での GaAs の電子に対する音響型，ピエゾ（圧電）相互作用および極性光学フォノンの散乱過程による（Γ バレーに対してだけの）散乱確率を，0～0.5 eV のエネルギー範囲で図示しなさい。

問 4.4 0.45 eV のエネルギーを持った Γ 点の GaAs の伝導帯電子に対して，バレー内と L 点バレーへのバレー間散乱の割合を求めなさい。

問 4.5 300 K での GaAs の電子に対する音響型，ピエゾ（圧電）相互作用および極性光学フォノンの散乱過程による（Γ バレーに対してだけの）散乱確率を，0～2.25 eV のエネルギー範囲で図示しなさい。

問 4.6 300 K での Si の電子に対する音響型，ピエゾ（圧電）相互作用および極性光学フォノンのゼロ次と一次散乱過程による（Γ バレーに対してだけの）散乱確率を，0～0.5 eV のエネルギー範囲で図示しなさい。

引用・参考文献

1) D. K. Ferry : *Semiconductors*, Macmillan, New York (1991)
2) W. Shockley and J. Bardeen : *Phys. Rev.*, **77**, 407 (1950); **80**, 72 (1950)
3) C. Herring : *Bell Syst. Tech. J.*, **34**, 237 (1955)
4) B. K. Ridley : *Quantum Processes in Semiconductors*, The Clarendon Press, Oxford (1982)
5) D. K. Ferry : *Transport in Semiconductors*, Ch. 7, Taylor and Francis, London (2000)
6) A. R. Hutson : *J. Appl. Phys.*, **127**, 1093 (1962)

7) J. D. Zook : *Phys. Rev.* A, **136**, 869 (1964)
8) J. L. Birman : *Phys. Rev.*, **127**, 1093 (1962)
9) J. L. Birman and M. Lax : *Phys. Rev.*, **145**, 620 (1966)
10) M. Lax and J. L. Birman : *Phys. Stat. Sol.* b, **49**, K153 (1972)
11) D. K. Ferry : *Phys. Rev.* B, **14**, 1605 (1976)
12) W. Siegel, A. Heinrich, and E. Ziegler : *Phys. Stat. Sol.* a **35**, 269 (1976)
13) D. Long : *Phys. Rev.*, **120**, 2024 (1960)
14) L. Eaves, R. A. Stradling, R. J. Tidley, J. C. Portal, and S. Askenazy : *J. Phys.* C, **8**, 1975 (1968)
15) E. G. S. Paige : *IBM J. Res. Dev.*, **13**, 562 (1969)
16) K. Kash, P. A. Wolff, and W. A. Bonner : *Appl. Phys. Lett.*, **42**, 173 (1983)
17) J. Shah, B. Deveaud, T. C. Damen, W. T. Tsang, A. C. Gossard, and P. Lugli : *Phys. Rev. Lett.*, **59**, 2222 (1987)
18) W. Fawcett and J. G. Ruch : *Appl. Phys. Lett.*, **15**, 368 (1969)
19) R. C. Curby and D. K. Ferry : *Phys. Stat. Sol.* a, **20**, 569 (1969)
20) M. A. Osman and D. K. Ferry : *Phys. Rev.* B, **36**, 6018 (1987)
21) W. Pötz and P. Vogl : *Phys. Rev.* B, **24**, 2025 (1981), and references therein
22) M. V. Fischetti and J. M. Higman : in *Monte Carlo Device Simulations : Full Band and Beyond*, (K. Hess, ed.), Kluwer Academic, Norwell (1991)
23) S. Zollner, S. Gopalan, and M. Cardona : *J. Appl. Phys.*, **68**, 1682 (1990); *Phys. Rev.* B, **44**, 13446 (1991)
24) I. Lee, S. M. Goodnick, M. Gulia, E. Molinari, and P. Lugli : *Phys. Rev.* B, **51**, 7046 (1995)
25) S. Yamakawa, R. Akis, N. Faralli, M. Saraniti, and S. M. Goodnick : *J. Phys. Cond. Matter*, **21**, 1 (2009)
26) M. Fischetti : *private communication*
27) H. Shichijo and K. Hess : *Phys. Rev.* B, **23**, 4197 (1981)
28) M. V. Fischetti and S. E. Laux : *Phys. Rev.* B, **38**, 9721 (1988)
29) M. Saraniti, G. Zandler, G. Formicone, S. Wigger, and S. Goodnick : *Semicond. Sci. Technol.*, **13**, A177 (1988)
30) C. Kopf, H. Kosina, and S. Selberherr : *Sol. State Electron.*, **41**, 1139 (1997)
31) R. Lai, X. B. Mei, W. R. Deal, W. Yoshida, Y. M. Kim, P. H. Liu, J. Lee, J.Uyeda, V. Radisic, M. Lange, T. Gaier, L. Samoska, and A. Feng : *IEDM Tech. Dig.* pp. 609-11, IEEE Press, New York (2007)

32) D. Guerra, R. Akis, F. A. Marino, D. K. Ferry, S. M. Goodnick, and M. Saraniti : *IEEE Electron Dev. Lett.*, **31**, 1217 (2010)
33) E. M. Conwell and V. Weisskopf : *Phys. Rev.*, **77**, 388 (1950)
34) H. Brooks : *Adv. Electron. and Electron Phys.*, **8**, 85 (1955)
35) F. Stern and W. E. Howard : *Phys. Rev.*, **163**, 816 (1967)
36) D. K. Ferry, S. M. Goodnick, and J. P. Bird : *Transport in Nanostructures*, 2_{nd} Ed., Cambridge Univ. Press, Cambridge (2009)
37) T. Ando, A. B. Fowler, and F. Stern : *Rev. Mod. Phys.*, **54**, 437 (1982)
38) C. Hamaguchi : *J. Comp. Electron.*, **2**, 169 (2003)
39) D. K. Ferry : *Quantum Mechanics*, 2_{nd} Ed., Inst. Phys. Publ., Bristonl (2001)
40) R. S. Shishir, F. Chen, J. Xia, N. J. Tao, and D. K. Ferry : *J. Comp. Electron.*, **8**, 43 (2009)
41) S. M. Goodnick, D. K. Ferry, C. W. Wilmsen, Z. Lilienthal, D. Fathy, and O. L. Krivanek : *Phys. Rev.* B, **32**, 8171 (1985)
42) T. Yoshinobu, A. Iwamoto, and H. Iwasaki : *in Proc. 3_{rd} Intern. Conf. Sol. State Dev. Mater.*, Makuhari, Japan (1993)
43) R. M. Feenstra : *Phys. Rev. Lett.*, **72**, 2749 (1994)
44) L. Makowski and M. Glicksman : *J. Phys. Chem. Sol.*, **34**, 487 (1976)
45) J. W. Harrison and J. R. Hauser : *Phys. Rev.* B, **1**, 3351 (1970)
46) H. Kroemer : *Crit. Rev. Sol. State Sci.*, **5**, 555 (1975)
47) D. K. Ferry : *Phys. Rev.* B, **17**, 912 (1978)
48) D. L. Dexter and F. Seitz : *Phys. Rev.*, **86**, 964 (1952)
49) W. T. Read : *Phil. Mag.*, **45**, 775 (1954)
50) N. G.Weimann, L. F. Eastman, D. Doppalapudi, H. M. Ng, and T. D. Moustakas : *J. Appl. Phys.*, **83**, 3656 (1983)
51) B. Pödör : *Phys. Stat. Sol.*, **16** K167 (1950)
52) D. Jena, A. C. Gossard, and U. K. Mishra : *Appl. Phys. Lett.*, **76**, 1707 (2000)
53) W. Liang, K. T. Tsen, D. K. Ferry, K. H. Kim, J. Y. Lin, and H. X.Jiang : *Semicond. Sci. Technol.*, **19**, S427 (2004)
54) J. M. Barker, D. K. Ferry, D. D. Koleske, and R. J. Shul : *J. Appl. Phys.*, **97**, 063705 (2005)
55) F. A. Marino, N. Faralli, T. Palacios, D. K. Ferry, S. M. Goodnick, and M. Saraniti : *IEEE Trans. Electron Dev.*, **57**, 353 (2010)
56) G. M. Rutter, J. N. Crain, N. P. Guisinger, T. Li, P. N. First, and J. A. Stroscio :

Science, **317**, 219 (2007)
57) Z. H. Ni, L. A. Ponomarenko, R. R. Nair, R. Yang, S. Anissimova, Z. X. Shen, E. H. Hill, K. S. Novoselov, and A. K. Geim : *Nano Lett.*, **10**, 3868 (2010)
58) M. L. Katsnelson, and A. K. Geim : *Phil. Trans. Roy. Soc.* A, **366**, 195 (2008)
59) T. Low, J. Perebeinos, J. Tersoff, and Ph. Avouris : *Phys. Rev. Lett.*, **108**, 096601 (2012)
60) F. Giannazzo, S. Sonde, R. Lo Negro, E. Rimini, and V. Raineri : *Nano Lett.*, **11**, 4612 (2011)
61) A. Deshpande, W. Bao, F. Miao, C. N. Lau, and B. J. LeRoy : *Phys. Rev.* B, **79**, 205411 (2009)
62) L. Tapasztó, P. Nemes-Incze, G. Dobrik, K. J. Yoo, C. Hwang, and L. P. Biró : *Appl. Phys. Lett.*, **100**, 053114 (2012)
63) O. V. Yazyev and S. G. Louie : *Phys. Rev.* B, **81**, 195420 (2010)
64) O. V. Yazyev and S. G. Louie : *Nat. Matls.*, **9**, 806 (2010)
65) P. Y. Huang, C. S. Ruiz-Varga, A. M. van der Zande, W. S. Whitney, M. P. Levendorf, J. W. Kevek, S. Garg, J. S. Alden, C. J. Hustedt, Y. Zhu, J. Park, P. L. McEuen, and D. A. Muller : *Nature*, **469**, 389 (2011)
66) K. Kim, Z. Lee, W. Regan, C. Kisielowski, M. F. Crommie, and A. Zettl : *ACS Nano* **3**, 2142 (2011)
67) J. C. Koepke, J. D. Wood, D. Estrada, Z.-Y. Ong, K. T. He, E. Pop, and J. W. Lyding : *ACS Nano*, **7**, 75 (2012)
68) J. Cervenka and C. F. J. Flipse : *Phys. Rev.* B, **79**, 195429 (2009)
69) Y. Liu and B. I. Yakobson : *Nano Lett.*, **10**, 2178 (2010)
70) A. Mesaros, S. Papanikolaou, C. F. J. Flipse, D. Sadri, and J. Zaanen : *Phys. Rev.* B, **82**, 205119 (2010)
71) R. Jaszek : *J. Mater. Sci. : Mater. Electron.*, **12**, 1 (2001)
72) W. A. Harrison : *J. Phys. Chem. Sol.*, **5**, 44 (1958)
73) D. K. Ferry : *J. Comp. Electron.*, **12**, 76 (2013)
74) E. McCann, K. Kechedzhi, V. I. Fal'ko, H. Suzuura, T. Ando, and B. L. Altshuler : *Phys. Rev. Lett.*, **97**, 146805 (2006)
75) C. Berger, Z. Song, X. Li, X. Wu, N. Brown, C. Naud, D. Mayou, T. Li, J. Hass, A. N. Marchenkov, E. H. Conrad, P. N. First, and W. A. de Heer : *Science*, **312**, 1191 (2006)
76) J. Martin, N. Akerman, G. Ulbricht, T. Lohmann, J. Smet, K. von Klitzing, and A.

Yacoby : *Nature Phys.*, **4**, 144 (2008)
77) M. Gibertini, A. Tomadin, F. Guinea, M. I. Katsnelson, and M. Polini : *Phys. Rev. B*, **85**, 201405 (2012)
78) R. Decker, Y. Wang, V. Brar, W. Regan, H.-Z. Tsai, Q. Wu, W. Gannett, A. Zettl, and M. F. Crommie : *Nano Lett.*, **11**, 2291 (2011)
79) E. Rossi and S. Das Sarma : *Phys. Rev. Lett.*, **107**, 155502 (2011)
80) S. Das Sarma, S. Adam, E. H. Hwang, and E. Rossi : *Rev. Mod. Phys.*, **83**, 407 (2011)

5 キャリヤ伝導

　半導体の電子と正孔の輸送現象におけるほぼすべての理論的取扱いは，本質的に1電子輸送方程式に基づいていて，通常はボルツマンの輸送方程式で表現される．ほとんどの輸送方程式の場合と同様，駆動力と散逸力の重みを考慮して，この方程式での分布関数が決定される．デバイス中に1 cm^3 当り約 10^{15} 〜 10^{20} 個のキャリヤがある場合，いかにして1電子（または1正孔）の輸送方程式に行き着くであろうか．たとえ行き着いたとしても，輸送係数はこの分布全体の積分から決定されるので，分布関数が最終的であるとは限らない．これらの積分とはどのようなものだろうか．そしてどのように決定されるのか．中には決定が容易なものもあるが，多くは決定が困難である．

　低電場の場合には輸送現象はほぼ線形であり，伝導度は電場に依存しない一定値となっていて，電流は電場の一次関数になっている．ここでの手法は緩和時間近似が主として使用され，分布関数は平衡状態下で，通常のフェルミディラック分布やマクスウェル分布のような簡略化可能な分布からはほぼ逸脱することはない．このような状態では，キャリヤが電場から得るエネルギーは，この系でのキャリヤの平均的なエネルギーと比較すると，ごくわずかであると考えて良い．

　この章では，1電子分布を検討することから始めて，ボルツマン方程式がそこでの仮定からどのように決められるのかを検討していく．ここで定義された緩和時間近似は，強磁場下での輸送現象を含め，電磁場中での輸送現象における近似解を得るのに利用される．一般に，導電性はそれ自身が印加することになる電場の関数であるということから，ホットキャリヤの輸送は非線形にな

る。キャリヤの速度と電場の関係は移動度により表現され，それはキャリヤの平均エネルギーに依存している。高電場では，その平均エネルギーは電場の関数となる。通常の線形応答理論において，線形導電性は平衡分布関数からのわずかなずれによって生じる。このわずかなずれは電場に対して線形であり，平衡分布関数が輸送特性を支配していることになる。しかしながら，キャリヤが電場からエネルギーを受けとるようになってくると，もはや平衡分布とは言えない。実際の非線形伝導における主要因子は，電場中での高次の項から直接に生じているのではなく，むしろ，例えば電子温度といった非線形分布関数からの暗黙の電場依存性から生じている。このような場合，この非平衡分布関数を正しく確認することが重要である。なぜなら，半導体の非線形応答を支配する場に対しての直接応答は，より高い平均エネルギーへの増大が生じてしまうからである。

上記のように，分布関数はそれ自体が最終形ではない。なぜなら，分布関数全体の積分は，輸送係数の値を求めるために実行されなければならないからである。とくに数値的なアプローチでは，多くの場合，直接に分布関数やそれに続く輸送平均のための積分を直接に計算するよりも，適切に平均化をすることでより容易に計算できるといった結果になることがある。アンサンブルモンテカルロ法ではこれは正しく，この章の後半で紹介されている。すなわち，平均伝導度は半古典的なキャリヤのアンサンブルにわたる平均から計算されていて，そのときの数値シミュレーションにおいて，それらそれぞれの軌道をたどることができるからである。それゆえ，それらがシミュレーションに組み込まれることで，複雑な積分をすることなしに伝導現象を数値的に決定することができる。同時に，分布関数もその計算のもう一つの結果となる。

5.1 ボルツマン輸送方程式

これまでに，キャリヤのアンサンブルを説明するための1電子分布関数というアイディアが導入された。この分布関数が意味することはなんであろうか？

5.1 ボルツマン輸送方程式

この量を定義するにはさまざまな方法がある。例えば，分布関数 $f(\mathbf{v}, \mathbf{x}, t)$ が時間 t に体積 $\Delta\mathbf{x}$ ($\mathbf{x}$ で中心) および $\Delta\mathbf{v}$ ($\mathbf{v}$ で中心) の箱の中に粒子を見いだす確率であるということは可能である。ここで，$\mathbf{v}$ は粒子の運動量で，$\mathbf{x}$ は位置であり，それらはベクトル量である。この意味で，分布関数は六次元位相空間で記述されているといえる。そして，量 $\mathbf{x}$ および $\mathbf{v}$ は，いかなる単一キャリヤにも関連せずに，位相空間における位置に関連している。これは，N 個の粒子が $6N$ 次元構成空間において定義されるという考えと比較される。ここで，$6N$ 次元とは $3N$ 個の速度変数および $3N$ 個の位置変数を表している。上記の定義とともに

$$\iint d^3\mathbf{x}\, d^3\mathbf{v}\, f(\mathbf{x}, \mathbf{v}, t) = 1 \tag{5.1}$$

のように分布関数の一つの正規化を記述することが可能である。すべての確率関数と同様に，計測空間にわたる積分は 1 とならなければいけない。しかしながら，これは，唯一可能な定義ではない。

そのほかの定義としては，分布関数を位相空間の点 $(\mathbf{x}, \mathbf{v})$ に位置するサイズ $\Delta\mathbf{x}\Delta\mathbf{v}$ の位相空間の箱の中の粒子の「平均」(この平均の概念は以下にて定義する) の数として定義することである。この点に関しては，分布関数は

$$\iint d^3\mathbf{x}\, d^3\mathbf{v}\, f(\mathbf{x}, \mathbf{v}, t) = N(t) \tag{5.2}$$

を満たす。ここで，$N(t)$ は，時間 t の系全体の**総粒子数**である。第一の考えとしては，フェルミディラック分布が式 (5.2) を満たしていて，時間の関数として，実際にフェルミエネルギー準位を定めると仮定されるかもしれない。しかしながら，これは二つの理由から正しくない。第一に，正規化は間違っている。その理由は，フェルミディラック分布はフェルミエネルギー以下に 1 の最大値を有することを思い出して欲しい。それゆえ，式 (5.2) の積分は，増加する体積における状態密度に関して説明するために，修正されなければならない。さらに，速度積分をエネルギー積分に変換しなければならず，これは付加的な数値的で可変な因子を加えることになる。さらに深刻な問題がある。フ

ェルミディラック分布は点関数であり，不均一な系に対するその応用はかなり慎重に扱われなければならない。フェルミエネルギーは電気化学ポテンシャルに関連しており，そこでは位置とともに（一方のバンド端に対して）変化する。したがって，フェルミエネルギーは，この観点から位置に依存するものといえる。それでも，もし系が平衡状態（流れている電流がない）であれば，フェルミエネルギーが位置に依存しないということは，単純な理論からよく知られている。この場合では，バンド端は，それ自身が不均一な系において，位置に依存するようにならなければならない。このように，式 (5.2) をフェルミディラック分布関数と同等に考えることができるが，これは不均一な系においては相当な注意をもってされなければならない。

　分布関数のこれらの定義のどちらかにおいて，量子力学は少なくとも二つの方法をさらに複雑にする。第一に，不確定性関係は，$\Delta x \Delta p > \hbar^3/8$ または $\Delta x \Delta v > \hbar^3/8(m^*)^3$，および**量子分布関数**が事実この極限よりも狭い範囲の中では負の値にさえなってもよい。そのため，どれくらい細かく位置と運動量の座標を調べることができるかだけに制約される。加えて，ここで取り扱われる分布関数は等価な1電子分布関数である。その結果，多くの電子状態（上記の $6N$ 次元の構成空間に関して）は平均される。これらの両方の場合において，分布関数は位相空間において**粗い粒子化**（coarse grained）がされていると言われている。すなわち，第一の場合では本質的な局所的量子化が重要となる微小領域にわたって平均化し，第二の場合では1電子分布関数を変形する多電子特性を平均化している。この粗い粒子化は，後者の場合**衝突数仮定**（Stosszahl ansatz）つまり分子カオスの過程であり，ボルツマンにより導入された。そこでは，1粒子関数の使用，またはより正確には，初期時間を伴った相関が，1粒子散乱時間 τ のスケールにおいて忘れてしまうということを正当化する。多電子アンサンブル平均が，式 (5.1) または式 (5.2) の1電子分布関数上に投影されることで，正確な方法は BBGKY 階級方程式を通した最も良い表記といえる（BBGKY とは，その文字は，著者 Bogoliubov[1], Born and Green[2], Kirkwood[3], Yvon[4] の頭文字からとったものである。その投影方法

は，Ferry[5] に記載されている）。

　分布関数の変化は運動方程式により支配されており，ここで興味があるのはこの方程式である．平衡状態では，分布関数が **v**-空間（より適切には **k**-空間）において対称形であるため，伝導現象は生じない．波動ベクトル **k** を有するキャリヤの確率は，波数ベクトル **k** に対するそれと等しいため（フェルミディラック分布は，正確にはその運動量にではなく，そのエネルギーのみに依存することを思い出して欲しい），これらがたがいにバランスしている．これらの逆方向の運動量を有する等しい数のキャリヤがあるため，正味の電流はゼロとなる．そのため，輸送現象においては，その分布関数は印加された電場によって変形されるに違いない．いま算出されなければならないのは，この変形である．事実，強制関数（例えば印可電場など）は，それ自身可逆な量であって，位相空間の分布関数の発展はこれらの電場によって不変である．この発展を変えることができるのは散乱過程の存在だけである．この古典的記述は

$$\frac{df(\mathbf{x},\mathbf{v},t)}{dt} = \frac{\partial f(\mathbf{x},\mathbf{v},t)}{\partial t}\bigg|_{\text{collisions}} \tag{5.3}$$

となる（右辺は散乱過程のための変化を示す）．左辺を微分のチェーン則で展開すると

$$\frac{\partial f}{\partial t} + \mathbf{v}\cdot\nabla f + \frac{d\mathbf{k}}{dt}\cdot\frac{\partial f}{\partial \mathbf{k}} = \frac{\partial f(\mathbf{x},\mathbf{v},t)}{\partial t}\bigg|_{\text{collisions}} \tag{5.4}$$

のようにボルツマン輸送方程式が得られる．その第一項は分布関数の明確な時間変化を示し，一方で第二項は密度と分布関数の空間変化によって引き起こされる輸送に対応する．第三項は，電場によって誘起された輸送を記述する．左辺のこれら3項は，**流動項**（streaming terms）として集合的に知られている．ここで，第三項は，結晶運動量中の前者の役割を説明するために，速度よりもむしろ運動量波数ベクトルに関連して記述されている．やはり，上記の考察に合わせて，位置を伴う分布関数の変化は，十分にゆっくりと，波動関数の変化が一つの単位胞において非常に小さいといった状況でなければならない．これは2章で展開されたバンドモデルが有効なことを保障している．そして，適正

な統計分布を考えることができる．加えて，力の項は十分に小さくなければならず，異なるバンドからの波動関数のいかなる混合も生じない．その結果，有効質量近似の範囲内で半古典的に考慮されることができる．最後に，衝突の間の平均自由時間のスケール，またはいかなる流体力学的緩和時間のスケールおいても分布関数はゆっくりと発展し，時間変化は十分にゆっくりでなければならない（運動量緩和時間についてはこれまで十分に検討されてきたにもかかわらず，いまだに進展している．力の項（式 (5.4) の左辺第三項）は，電場と磁場が存在する場合には，まさにローレンツ力である）．

その散乱過程は，最後の節で述べられるが，すべて式 (5.4) の右辺の項に盛り込まれている．確率 $P(\mathbf{k}, \mathbf{k}')$ によって，いかなる散乱過程も，ある初期状態 $\mathbf{k}$ から最終的な状態 $\mathbf{k}'$ にキャリヤが遷移することを導く．そのとき，散乱された電子の数は，満たされた状態 $\mathbf{k}$ ［$f(\mathbf{k})$ によって与えられる確率］および空になっている状態 $\mathbf{k}'$［$1-f(\mathbf{k}')$］と同様に，逆過程の確率に依存する（もし $\mathbf{k}$ 空間の体積が縮退状態の一組みのスピンだけを含む場合，この体積の中のキャリヤの数はフェルミディラック分布によって与えられる．もし散乱過程がスピンを反転させることができるならば，このスピン縮退のために係数 2 が含まれる．いま，これが上で与えられた分布関数に関する二つの定義が混在しているとみなされることは明白であるが，実際に使われることになるのは二つのうちの後者である）．状態 $\mathbf{k}$ からの散乱確率は，これらの三つの因子をまとめることによって

$$P(\mathbf{k}, \mathbf{k}')f(\mathbf{k})[1-f(\mathbf{k}')] \tag{5.5}$$

と与えられる．しかし状態 $\mathbf{k}'$ から状態 $\mathbf{k}$ に散乱する電子も

$$P(\mathbf{k}', \mathbf{k})f(\mathbf{k}')[1-f(\mathbf{k})] \tag{5.6}$$

で与えられる確率で存在する．この二つの式は，式 (5.4) の右辺の散乱項に基づいており，それはすべての状態 $\mathbf{k}'$ にわたって和を取ることで

$$\left.\frac{\partial f}{\partial t}\right|_{\text{collisions}} = \sum_{\mathbf{k}'}\{P(\mathbf{k}', \mathbf{k})f(\mathbf{k}')[1-f(\mathbf{k})] - P(\mathbf{k}, \mathbf{k}')f(\mathbf{k})[1-f(\mathbf{k}')]\} \tag{5.7}$$

5.1 ボルツマン輸送方程式

となる．事実，$P(\mathbf{k}, \mathbf{k}')$ もまた，電子（または正孔）が $\mathbf{k}$ から $\mathbf{k}'$ へ移行できるすべての可能性がある散乱機構の和を含んでいる．

詳細釣合いのもとでは，例えばエネルギー空間における終状態密度の違いや，放出と吸収の過程の間のフォノン因子によって，二つの散乱確率は異なる．事実，フォノンが含まれるとき，式 (5.7) は四つの過程を含む．キャリヤは，フォノンを放出する（そしてより低いエネルギーの状態に行く）か，またはフォノンを吸収する（そしてより高いエネルギーの状態に行く）ことによって，散乱される．同じ理由で，それらは，より高いエネルギーの状態からのフォノン放出によって，または低いエネルギーの状態からのフォノン吸収のどちらかによって，対象の状態に散乱させることができる．平衡状態において，（高いまたは低いエネルギーの）2 セットの準位のそれぞれに対応する第一状態につながっている過程は，均衡を保たなければならない．平衡状態において，この均衡は**詳細なバランス**（detailed balance）と呼ばれる．この状態のもとでは，式 (5.4) の右辺は平衡状態でゼロになる．

分布関数が式 (5.4) の左辺における**流動力**によって平衡状態から逸脱したとき，衝突項は系を平衡状態に復元するために働く．分布内のキャリヤ間の相互作用は，分布の中でこれらのエネルギーと運動量を再分布することによって，分布のエネルギーと運動量をランダム化するように働く．これは，その分布のエントロピーを最大化する過程を通して，非縮退系におけるマクスウェル分布に至ることは公知である．しかしながら，格子と平衡状態になるための全体の分布関数をもたらす原因は，フォノン相互作用である．もし格子自体が平衡状態にあるならば，格子を**熱浴**と考えることでフォノンが電子分布をこの熱浴に結合させることになると考えることができる．高い電場のもとでは，フォノン分布が平衡状態（3.5.2 項を参照）から逸脱することもあり，これは解くべき方程式を非常に複雑化することになる．5.1.1 項では，ボルツマン輸送方程式 (5.4) の解は，単純化された場合において得られる．より複雑な解は，あとで扱うことにする．

5.1.1 緩和時間近似

もし外場が存在しない場合，衝突はエネルギーおよびキャリヤの運動量をランダム化して，それらを平衡状態に戻す傾向がある．線形応答では，その緩和率は平衡からのずれに比例していて，その分布関数が通常の平衡状態での値に指数関数的に減衰すると仮定することはしばしば役立つ．この近似のため，緩和時間 τ は，つぎの方程式

$$\left.\frac{\partial f}{\partial t}\right|_{\text{collisions}} = -\frac{f-f_0}{\tau} \tag{5.8}$$

によって導くことができる．ここで f_0 は平衡分布関数であり，フェルミディラック分布またはこの分布に対するマクスウェル近似のどちらでも良い．これは，散乱過程が弾性的であるか，または等方的で非弾性的である場合に簡単化される，かなり一般的な近似法である．そして，式 (5.4) および式 (5.8) は

$$f(t) = f_0 + (f-f_0)e^{-t/\tau} \tag{5.9}$$

に至る．

緩和時間近似が保たれている場合であっても，式 (5.8) で書かれたように，散乱確率から τ を算出することを可能にすることは必要である（弾性散乱確率は，5.2 節において取扱われる）．この章で後述するように，これは分布関数全体にわたる平均を意味する．ここでは，より詳細に弾性散乱過程の場合を考えることが望ましい．もし散乱過程が弾性的であるならば，状態 $\mathbf{k}$ および $\mathbf{k}'$ は同じエネルギーシェルにあり（すなわち $E(\mathbf{k}) = E(\mathbf{k}')$），$P(\mathbf{k}, \mathbf{k}') = P(\mathbf{k}', \mathbf{k})$ と仮定することは可能である．その結果，式 (5.7) の緩和項は

$$[f(\mathbf{k}) - f(\mathbf{k}')] P(\mathbf{k}, \mathbf{k}') \tag{5.10}$$

となる．そのとき

$$\left.\frac{\partial f}{\partial t}\right|_{\text{collisions}} = -\int d^3\mathbf{k}' P(\mathbf{k}, \mathbf{k}') [f(\mathbf{k}) - f(\mathbf{k}')] \tag{5.11}$$

といった状態 $\mathbf{k}$ からの衝突により，これが損失を導く．この項に関してはすぐに再び考えることにする．

いま，式 (5.4) の加速度項だけを考慮すると，その結果この項および式

(5.8) の組合せは，均一な半導体試料では，分布関数に関して

$$\begin{aligned}f(\mathbf{k})&=f_0(\mathbf{k})-\frac{\tau}{\hbar}\mathbf{F}\cdot\frac{\partial f(\mathbf{k})}{\partial \mathbf{k}}\\&=f_0(\mathbf{k})-\tau\mathbf{F}\cdot\mathbf{v}\frac{\partial f(\mathbf{k})}{\partial E}\approx f_0(\mathbf{k})-\tau\mathbf{F}\cdot\mathbf{v}\frac{\partial f_0(\mathbf{k})}{\partial E}\end{aligned} \quad (5.12)$$

のように単純な形に至る．最後の式では，右辺のすべてが f_0 の汎関数として表記されているように，平衡からのずれは十分に少ないものとみなすことができる．いま，この式が式 (5.11) に適用されると

$$\begin{aligned}\left.\frac{\partial f}{\partial t}\right|_{\text{collisions}}&=-\int d^2S_{k'}P(\mathbf{k},\mathbf{k}')\tau\mathbf{F}\cdot(\mathbf{v}-\mathbf{v}')\frac{\partial f_0}{\partial E}\\&=\tau\mathbf{F}\cdot\mathbf{v}\frac{\partial f_0}{\partial E}\int_{S_{k'}}P(\mathbf{k},\mathbf{k}')\left(1-\frac{\mathbf{v}\cdot\mathbf{v}'}{v^2}\right)d^2S_{k'}\\&=-(f-f_0)\int_{S_{k'}}P(\mathbf{k},\mathbf{k}')(1-\cos\theta)d^2S_{k'}\end{aligned} \quad (5.13)$$

となる．第一の行では，散乱が弾性的であるという事実は，積分が単一のエネルギーシェルにわたっていることを保証するために用いられており，それゆえその積分はこのエネルギーシェルに対応する表面にわたってだけ行われる．式 (5.13) の第二行および第三行において，角度の変化は 2 つの速度ベクトルの間の角度に関する積分を記述するために利用され，そして，すでにこの章の初頭で述べられた角加重（angular weighting）は回復される．球状の対称なバンドの中での音響フォノンのように，本質的に弾性的で等方的な散乱では，$\cos(\theta)$ 項は，シェル積分によってゼロになる．しかし，いま式 (5.13) は弾性散乱に関する**運動量緩和時間**を

$$\frac{1}{\tau_\text{m}}=\int_0^\pi d\theta\sin\theta\int_0^{2\pi}d\phi P(\theta,\phi)(1-\cos\theta) \quad (5.14)$$

と計算することができ，ここで $P(\theta,\phi)=k^2P(\mathbf{k},\mathbf{k}')$ であり，後者の量は，前章で論じたように，フェルミの黄金律で計算される（弾性エネルギーシェルにある k については，事実それは $\Gamma(\mathbf{k})$ である）．

式 (5.7) の二つの分布関数が異なるエネルギーシェルに起因しているので，非弾性散乱の場合の単純な緩和時間を計算することが困難であることは明らか

である．このように，それらは，緩和率だけを決定するために，散乱積分からただちに切り離されることができない．非平衡分布関数のための特定の式が仮定されるならば，平均運動量緩和率を算出することは，事実上可能である．後者の緩和率は，**有効**緩和率 $1/\tau$ を与えて，このようにつぎの計算における緩和時間近似値を利用するために，平衡状態に対して外挿して求められる．しかしながら，一般に，これは非常に特殊な場合においてのみ可能であって，外力が掛かっている場合には，分布関数を計算するより複雑な方法が利用されなければならない．

5.1.2 伝　導　度

外力が電場のみであるとき，分布関数はまさに電場流動項および散乱項によって与えられる．その結果，式（5.4）および式（5.8）は

$$f(E) = f_0(E) + e\tau \mathbf{F} \cdot \mathbf{v} \frac{\partial f_0(E)}{\partial E} \tag{5.15}$$

となる．この分布関数を知ることにより，これらのキャリヤ（ここでは，その力の中で使用される記号のため電子とする）によって伝えられる電気的な電流密度は，電子状態にわたって和を取ることで

$$\mathbf{J} = -e \int d^3\mathbf{k} \rho(\mathbf{k}) \mathbf{v} f(E) = -e \int dE \rho(E) \mathbf{v} f(E) \tag{5.16}$$

と示すことができ，ここで $\rho(\mathbf{k})$ すなわち $\rho(E)$ は適当な状態密度である．式（5.15）から分布関数を導入すると

$$\begin{aligned}\mathbf{J} &= -e \int dE \rho(E) \mathbf{v} f_0(E) - e^2 \int dE \tau_m \rho(E) \mathbf{v} (\mathbf{F} \cdot \mathbf{v}) \frac{\partial f_0(E)}{\partial E} \\ &= -e^2 \mathbf{F} \int dE \tau_m \rho(E) \mathbf{v}_F^2 \frac{\partial f_0(E)}{\partial E}\end{aligned} \tag{5.17}$$

となる．最後の項では，半導体における線形伝導の等方的性質が明確に考慮されており，ベクトル積は電場の方向における速度だけを含むように置換されている．第一項は，f_0 だけを含んでおり，$\mathbf{k}$ 空間での平衡分布関数が左右対称であるため，消滅する（平衡分布の平均的運動量は，0 でなければならない）．

ここで，バンドの中のキャリヤ数は分布関数だけによって決定されることが知られており

$$n = \int dE \rho(E) f_0(E) \tag{5.18}$$

したがって

$$\mathbf{J} = -ne^2 \mathbf{F} \frac{\int dE \tau_\mathrm{m} \rho(E) \mathbf{v}_\mathrm{F}^2 \frac{\partial f_0(E)}{\partial E}}{\int dE \rho(E) f_0(E)} \tag{5.19}$$

となる。

　一般に，線形伝導においては，ドリフト速度に関係するエネルギーは，熱エネルギーと比較するとごくわずかであると仮定することができ，それはドリフト速度が熱速度に比較して小さいことを意味する。そのためドリフト速度は積分の中で無視することができ，$v^2 = v_x^2 + v_y^2 + v_z^2$ または $v_\mathrm{F}^2 = v^2/3 = 2E/3m^*$ とみなすことができる。ここで，その質量は有効質量である。これは最後に単純な式

$$\mathbf{J} = \frac{ne^2 \langle \tau_\mathrm{m} \rangle}{m^*} \mathbf{F} \tag{5.20}$$

を導く。この式から，**移動度**が $\mu = e\langle \tau_\mathrm{m} \rangle / m^*$ となり，そして伝導度が $\sigma = ne\mu$ となることを認識できる。そして，次式

$$\int_0^\infty E^{\frac{1}{2}} f_0(E) dE = -\frac{2}{3} \int_0^\infty E^{\frac{3}{2}} \frac{\partial f_0(E)}{\partial E} dE \tag{5.21}$$

によって，式 (5.19) の分母を積分でき，平均的運動量緩和時間を

$$\langle \tau_\mathrm{m} \rangle = \frac{\int_0^\infty E^{\frac{3}{2}} \tau_\mathrm{m}(E) \frac{\partial f_0(E)}{\partial E} dE}{\int_0^\infty E^{\frac{3}{2}} \frac{\partial f_0(E)}{\partial E} dE} \tag{5.22}$$

と定義することができる。三次元以外においても同じ方法が適用できる。一般に，状態密度は，次元 d に対して $E^{(d/2)-1}$ で変化する。それから，式 (5.21) における一般的なステップは，任意の次元に関して行うことができる。しかしながら，因子 3/2 も次元性から生じている点に注意し，それにつながる説明によって因子として $d/2$ を与える。それによって導かれる，一般的な結果が次

式であることをただちに示すことができる.

$$\langle\tau_\mathrm{m}\rangle = \frac{\int_0^\infty E^{\frac{d}{2}}\tau_\mathrm{m}(E)\frac{\partial f_0(E)}{\partial E}dE}{\int_0^\infty E^{\frac{d}{2}}\frac{\partial f_0(E)}{\partial E}dE} \tag{5.23}$$

上記の積分に対する極限を無限と書く際には,伝導帯の上端が論ずるエネルギー範囲から十分に離れており,その結果として分布関数はこの点でゼロとなると仮定されている.この場合,極限がバンドのまさに上端(正孔を取り扱っている場合は下端)よりもむしろ無限としてなされる場合,上限は最終結果に影響を及ぼさない.極めて縮退した場合では,その積分の上限はフェルミエネルギーとすることができ,そして分布関数の微分がこのエネルギーで鋭いピークを取るとき,緩和時間はフェルミエネルギーで算出される.

5.3節では,数多くの過程における散乱確率が計算されている.いずれの場合においても,これらの散乱確率はエネルギーに依存しており,その結果式(5.23)は,もちろん,このエネルギー依存性を観測可能な移動度に組み込む方法に至る.図5.1において,300 K のグラフェンの移動度は,異なるいくつかの基板において電子密度の関数としてプロットされている.ここで,音響および光学バレー間フォノン,遠隔不純物および遠隔基板光学フォノン[6]による散乱が含まれている.密度の増加につれてフェルミエネルギーも増加し,これによって分布の平均エネルギーが変わる.より高い電子密度における移動度の減少は,おもにフェルミエネルギーと遠隔光学フォノンのエネルギーの関係に対応する.

定エネルギー表面が球形でない場合,問題のいくらかの複雑化が生じる.まず第一に,エネルギーはもはや一つの有効質量の関数ではなく,それぞれの楕円体ごとに

$$E = \frac{\hbar^2}{2}\left(\frac{k_x^2}{m_x}+\frac{k_y^2}{m_y}+\frac{k_z^2}{m_z}\right) \tag{5.24}$$

と表される.この方法を単純化するために,単一の楕円体内のそれぞれの方向に対して

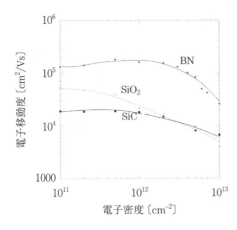

図 5.1 いくつかの異なる基板における,電子密度を関数としたグラフェンの移動度。

$$k'_i = \sqrt{\frac{m^*}{m_i}} k_i \tag{5.25}$$

といった変換が導入される。そして,これでエネルギーを再スケールすると

$$E = \frac{\hbar^2}{2m^*}(k'^2_x + k'^2_y + k'^2_z) \tag{5.26}$$

となる。それぞれの楕円体の速度 $\mathbf{v}(=\hbar\mathbf{k}/m^*)$ において同じ変換を導入することによって,上記の単純な結果は電流に対して成される。しかし,これは電流が実空間の座標において達成されるためには,未変換でなければならない。一つの楕円体についてこの方法を実行することで

$$J_x = \frac{ne^2 \langle \tau_m \rangle}{m_x} F_x \tag{5.27}$$

が得られ,そして,ほかの二つのそれぞれの方向においても同様となる。非球面のエネルギー表面のほとんどの場合,複数の極小点が含まれており,これらの等価な極小点の和はやはりそれらを通した輸送に寄与するとしなければならない。伝導帯の六つの等価な楕円体を有する Si において,例えば全伝導度は,六つのバレーにわたった和となる。しかしながら,バレーのうちの二つは,それぞれ三つの主要な方向の一つに向いており,それぞれの電流方向における適当な量に貢献している。電流の総量(各バレーにおいて全キャリヤ密度の 1/6)はそのとき

$$\sigma = \frac{J}{F} = \frac{n}{6}e^2\langle \tau_\mathrm{m}\rangle\left(\frac{2}{m_1} + \frac{2}{m_2} + \frac{2}{m_3}\right) \tag{5.28}$$

となる．添え字 1，2，3 は，六つの楕円体のための x, y, z の値で周期的に置換する．一般的に，この和は一つに統合されることができ，一つの楕円体に関する主軸の値に適当な符号で上記の下付きの添字を置き換えることで得られる．そのとき，これらが回転楕円体であると認識することができる．その結果，$m_1 = m_\mathrm{L}$ および $m_2 = m_3 = m_\mathrm{T}$ を割り当てることができ，それによって縦および横方向の質量が導かれる．これらの定義によって，式 (5.28) は

$$\sigma = \frac{n}{3}e^2\langle\tau_\mathrm{m}\rangle\left(\frac{1}{m_\mathrm{L}} + \frac{2}{m_\mathrm{T}}\right) = \frac{ne^2\langle\tau_\mathrm{m}\rangle}{m_\mathrm{L}}\frac{2K+1}{3}, \qquad K = \frac{m_\mathrm{L}}{m_\mathrm{T}} \tag{5.29}$$

となる．Si に関しては，$m_\mathrm{L} = 0.91 m_0$ および $m_\mathrm{T} = 0.19 m_0$ であり，そのため伝導度質量 $m_\mathrm{c} = 3 m_\mathrm{L}/(2K+1)$ はおよそ $0.26 m_0$ となる．この値は，二つの曲率質量のどちらの場合とも異なり，状態密度質量とも異なる．この質量（**伝導度質量**と呼ばれている）は，さまざまな楕円体の上の適当な伝導の和から生じる．この和は楕円体の実際の形状および位置から相対的に独立している（その四つの楕円体を有する Ge においても同様）．しかし，電場と平行な伝導電流を計算する際に使用する和に関してだけ単独で生じる．磁場が存在する場合には，異なる和が生じる．

5.1.3 拡　　　散

ドーピング濃度が変化するにつれての規格化における変化，または温度勾配の存在のどちらかによって，分布関数は位置に依存し変化する．ここで，前者を考えると，緩和時間近似値において，式 (5.4) の左辺の第二の項だけを考慮すると

$$\mathbf{v}\cdot\nabla f = -\frac{f - f_0}{\tau_\mathrm{m}} \tag{5.30}$$

となり，上記を導いた同じ近似に従って

$$f(E) = f_0 - \tau_\mathrm{m}\mathbf{v}\cdot\nabla f \approx f_0 - \tau_\mathrm{m}\mathbf{v}\cdot\nabla f_0(\mathbf{x}) \tag{5.31}$$

と書くことができる．少し前に示したように，電流は式 (5.16) によって与え

られ

$$\mathbf{J} = e\int dE \rho(E) \tau_\mathrm{m} \mathbf{v}(\mathbf{v}\cdot\nabla f_0(x)) = e\nabla \int dE \rho(E) \tau_\mathrm{m} \mathrm{v}_j^2 f_0$$
$$= e\nabla (Dn) \tag{5.32}$$

を得る。ここで

$$D = \left\langle \frac{\mathrm{v}^2 \tau_\mathrm{m}}{3} \right\rangle = \frac{\int dE \rho(E) \dfrac{\mathrm{v}^2 \tau_\mathrm{m}}{3} f_0}{\int dE \rho(E) f_0} \tag{5.33}$$

である。式(5.17)において，導かれたすべての速度と電流に沿った速度の成分間の関係を使用した。そして，「3」の因子は系の次元 d である。一般に，拡散係数のこの定義は，密度に関する規格化のため，しばしば位置に依存しない。これらの場合，より通常の表式（電子のための符号による）を求めるため，勾配演算によって得ることができる。

$$\mathbf{J} = eD\nabla n \tag{5.34}$$

移動度がそうなっているように，明らかに拡散係数 D はアンサンブル平均から生じている。しかしながら，二つの平均が実際には異なる点に留意する必要がある。式(5.23)では，分母は，分布関数のエネルギー微分を分子および分母に入れるための部分積分により積分されたが，ここでは，これは行わない。分母は技術的に同じではあるが，実際，それらは因子 $d/2$ によって異なっている。この違いを克服するため，部分積分では分子の積分を行うことができない。その理由は，運動量緩和時間のエネルギー依存性がわからないからである。それゆえ，それらが同一の量を得るマクスウェル分布の場合を除いて，二つの平均は，数値的な因子によって，まったく異なるであろう。事実，$f_0 = A\exp(-E/k_\mathrm{B}T)$ とみなすならば，アインシュタインの関係式を示すことは簡単である。

$$D = \mu \frac{k_\mathrm{B}T}{e} \tag{5.35}$$

もちろん，この結果はマクスウェル近似が有効である縮退していない場合にだけ適応される。

縮退している場合には，式（5.35）は二つのフェルミディラック積分の比により逓倍される。そして，それは k_BT により表される平均エネルギーと変動の間に補正を提供する。しかしながら，高電場では，式（5.35）により表される移動度と拡散係数との結合は破れる。これは，分布関数がフェルミディラック分布であるか，またはマクスウェル分布であるかというどちらの理由によるものでもない。このように，式（5.22）および式（5.33）の平均は，共通性は少なく，それらを接続する自然な方法はない[7]。さらに悪いことに，十分に合理的な（またはより高い）電場中の電子温度のいかなる見積りも，電場に沿った方向と電場に対して垂直な方向とで異なる結果を与えることは公知である。これらの場合において拡散係数の算出もまたこの種の異方性を有しており[8]，異方性は電場の上昇に従ってより大きくなる。このように，電場自体の値が高く，異方性があり，デバイスの中での不均一性があるような，いかなる実際の半導体デバイスにおいてもアインシュタインの関係式を推定しようとすることはまったく役に立たない。

5.1.4 磁気伝導度

いよいよ，磁場を印加した際の伝導度に関する議論をしよう。これは，いわゆる磁気伝導度を生じることになる。いくぶん表記を単純化するために，分布関数の増分は，上で見いだされた結果 $f_1 = f - f_0$ によって定義し，その結果，緩和時間近似がこの増分量だけに作用するものとする。定常状態の条件のもとで，均一な半導体を考える。その結果，ボルツマン輸送方程式は

$$-\frac{e}{\hbar}(\mathbf{F} + \mathbf{v} \times \mathbf{B}) \cdot \frac{\partial f}{\partial \mathbf{k}} = -\frac{f_1}{\tau_m} \tag{5.36}$$

のように与えられる。増加する分布関数が平衡状態のそれと比較して小さいと仮定すると，その結果，後者は（運動量に関する）勾配項で使うことができる。しかしながら，平衡分布関数に関して，その導関数は速度となることはよく知られており，それは $\mathbf{v} \times \mathbf{B}$ の項 $[\mathbf{v} \cdot (\mathbf{v} \times \mathbf{B}) = \mathbf{B} \cdot (\mathbf{v} \times \mathbf{v}) = 0]$ を有する内積のもとで0となる。それゆえ，この項の分布関数への一次の寄与を残す。そし

てボルツマン方程式は

$$-e\mathbf{v}\cdot\mathbf{F}\frac{\partial f_0}{\partial E} = -\frac{f_1}{\tau_\mathrm{m}} + \frac{e}{\hbar}(\mathbf{v}\times\mathbf{B})\cdot\frac{\partial f_1}{\partial \mathbf{k}} \tag{5.37}$$

となる。式 (5.15) との類似において，増加する分布関数は

$$f_1 = e\tau_\mathrm{m}(\mathbf{v}\cdot\mathbf{A})\frac{\partial f_0}{\partial E} \tag{5.38}$$

として書くことができ，ここで $\mathbf{A}$ はやはり決定されなければならない等価な電場ベクトルの役割をもつ。すなわち，$\mathbf{A}$ は，印加された電場 $\mathbf{F}$ だけでなく，式 (5.36) に示すローレンツ力の第二の項から誘導された電場をも含んでいる。高次の分布関数が無視できる場合，式 (5.38) に示すように，力の関数は

$$-\mathbf{v}\cdot\mathbf{F} = -\mathbf{v}\cdot\mathbf{A} + \frac{e\tau_\mathrm{m}}{m^*}(\mathbf{v}\times\mathbf{B})\cdot\mathbf{A} \tag{5.39}$$

と書くことができる。この後者の関係がいかなる速度の値に対しても有効でなければならないので，$\mathbf{F}$ と $\mathbf{A}$ 間の関係は

$$\mathbf{F} = \mathbf{A} - \frac{e\tau_\mathrm{m}}{m^*}\mathbf{B}\times\mathbf{A} \tag{5.40}$$

と書くことができる。初歩的な幾何学によると，ベクトル $\mathbf{A}$ に関する一般解は

$$\mathbf{A} = \frac{\mathbf{F} + \frac{e\tau_\mathrm{m}}{m^*}\mathbf{B}\times\mathbf{F} + \left(\frac{e\tau_\mathrm{m}}{m^*}\right)^2\mathbf{B}(\mathbf{B}\cdot\mathbf{F})}{1 + \left(\frac{e\tau_\mathrm{m}}{m^*}\right)^2 B^2} \tag{5.41}$$

でなければならない（以前の方程式を代入することで，それが適当な解であることがわかる）[9]。この方程式はいま増加分布関数で用いられることができ，その式はわずかに変形され，次式となる。

$$f_1 = e\tau_\mathrm{m}\mathbf{F}\cdot\frac{\mathbf{v} + \frac{e\tau_\mathrm{m}}{m^*}\mathbf{v}\times\mathbf{B} + \left(\frac{e\tau_\mathrm{m}}{m^*}\right)^2\mathbf{B}(\mathbf{B}\cdot\mathbf{v})}{1 + \left(\frac{e\tau_\mathrm{m}}{m^*}\right)^2 B^2}\frac{\partial f_0}{\partial E} \tag{5.42}$$

ここで，磁場が電場に対して，つまり輸送が生じている平面に対して垂直である場合を考える。$\mathbf{B} = B\mathbf{a}_z$ を用い，x 方向に電流が流れているとした上で，

x および y 方向の輸送を考慮することにする. 式 (5.42) において与えられるように, 一度 f_1 が得られれば, 電流に伴った分布関数の平均化は, 一直線的な手順であるといえる. この平均化はつぎの方程式を導く.

$$J_x = \frac{ne^2}{m^*}\left[\left\langle\frac{\tau_\mathrm{m}}{1+\omega_c^2\tau_\mathrm{m}^2}\right\rangle F_x - \left\langle\frac{\omega_c\tau_\mathrm{m}^2}{1+\omega_c^2\tau_\mathrm{m}^2}\right\rangle F_y\right]$$
$$J_y = \frac{ne^2}{m^*}\left[\left\langle\frac{\omega_c\tau_\mathrm{m}^2}{1+\omega_c^2\tau_\mathrm{m}^2}\right\rangle F_x + \left\langle\frac{\tau_\mathrm{m}}{1+\omega_c^2\tau_\mathrm{m}^2}\right\rangle F_y\right] \quad (5.43)$$

この最後の式において, **サイクロトロン周波数** $\omega_c = eB/m^*$ を導入した. 緩和時間についての単純な平均化の代わりに, 実施されなければならない複雑な平均化が実際は存在する. 磁場が十分に小さい (すなわち, $\omega_c\tau_\mathrm{m} \ll 1$) 場合, これはいくらかさらに単純になる. この場合, 式 (5.43) は, より扱いやすい形に簡略化される.

$$J_x = \frac{ne^2}{m^*}[\langle\tau_\mathrm{m}\rangle F_x - \omega_c\langle\tau_\mathrm{m}^2\rangle F_y]$$
$$J_y = \frac{ne^2}{m^*}[\omega_c\langle\tau_\mathrm{m}^2\rangle F_x + \langle\tau_\mathrm{m}\rangle F_y] \quad (5.44)$$

ここで興味があるのは, 半導体試料が長いか, ファイバー状であるか, 平坦な場合である. 試料の長さが, その幅 (または厚み) より非常に大きいため, 端部での接触抵抗の効果は重要でなくなるからである. 上記のように, 電流は x-方向において流れているとみなされる. 電流の y-方向成分をゼロとする場合, 横電場 (ホール電場) は y-方向において発生する. この電場は, 縦電場に関連して

$$\frac{F_y}{F_x} = -\omega_c\frac{\langle\tau_\mathrm{m}^2\rangle}{\langle\tau_\mathrm{m}\rangle} = -\omega_c\langle\tau_\mathrm{m}\rangle\frac{\langle\tau_\mathrm{m}^2\rangle}{\langle\tau_\mathrm{m}\rangle^2} = -\mu B r_\mathrm{H}, \qquad r_\mathrm{H} = \frac{\langle\tau_\mathrm{m}^2\rangle}{\langle\tau_\mathrm{m}\rangle^2} \quad (5.45)$$

となる. 最後の関係において, **ホール散乱因子** r_H を導入した. ここで, この横電場を電流の x-成分に導入する場合, 横電場は伝導度にほとんど影響を及ぼさず, 磁場が掛かっていないときと同様に

$$J_x = \frac{ne^2\langle\tau_\mathrm{m}\rangle}{m^*}F_x \quad (5.46)$$

となる。これは，単に磁場が弱いという仮定の結果である。一方で，運動量緩和時間がエネルギーに依存しない場合，伝導度が磁場の影響を受けないという結果は正しいといえる。ホール散乱因子は，キャリヤ中のエネルギーの広がりを考慮している。それはもちろん，エネルギーに依存しない散乱メカニズムの場合，または輸送がフェルミエネルギー近傍で生じている縮退半導体の場合においても1となる。本章の後半に，いくつかの散乱過程についてこの値を求める。いま，**ホール係数** R_H は，$F_y = R_H J_x B$ の関係によって定義され，ここで式 (5.45) と式 (5.46) を組み合わせることにより決定でき

$$R_H = \frac{F_y}{J_x B} = -\frac{r_H}{ne} \tag{5.47}$$

となる。もちろん，これは電子に対する場合である（以前に力についてそのようにみなしたため）。もし，ホール散乱因子が自明でない場合，それはホール効果からキャリヤ密度を決定する際のエラーの原因となる。さらに悪いことに，多重散乱メカニズムの場合，散乱因子は通常複雑で，温度およびキャリヤ密度の度合いによって変化する。しかしながら，密度の絶対測定値がこの因子の知識がないことで，決定的にひっくり返ることはなく，その値はおよそ1〜1.5の範囲となる。

正孔および電子が存在する場合，別々に横電流をゼロにセットすることはできず，境界条件を考慮する前に，個々のキャリヤ流を結合しなければならない。両方のキャリヤが存在する状況で，方程式 (5.44) の第二項は

$$J_y = e^2 \left\{ \left[\frac{n\omega_{ce}\langle \tau_{me}^2 \rangle}{m_e} - \frac{p\omega_{ch}\langle \tau_{mh}^2 \rangle}{m_h} \right] F_x + \left[\frac{n\langle \tau_{me} \rangle}{m_e} + \frac{p\langle \tau_{mh} \rangle}{m_h} \right] F_y \right\} \tag{5.48}$$

といった形式で書き直すことができる。いま，ホール角度は

$$\frac{F_y}{F_x} = -\frac{n\mu_e^2 B r_{He} - p\mu_h^2 B r_{Hh}}{n\mu_e + p\mu_h} = -\mu_h B \frac{nb^2 r_{He} - p r_{Hh}}{bn + p} \tag{5.49}$$

で与えられ，移動度因数 $b = \mu_e/\mu_h$ が導入された。$J_x = (ne\mu_e + pe\mu_h)F_x$ であるから，ホール係数はいま

$$R_H = -\frac{1}{e} \frac{b^2 n r_{He} - p r_{Hh}}{(bn + p)^2} \tag{5.50}$$

となる。この方程式から，ホール係数の符号がキャリヤのタイプを確定することが確認できるが，電子および正孔が等しい数で存在することがホール効果をゼロとならない点に注意することは重要である。むしろ，二つのタイプのキャリヤの移動しやすさの違いは，それらの横方向の運動に直接影響を及ぼす。そして，それが消滅しているホール効果にとって重要であることは，キャリヤ密度の同等性よりもむしろ，横電流のキャンセルによるものである。事実，電子移動度が正孔移動度よりも通常大きいため，高温で真性半導体状態になるにつれて，p型半導体のホール係数の符号の変化を観察することはまったく通常である。より高い磁場では，量子化しない磁場中でさえ，ほかの効果が現れ始めるが，やはり最も一般的なものは磁場による量子化に関するものであり，ここでの条件は $\omega_c \tau_m > 1$ および $\hbar\omega_c > k_B T$ である。しかし，これらの条件が両方とも磁気軌道の量子化を観測するために必要とされていることは，通常認識されていない。前者（$\omega_c \tau_m > 1$）は完全な軌道が形成されるために必要とされ，そして後者（$\hbar\omega_c > k_B T$）は熱的なぼやけよりも離れている量子化準位を持つために必要となる。

5.1.5 高磁場での輸送現象

上記の説明においては，通常 $\omega_c \tau < 1$ とみなされていた。その結果，磁場の周りの閉じた軌道について心配する必要はなかった。しかしながら，磁場が大きいとき，電子は磁気力線の周りに完全な軌道をつくることができる。この場合，軌道は調和振動子として振る舞い，軌道のエネルギーは量子化される[10]。磁場が大きい（例えば，$\omega_c \tau \gg 1$）と仮定すると，その結果，式 (5.43) の緩和効果を無視することができる。そして，磁場に対して垂直な平面において

$$\frac{dv_x}{dt} = -\frac{eF_x}{m^*} - \omega_c v_y$$
$$\frac{dv_y}{dt} = -\frac{eF_x}{m^*} + \omega_c v_x$$
(5.51)

を得る。これらの方程式で第一項の時間に関する微分をとって，そして最後の

項はこれらの方程式の第二項と置き換えられるとすれば

$$\frac{d^2 v_x}{dt^2} = \frac{\omega_c e}{m^*} F_y - \omega_c^2 v_x \tag{5.52}$$

に至る。ここでの目的のため，電場はいかなる一般性も喪失しない $F=0$ とすることが可能である。そして二つの速度要素が

$$\begin{aligned} v_x &= v_0 \cos(\omega_c t + \phi) \\ v_y &= v_0 \sin(\omega_c t + \phi) \end{aligned} \tag{5.53}$$

と与えられる。ここで ϕ は，$t=0$ で電子の方向を与える初期角度である。ここでの興味は定常状態の場合であるため，この量は重要ではなく，そして，一般性の喪失なしにゼロとすることができる。v_0 は，エネルギーと同等視される項であるが，それが磁力線の周りのその軌道を記述するとき，粒子の速さを示す。

粒子の位置は，式 (5.53) を積分することによって見積もられる。これは，単純な形の結果を与え

$$x = \frac{v_0}{\omega_c} \sin \omega_c t, \qquad y = -\frac{v_0}{\omega_c} \cos \omega_c t \tag{5.54}$$

となる。これらの方程式は，半径

$$r^2 = x^2 + y^2 = \frac{v_0^2}{\omega_c^2} \tag{5.55}$$

を有する周回軌道を説明する。これは，磁場の周りを回転するときの，電子のサイクロトロン軌道の半径である。原則として，この運動は，二次元の調和振動子のそれである。そして，この運動は，$\hbar \omega_c > k_B T$ および $\omega_c \tau > 1$ となる高磁場において量子化される。調和振動子のエネルギー準位に関するエネルギーを記述することで

$$E = \frac{1}{2} m^* v_0^2 = \left(n + \frac{1}{2} \right) \hbar \omega_c \tag{5.56}$$

のように量子化を導入する。このように，軌道のサイズも量子化される。最低準位において，式 (5.56) は半径方向の速度を与え，これを式 (5.55) に代入すると**ラーモア半径**が得られ，またはこれをより一般に**磁気長** l_B と呼ぶこと

ができる式 (5.57)。

$$l_B = \sqrt{\frac{\hbar}{eB}} \tag{5.57}$$

これは，調和振動子で最も低いエネルギー準位の量子化された半径であって，最小の半径である。また，より高いエネルギー状態がより大きいエネルギーを持つにつれて，より大きい動径方向速度になり，より大きい半径に変わる。磁場が増加するにつれて，調和振動子軌道の半径は減少し，そして動径方向速度は増加する。事実，フェルミ面でのサイクロトロン半径を定めることができ

$$r_c = k_F r_L^2 = \frac{\hbar k_F}{eB} = \sqrt{2n_{max}+1}\, l_B \tag{5.58}$$

となる。ここで n_{max} は最高被占有ランダウ準位（フェルミ準位が占めている）である。

式 (5.56) によって記述されている量子化されたエネルギー準位は，**ランダウ準位**と称され，ランダウによって初めて行われた量子化である[11]。磁場を横切る運動（例えば，軌道運動の平面において）は，この量子化のため興味深い振動を示す。磁場が垂直に印加された二次元の平面に対するこの運動を考えよう。式 (5.55) に注目すると，電子がフェルミエネルギー準位までのエネルギー準位を満たすという事実を考慮しなければならない。このように，実際に占められるいくつかのランダウ準位があるので，電子は軌道速度 v_0 のいくつか異なった値をとる。有効半径を計算するうえで，これらの準位までの和をとることが必要となる。n_s が cm² 当りの電子数であるとき，この和は

$$n_s \langle r^2 \rangle = \sum_{i=0}^{i_{max}} r_i^2 = \sum_{i=0}^{i_{max}} \frac{(2i+1)\hbar}{eB} = 2\sum_{i=0}^{i_{max}} \frac{(i+1/2)\hbar\omega_c}{m^*\omega_c^2} \tag{5.59}$$

または

$$\langle r^2 \rangle = \sum_{i=0}^{i_{max}} (2i+1)\frac{\hbar}{eBn_s} \tag{5.60}$$

のように表すことができる。満たされた準位の数は，各ランダウ準位において，形成される縮重度に依存する。これは磁場 B に依存し，それゆえ半径 r に直接つながる。しかし，このすべては同様に面密度 n_s にも依存する。

磁場が増加するにつれて，それぞれのランダウ準位は，より高いエネルギーに上昇する．しかしながら，フェルミエネルギーは固定されたままであるので，臨界磁場において，最高被占有ランダウ準位はフェルミエネルギーと交差する．このため，この準位の電子は下の準位に落ちなければならなず，それによって式（5.60）の和における項の数は減少する．これはそれぞれのランダウ準位の状態密度の増加が生じることになり，そのため磁場が増加するにつれて，ランダウ準位はより多くの電子を保持できるようになる．結果として，平均半径（半径の2乗平均から得られる）は磁場により変調される．そして，ランダウ準位がフェルミ準位と交差して空にされるたびに，平均半径は増大する．式（5.60）から，半径が磁場の逆数に対して周期的に変化することが現れる．二次元では，少なくとも，この周期性は，自由キャリヤの面密度に比例しており，この密度を測定するために用いることができる．シュブニコフード・ハース効果[12]と呼ばれているその効果は，通常，磁場に垂直な平面の伝導度を測定することにより適用される．上述のように，ランダウ準位はフェルミ準位と交差し，磁場がランダウ準位をフェルミ準位よりもずっと上に動かさなければならない．このように，磁場の逆数が動かさなければならない量は

$$\Delta\left(\frac{1}{B}\right) = \frac{1}{B}\frac{\hbar\omega_\mathrm{c}}{E_\mathrm{F}} = \frac{e\hbar}{m^*E_\mathrm{F}} \tag{5.61}$$

で与えられる．このとき，フェルミエネルギーはキャリヤ密度に関連していなければならない．二次元の状態密度の値が必要であり，そのため，面密度は低温で

$$n_\mathrm{s} = \int \frac{d^2\mathbf{k}}{(2\pi)^2} = \int_0^{k_\mathrm{F}} k\frac{dk}{2\pi} = \frac{k_\mathrm{F}^2}{4\pi} = \frac{m^*E_\mathrm{F}}{2\pi\hbar^2} \tag{5.62}$$

上式のように与えられる（ゼーマン効果は各ランダウ準位を二つのスピン分裂した準位に分裂するのに十分大きいと仮定する）．フェルミエネルギーは式（5.62）に従い，そして（スピン縮退した）シュブニコフード・ハース効果に関する周期性を見出だすために，式（5.61）においてこれを使うことができる．

$$\Delta\left(\frac{1}{B}\right) = \frac{e}{2\pi\hbar n_\mathrm{s}} \tag{5.63}$$

スピン縮退または縮退している一組みの複数のバレーがある場合，式 (5.63) はこれらの縮退を考慮するために変更を必要とする．

　伝導度の振動を理解するために，散乱過程を再導入することが必要である．この過程なしでは，電子は閉じたランダウ軌道のままである．しかしながら，散乱過程は，電子の運動量をランダム化することによって，一本の軌道から実空間のつぎの軌道までゆっくり「ホップ」させることになる．これは，使用された電場の方向へのキャリヤの遅いドリフト伝導を導く（エッジ状態がおもにこの原因となるということをあとで知ることになる）．キャリヤはその軌道を維持しようとする傾向があるので，そのドリフトは磁場がない場合よりも遅い．ここで，散乱は，電場が掛かっていない場合のように運動を遅延させる代わりに，運動を誘導する．このように，伝導度は，磁場がある場合には少なくなると予想される．

　フェルミ準位が遷移領域から離れて，ランダウ準位の中に存在するとき，電子が利用できる多くの状態が印加された電場から少量のエネルギーを得て，それによって伝導過程に寄与するようになる．一方，フェルミ準位が移行の状態にあるとき，フェルミ準位より上のランダウ準位は空であり，下のランダウ準位は完全に満たされることになる．このように，電子が加速されることができる状態でないことから，二次元の伝導度はゼロに落ちる．三次元では，それは磁場（z方向）に平行な方向に散乱されることになり，この伝導度は振動が乗った正のバックグラウンドを与える．

　前述の説明に関する問題は，ランダウ準位間の遷移領域が磁場の極微の領域にわたって発生するということである．伝導度がこの小さな領域だけにわたってゼロである場合，それはほぼ検出不可能であって，その振動は感知できないであろう．実際，低い伝導度の領域をつくることは，結晶の不完全性によるものである．半導体の輸送現象のほとんどすべての状況において，不純物および欠陥の役割はかなり小さく，散乱と同様に摂動法によって扱われる．しかしながら，輸送現象がさまざまな欠陥準位の位置に影響される状況では，これは，そのような状況でない．ここでの状況は後者である．

結晶（例えば不純物，原子空孔，間隙原子，その他）の欠陥は，局在準位の存在を導入する。これらの準位は，電子のエネルギー範囲の全体にわたって間断なく存在する。しかしながら，一般にそれらがエネルギーギャップ（いわゆる伝導帯と価電子帯の間）にある場合にだけ，これらの準位は注意されるべきである。なぜなら，通常の遍歴電子の存在は，これらの局所準位を覆い隠すからである。状態の通常の連続状態が磁場により分裂されるとき，局在状態は覆いを取られて，重要な効果に寄与することができるようになる。シュブニコフ－ド・ハース効果において，フェルミエネルギーがこれらの状態を通過して動くとき，局在化された電子は，ランダウ準位間の遷移をブロード化する。以上の議論において，フェルミエネルギーを一つのランダウ準位からつぎに低い準位に移動するために，ごくわずかな電子だけが必要であった。しかしながら，いま，二つのランダウ準位の間に存在しているすべての満たされた局在化した準位を空にするのには，十分に大きな磁場の増加が必要とされる。

最終結果としては，ランダウ準位間のフェルミエネルギーの移動が，局在化された状態の存在のため，著しくブロード化されることになる。このように，フェルミ準位が局在準位を通過する間に，伝導度はゼロに落ちることになる。なぜなら，局在準位は感知されるほどのいかなる伝導度にも関与しないからである。これらの準位は，伝導度の振動にとって重要であるが，周期性または伝導度自体に関与しない。これは，興味深いが，半導体物理学において本当に謎である。

フェルミエネルギーが，あるランダウ準位からつぎに低い準位に移るときに生じる伝導度がゼロとなる現象は，まったく謎である。それらは，いくつかの興味深い副産物をもたらす。例えば，伝導度テンソルを考えると，式 (5.43) に類似して

$$\overleftrightarrow{\sigma} = \begin{bmatrix} \sigma_{xx} & \sigma_{xy} & 0 \\ -\sigma_{xy} & \sigma_{xx} & 0 \\ 0 & 0 & \sigma_{zz} \end{bmatrix} \tag{5.64}$$

と書くことができる。ここでは z 方向に沿った運動の可能性を含んでいるが，

式 (5.43) において省略したときのように，この項は二次元系に関する説明のために省略する．抵抗率マトリックスを見出すために，このマトリックスを逆にすることで，縦の抵抗率は

$$\rho_{xx} = \frac{\sigma_{xx}}{\sigma_{xx}^2 + \sigma_{xy}^2} \tag{5.65}$$

と与えられる．縦方向伝導度 σ_{xx} がゼロとなる状況において，縦方向抵抗率 ρ_{xx} もゼロとなる点に注意するべきである．このように，縦方向には抵抗がなくなる．これは超伝導状態かと思うかもしれないがそうではない．なぜなら，伝導度もゼロであることを思い出さなければならないからだ．その結果，その方向に沿った許された運動がないことになる．すべての電場は電流に対して垂直でなければならず，そして，$\mathbf{E}\cdot\mathbf{J}=0$ から散逸が生じない．しかし，その物質は超伝導体でない．

局在状態の存在，そして一つのランダウ準位とつぎに低い準位との間にフェルミエネルギーが位置する遷移領域では，もう一つの著しい効果が導かれる．これが量子ホール効果であり，反転層の電子の輸送特性が研究できるように特別な方法で準備された，Si の金属-酸化物-半導体（MOS）トランジスタにおいて発見された[13]．Klaus von Klitzing は，この発見のためノーベル賞が与えられた．その効果は，量子化された抵抗値を与え，場の量子論（量子相対論において使用される）において使用される微細構造定数のとても良い測定値を提供するのに用いられることにつながる．そして，多くの他国においても同様に，今日の米国の抵抗標準を提供している．

量子ホール効果の完全な導出は，ここで議論している主題のレベルを越えている．しかしながら，観測したい効果を記述するのと同時に，量子化を正確に記述するために，整合性のとれた議論を行うことができる．フェルミ準位が局在状態領域にあるとき，つまりランダウ準位の間にあるとき，下側のランダウ準位は完全に満たされている．そのとき

$$E_F \approx N\hbar\omega_c \tag{5.66}$$

と表すことができ，ここで N は満たされた（スピン分裂した）ランダウ準位

の数を与える整数である（最初は，式（5.66）がフェルミエネルギーをランダウ準位の中央に配置すると考えるかもしれないが，同等の意味ではない点に注意せねばならない）。議論すべきは，フェルミ準位と満たされたランダウ準位に含まれるべきキャリヤ数と関連付けることである。事実，磁場は通常，スピン縮退が解けるほど高く，そして，N はすべての準位というよりもむしろ半分の準位を数える。すなわち，それは，スピン分裂された準位の数を数えることになる。式（5.62）中のフェルミエネルギーのために式（5.66）を使用することで

$$n_\mathrm{s} = N\frac{eB}{h} \tag{5.67}$$

が得られる。その密度は試料において一定であるとみなされ，その結果，ホール抵抗率は

$$\rho_\mathrm{Hall} = \frac{E_y}{J_x} = -BR_\mathrm{H} = \frac{B}{n_s e} = \frac{h}{Ne^2} \tag{5.68}$$

で与えられる。$h/e^2 = 25.81\,\mathrm{k\Omega}$ は，基本定数の比である。このように，フェルミ準位が一つのランダウ準位からつぎに下側の準位に移るとき，コンダクタンス（抵抗の逆数）は段階状に増加する。ランダウ準位との間，つまりフェルミエネルギーが局在状態領域にあるとき，下側のランダウ準位が完全に満たされているので，ホール抵抗率は式（5.68）によって与えられる量子化された値で一定となる（10^7 の精度を有する）。ホール抵抗が量子ホール効果に現れる精度には目を見張るものがある。実際，それが上で議論していたような試料の中の数個のランダムな不純物の結果とは思えないほど，非常に正確である。その精度は量子ホール効果がトポロジカルな安定性の結果であるという事実から生じる。そして，結果はチャーン（Chern）数に関連している[14]。トポロジカルな性質は，Laughlin によって，最初に検討された[15]。二次元の周期的な格子はトーラスの表面上へ折り畳まれることができ，合理的に関連がある二次元の周りで閉軌道がループを作らなければならないことはよく知られている。これは，磁場の特定の離散的なセットだけを許すことに至る[16],[17]。トーラスの二

つの角度が有する波動関数の変化は，断熱的な曲率であることはよく知られており，そしてそのときその表面にわたったこの積分は整数であり，これがチャーン数を与える。この後者の事実は，その構造と輸送を安定化させ，量子ホール効果の安定性につながっている。

図5.2では，低温でのAlGaAs-GaAsヘテロ接合の二次元電子ガスにおける量子ホール効果について示されている。縦方向R_{xx}およびホール抵抗率ρ_{Hall}式（5.68）がプロットされており，平坦部（プラトー）が明確に確認される。スピン分裂は，このプロット線よりもさらに高い磁場でだけ観測可能である。R_{xx}におけるゼロは，フェルミエネルギーがバルクのランダウ準位の間に存在していることに対応している。そして，それはまた，ρ_{Hall}のプラトーを与える。

もちろん，磁場はより高い値まで掃引されることができ，高品質な試料であれば，新しい現象が現れる。これらは，上述の議論では説明されない。実際のところ，高品質な試料で，一旦フェルミエネルギーが最も低いランダウ準位にあるならば，分数的な充填率およびプラトーが現れ始める。そこでは，抵抗はh/e^2とは異なる値となる（すなわち，Nは，整数の比である分数値をと

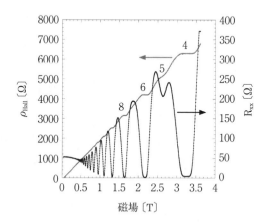

図5.2 1.5Kで磁場掃引によって得られた縦抵抗R_{xx}およびホール抵抗率ρ_{Hall}。いくつかの平坦部が見られ，Nの値と共に示されている。試料は，0.6×10^6 (cm²/Vs) の電子移動度および1.2×10^{11}/cm²の密度を有するAlGaAs-GaAsヘテロ接合である。（データは，D.P. Pivin, Jr. によってアリゾナ州立大学で観測されたもので，彼の許可を得て使われた。）

る)[18]。この**分数量子ホール効果**が，相互作用のある電子系の凝縮状態から非圧縮性流体の新しい多体状態特性になることが理論づけられている[19]。Tsui, Störmer および Laughlin は，この発見のため，ノーベル賞を共に受賞した。しかしながら，この多体基底状態の特性は明らかに現在のレベルを越えており，量子ホール効果それ自体より多くの特性について議論することが必要なため，この主題をそのまま残す。興味のある読者は，引用・参考文献20)を参考にしていただきたい。

5.1.6 緩和時間のエネルギー依存性

これまでの節では，緩和時間 τ_m のさまざまな平均は，分布関数にわたって平均化することが必要な状況おいて現れていた。これらの平均化は，さまざまな輸送係数を計算するために必要な単純な関係を与える。散乱確率のエネルギー依存性は，大部分の過程において，とても複雑になる。この節では，エネルギーに対する運動量緩和時間の依存性の一般式について調べることが望まれている。そして，それは $\tau_m = AE^{-s}$ で与えられ，ここで A および s は異なる散乱機構に対して，異なる係数となる。平均緩和時間は，特定の分布関数に関する式（5.23）および式（5.33）に固有の積分を行うことにより決定される。後者に関して，マクスウェル方程式を用いると，その結果

$$\frac{\partial f_0}{\partial E} \sim -\frac{1}{k_B T} \exp\left(-\frac{E}{k_B T}\right) \tag{5.69}$$

となる。加えて，$x = E/k_B T$ として省略する。そのとき，式（5.23）は

$$\langle \tau_m \rangle = \frac{A}{(k_B T)^s} \frac{\int_0^\infty x^{d/2-s} e^{-x} dx}{\int_0^\infty x^{d/2} e^{-x} dx} = \frac{A}{(k_B T)^s} \frac{\Gamma(1-s+d/2)}{\Gamma(1+d/2)} \tag{5.70}$$

となり，最終形ではガンマ関数を導入した。通常，関心のある半導体はバルク試料であり，したがって三次元固体である。結果として，この節では値 $d=3$ が使われている。

緩和時間について 2 番目に重要な平均は，ホール散乱因子の中で生じてお

り，そしてここでは緩和時間の2乗平均として得られる。これは，単に式（5.70）を拡張することによって

$$\langle \tau_m^2 \rangle = \frac{A^2}{(k_B T)^{2s}} \frac{\Gamma(5/2+2s)}{\Gamma(5/2)} \tag{5.71}$$

と得ることができ，ホール散乱因子はただちに

$$r_H = \frac{\langle \tau_m^2 \rangle}{\langle \tau_m \rangle^2} = \frac{\Gamma(5/2-2s)\Gamma(5/2)}{\Gamma^2(5/2-s)} \tag{5.72}$$

と決定される。一例として，$s=1/2$ となる音響フォノン散乱の場合を考える。そのとき，散乱因子は $r_H=3\pi/8=1.18$ と容易に示される。この値がしばしば使われるにもかかわらず，それは $s=1/2$ の特定の場合の用途にだけ生じる。そして，それはおもに音響フォノン散乱に限られている。式（5.33）の拡散係数の平均は，もう一つの重要な平均である。式（5.33）に上記のパラメータ表示を使用することで

$$D = \left\langle \frac{v^2 \tau_m}{3} \right\rangle = \frac{2A}{3m^*(k_B T)^{s-1}} \frac{\int_0^\infty x^{d/2-s} e^{-x} dx}{\int_0^\infty x^{d/2-1} e^{-x} dx}$$

$$= \frac{2A}{3m^*(k_B T)^{s-1}} \frac{\Gamma(d/2+1-s)}{\Gamma(d/2)}$$

$$= \frac{2\langle \tau_m \rangle}{3m^*} k_B T \frac{\Gamma(5/2)}{\Gamma(3/2)} = \frac{e\langle \tau_m \rangle}{m^*} \frac{k_B T}{e} \tag{5.73}$$

が導かれる。最後の行において，式（5.71）の結果および $\Gamma(n+1)=n\Gamma(n)$ の特性を使用した。それゆえ，その平均は運動量緩和時間に関して使われる平均とは異なるが，結果は拡散係数と移動度のアインシュタインの関係式の一般形を得る。

　複数の散乱機構が存在する場合，それらの効果は平均を計算する前に結合されなければならず，それは非常に複雑なものとなる。さまざまな散乱機構の効果を加味する最も一般的な方法は，それぞれの有効な抵抗値を加えることによって，その和が異なる散乱機構にわたって行われることで

$$\frac{1}{\tau_{mT}} = \sum_i \frac{1}{\tau_{mi}} \tag{5.74}$$

が導かれる．典型的な半導体では，不純物散乱，音響フォノン散乱およびさまざまな光学フォノン散乱といった過程がすべて含まれる．しかしながら，式(5.74)にある温度の項，そして係数 A で与えられるいかなる温度変化からも，平均緩和時間は移動度に対する温度依存性をもたらす．事実，式(5.74)はマチーセン則の表式であり，そこでは，それぞれの散乱過程はほかのすべての過程から独立していると考えられる．それらの散乱イベントの間に相関がない場合にだけこれは有効であり，例えばキャリヤ-キャリヤ散乱（遮蔽）と不純物散乱が挙げられる．いずれの場合においても，それぞれの場合においてこれを調べなければならないとともに，非常に高いキャリヤ密度の状況を除いてそれぞれの散乱過程が独立しているという考えは通常正しい．5.2節では，さまざまな弾性散乱過程に関する散乱確率を算出し始める．そこでは，エネルギーは散乱イベントの間で保存される（またはほぼ保存される）．

5.2　輸送現象におけるスピンの効果

5.1.5項において，高磁場での輸送測定におけるスピン分裂の出現について紹介した．そのようなスピン分裂は，ゼーマン効果の結果である[21]．そこでは，自由キャリヤのエネルギーはスピンと相互作用する磁場により変調される．通常，その効果は固体の不純物準位の光学分光（スペクトロスコピー）で最もなじみのある効果である．ここで複雑なスピン構造は，曲線の分裂につながる．しかし，半導体における自由キャリヤに関しては，ゼーマン効果は二つの準位だけを導く．そして，付加的なエネルギーとして

$$E_Z = g\mu_B \mathbf{S} \cdot \mathbf{B} = \pm \frac{1}{2} g \mu_B B_z \tag{5.75}$$

のように与えられ，最後の項において磁場は z 方向に印加されている．ここで，$\mu_B (= e\hbar/2m_0)$ は，ボーア磁子，$57.94\,\mu\text{V/T}$ である．g の因子はランデ

(Landé) の g-因子と呼ばれ，真に自由な電子に関して 2 の値を有する「あいまい」な因子である．半導体における値はこの値と非常に異なっており，負でさえありえる（低温の GaAs では〜$-0.43^{22)}$）．そのため，二つのスピン分裂したエネルギー準位の順序を逆転させる効果をもたらすこともある．図 5.2 に見られるように，ゼーマン効果は高い磁場でシュブニコフード・ハース振動を分裂することにつながる．それはランダウ準位のスピン縮退を分裂することになる．興味深いことに，非常に高い磁場では，g-因子は変化し，スピン分裂がサイクロトロンエネルギーと同等になる．そして，これは均一にスピン分裂したランダウ準位間隔をもたらし，式 (5.68) がきわめて高い精度で純粋な整数で満たされるようになる．

ゼーマン効果は輸送現象におけるスピン効果で最も周知なことではあるが，スピン-ベースの半導体デバイスに対する強い関心が 20 〜 30 年前に始まったころから，さらによく知られるようになったほかの効果がある．スピン-ベース-トランジスタ[23)] というアイディアによって生まれたが，電荷-ベース-スイッチング回路の静電容量の限界に対する目的としてではなく，それに対してあり余るほどのスピン-ベース-論理ゲートの可能性を通じて，この興味は増大した．これらの新しい概念の多くは，スピン-チャネルの伝播に対応し，論理変数としてスピンの方向を使用する．そして，これは**スピントロニクス**という用語を生み出した[24)]．この領域のカバーする範囲は，もちろん，この本における範囲を超えているが，基本的概念をここではいくつかの小項目に記載する．

電子のスピンは多くの方法で操作できるが，現在の半導体プロセス技術を有効に使うため，すべて電気的な手段によってこれを達成するのが好まれている．このために，半導体のスピン-ホール効果に多くの関心が集まった．ここでは，スピン-軌道結合がある場合には，磁性材料または外部から印加された磁場を必要とすることなく，横スピン流は縦電荷流に応答して生じる[25)]．2.5 節においてスピン-軌道相互作用がでてきたが，そこでは $\mathbf{k} \cdot \mathbf{p}$ 相互作用を取り扱った．しかし，半導体デバイスにおいて対称性が破れた状況に対応するスピン-軌道相互作用にはほかの式がある．

スピン-ホール効果では，エッジ状態を生じ，それは量子ホール効果のようではあるが，ここではスピンが分極する．スピン-ホール効果は最も一般的にはスピン-軌道結合のRashbaの式から生じていて[26]，それは非対称の半導体量子井戸に形成される二次元電子ガス（2DEG）において現れる．これは，**構造反転非対称性**として公知である．初期の研究では，無限の二次元試料の極限で，任意に小さい不規則性が横スピン流を正確に相殺するバーテックス（vertex）補正を導くことを示した[27]．しかしながら，量子細線のような有限系では，スピン-ホール効果は不規則性がある場合であっても存在し，細線の反対側における逆に分極したスピンの蓄積として現れる[28]．これは純粋に電気的な測定を通してスピン分極した電流を発生させて検出するために分岐された，擬一次元構造を利用するさまざまなデバイスの提案に至った[29]．そして，これらの効果の測定に向けた実験が行われてきた[30]．Rashbaスピン-軌道結合に加えて，ホスト半導体結晶の**バルク反転非対称性**による項は，Dresselhausスピン-軌道結合として知られており[31]，スピン-ホール流を得ることもできる．これらの二つの非対称性について，逆順に，つまりあとのものを先に取り扱う．

5.2.1 バルク反転非対称性

バルク反転非対称性は，反転対称性を欠いている（例えば閃亜鉛鉱型構造材料のような）結晶において生じる．これらの結晶において，各格子のサイトの基本格子は，（例えばGaとAsのように）二つの異なる原子から構成されている．この反転対称性の欠如のため，例えばダイヤモンド格子よりも低い対称性を有する．この反転対称性なしでも，エネルギー帯$E(\mathbf{k})=E(-\mathbf{k})$の反転対称性を有することができ，ブロッホ関数の周期的部分はもはや$u_k(\mathbf{r})=u_k(-\mathbf{r})$を満たさない．このように，通常の二重のスピン縮退は，ブリユアンゾーン全体にわたってもはや必要とされない[31]．事実，摂動理論で扱われているとき，この相互作用は，式(2.108)に与えられているように，価電子帯の歪んだ曲面の原因となる．伝導帯に関しては，摂動ハミルトニアンは

$$H^{\text{BIA}} = \eta(\{k_x, k_y^2 - k_z^2\}\sigma_x + \{k_y, k_z^2 - k_x^2\}\sigma_y + \{k_z, k_x^2 - k_y^2\}\sigma_z) \tag{5.76}$$

と書くことができ，k_x, k_y および k_z は，それぞれ [100] [010] および [001] 軸に沿って整列されており，σ_i はパウリのスピン行列である[10]。波かっこの項は

$$\{A, B\} = \frac{1}{2}(AB + BA) \tag{5.77}$$

で与えられる変形された反交換関係であり，パラメータ η は引用・参考文献 32) によって

$$\eta = -\frac{4i}{3} PP'Q \left[\frac{1}{(E_G + \Delta)(\Gamma_0 - \Delta_c)} - \frac{1}{E_G \Gamma_0} \right] \tag{5.78}$$

と与えられるとともに，E_G および Δ は 2.5 節からそれらの意味を有し，P, P', Q は式 (2.100) に付随したものである．すなわち，E_G および Δ は，ゾーン中心の主要なバンドギャップおよび価電子帯におけるスピン-軌道分裂のエネルギーである．そして，ほかはさまざまな運動量マトリックス要素である．ここで，Γ_0 はゾーン中心における二つの最も低い伝導帯の分裂であり，Δ_c はゾーン中心における伝導帯のスピン-軌道分裂である．最後の項から推定されるように，この相互作用は小さいバンドギャップを有する材料において，より強くなる．式 (5.76) は波数ベクトルの大きさの 3 乗であり，しばしば k^3 項として参照されることに注意されたい．

上記の表式はバルク半導体に適用するが，過去 10 年の研究の多くは，例えば AlGaAs と GaAs との界面に存在する量子井戸にキャリヤが閉じこめられた擬二次元系が使用されてきた．この構造は，しばしば量子細線を形成するためにパターニングされることがある．例えば，一般の構成としては [001] 軸に沿って成長されており，その結果，z 方向の実質的な運動量は存在せず，$\langle k_z^2 \rangle \neq 0$ ではあるが，$\langle k_z \rangle = 0$ となる．それから，式 (5.76) は

$$H^{\text{BIA}} \to \eta[\langle k_z^2 \rangle (k_y\sigma_y - k_x\sigma_x) + k_x k_y(\sigma_y\sigma_x - k_x\sigma_y)] \tag{5.79}$$

と書ける．角かっこの第一項の前の因子は一定で，材料および量子井戸の詳細に依存する．z 軸方向の運動量全体にわたる平均は，量子井戸の中のサブバン

ドの様子に対応する.しかし,いまこの構造は式(5.76)をk線形項とk^3項に分割した.

より詳細に式(5.79)を調べるため,スピンアップおよびダウンの状態を表す一組みのスピノールをつぎのように選んだ.

$$|+\rangle=|\uparrow\rangle=\begin{bmatrix}1\\0\end{bmatrix},\quad |-\rangle=|\downarrow\rangle=\begin{bmatrix}0\\1\end{bmatrix} \tag{5.80}$$

このとき,式(5.79)の線形第一項は

$$\Delta E_1 \sim -\eta\langle k_z^2\rangle(k_x \pm ik_y) \tag{5.81}$$

のようにエネルギー分裂を引き起こす.$k_\pm = k_x \pm ik_y$で与えられる回転座標系では,スピンアップ状態は右ねじ系でz軸の周りを回転し,そのスピンは定エネルギー円に接しているということがわかる.一方では,スピンダウン状態は反対方向に回転しているが,そのスピンはやはりエネルギー円に接している(二次元系の場合).

当面は3乗の項を無視し,二つのスピン状態に関するエネルギー固有値について解析しよう.通常のエネルギーバンドが便宜的に放物線状であると仮定すると,その結果,ハミルトニアンは

$$H=\begin{bmatrix}\dfrac{\hbar^2 k^2}{2m^*} & -\eta\langle k_z^2\rangle(k_x+ik_y)\\ -\eta\langle k_z^2\rangle(k_x-ik_y) & \dfrac{\hbar^2 k^2}{2m^*}\end{bmatrix} \tag{5.82}$$

と書くことができる.このときエネルギーは

$$E=\frac{\hbar^2 k^2}{2m^*}\pm \eta\langle k_z^2\rangle k \tag{5.83}$$

ということがわかる.分裂しているエネルギーはkに対して線形であるだけでなく,$\mathbf{k}$の方向に関しても等方的であるといえる.このように,エネルギーバンドは二つのたがいに侵入した放物面から成り,等エネルギー面は二つの同心円から成る.内側の円は式(5.83)において正の符号を表し,その一方で外側の円は負の符号に対応する.それら二つの固有関数は

$$\varphi_z = \frac{1}{\sqrt{2}} \begin{bmatrix} 1 \\ e^{\pm i\vartheta} \end{bmatrix} \tag{5.84}$$

のように与えられ，ここで ϑ はヘテロ構造の量子井戸の内部において，下にある結晶の [100] 方向軸と **k** とが成す角度である．この角度は，二つの座標軸における天頂角度である．それゆえ，上向きの符号を有する根は，正味の上向きスピンとなり，内側の円に接するスピンを有し，下向きの記号は外側の円に接する．ここで，3乗の条件を加えると，エネルギー準位は

$$E = \frac{\hbar^2 k^2}{2m^*} \pm \eta \langle k_z^2 \rangle k \left[1 + \left(\frac{k^4}{\langle k_z^2 \rangle^2} - 4 \frac{k^2}{\langle k_z^2 \rangle} \right) \sin^2 \vartheta \cos^2 \vartheta \right]^{\frac{1}{2}} \tag{5.85}$$

で与えられる．これはより複雑な運動量および角度依存であり，それはもはや輸送平面において等方的ではない．同様に，固有関数に寄与する下向きスピンの位相は，もはや単純な位相因子として定義できない．

5.2.2 構造反転非対称性

前述の量子井戸では，その構造はヘテロ接合界面周辺で非対称となっている．加えて，比較的強い電場が量子井戸に掛かっており，これに垂直な運動は有効な磁場を誘導することになる．これが，構造反転非対称性である．そのため以前の場合は，この場合と同様に，いかなる外部磁場も印加することなしに，スピン分裂に至ることができる．スピン-軌道相互作用は，2.5節で議論されているが，この状況ではつぎのように書き直すことができ

$$H_{SO} = r\sigma \cdot (\mathbf{k} \times \nabla V) \to H_R = \alpha \cdot (\sigma \times \mathbf{k})_z \tag{5.86}$$

ここでは

$$r = \frac{P^2}{3} \left[\frac{1}{E_G^2} - \frac{1}{(E_G + \Delta)^2} \right] + \frac{P'^2}{3} \left[\frac{1}{\Gamma_0^2} - \frac{1}{(\Gamma_0 + \Delta_c)^2} \right] \tag{5.87}$$

であり，$\alpha_z = r \langle E_z \rangle$ である．式 (5.86) の z 成分のみをとると，Rashba ハミルトニアンは

$$H_R = \alpha_z (k_y \sigma_x - k_x \sigma_y) \tag{5.88}$$

のように書き表すことができる[26]．かっこの中の因子が上記の3乗項の中で

5.2 輸送現象におけるスピンの効果

使われているのと同じ因子である点に注意する。もし式 (5.80) で表されるのと同じ基底を使用する場合，Rashba エネルギーは

$$E_R = \mp i(k_x \pm ik_y) \tag{5.89}$$

と与えられる。ここで，スピン状態はエネルギーに対して分裂し，これは単にバルク反転非対称性に加わるだけではない。まず，二つのスピン状態はそれぞれに対して直交しており，そのときそれらは以前の結果と関連して（逆位相に）位相シフトされる。二つのスピン状態に関するハミルトニアンが直交する場合，この Rashba 項のここでの効果を理解することはより容易となる。この効果が存在しない場合において，放物線状のバンドのためにハミルトニアンを

$$H = \begin{bmatrix} \dfrac{\hbar^2 k^2}{2m^*} & \alpha_z(k_y+ik_x) \\ \alpha_z(k_y-ik_x) & \dfrac{\hbar^2 k^2}{2m^*} \end{bmatrix} \tag{5.90}$$

と書くことができる。その新しい固有状態の固有値は

$$E = \frac{\hbar^2 k^2}{2m^*} \pm \alpha_z k \tag{5.91}$$

と与えられる。エネルギーは k において線形に分裂しているだけでなく，$\mathbf{k}$ の方向に対して等方的でもある。このように，エネルギー帯は二つの内部に侵入している放物線で成り立っており，そして定エネルギー面は二つの同心円から成る。内側の円は式 (5.91) において正の符号を表し，その一方で，外側の円は負の符号に対応する。二つの固有関数は

$$\varphi_\pm = \frac{1}{\sqrt{2}} \begin{bmatrix} 1 \\ \mp i e^{i\vartheta} \end{bmatrix} = \frac{1}{\sqrt{2}} \begin{bmatrix} 1 \\ \mp e^{i(\vartheta+\pi/2)} \end{bmatrix} \tag{5.92}$$

で与えられ，ここで ϑ は，背後にある結晶（前節に記述されたヘテロ構造量子井戸）の [100] 軸となす角度である。式 (5.89) の第二項は，バルク反転非対称波動関数と関連して，明らかに位相シフトを表している。スピンの方向は二つの円に接するが，内側の円に関しては負の角度方向を，そして外側の円に関しては正の角度方向を指し示している。両方のスピン過程が存在するとき，スピン挙動は輸送平面において完全に異方的になる[33]。しかしながら，

一般的にDresselhausバルク反転非対称性は，ここで議論したRashba項よりも大変弱いと信じられており，とくにこの後者の効果の強度はヘテロ構造に対して印加される静電的なゲートによって変調され得る。

5.2.3 スピンホール効果

Rashbaスピン–軌道項（構造反転非対称項）のより顕著な特徴の一つは，この効果がナノワイヤにおいて本質的なスピンホール効果を引き起こすことである。そこでは，ナノワイヤに沿った縦（電荷）電流は横方向のスピン流を引き起こす。この状態において，一つのスピン状態はナノワイヤの一方へ移動し，もう一つのスピンは反対側へ移動する。スピン散乱を伴ういかなる不純物の存在に対しても依存しないとき，このスピンホール効果は本質的となると考えられる。このスピン効果は単純な方法で例示できる。そこでは，z方向にスピンの向きを取り，スピン流を

$$\mathbf{j}_s = \frac{\hbar}{2}\sigma_z \mathbf{v} \tag{5.93}$$

と定める。ここで，$\mathbf{v}$はx-y平面の速度演算子である。もし前節のハミルトニアンおよび波動関数にこれを使用するならば，スピン流は

$$\langle \mathbf{j}_s \rangle_\pm = \pm \frac{\alpha_z}{2}(\sin\vartheta \mathbf{a}_x - \cos\vartheta \mathbf{a}_y) \tag{5.94}$$

と与えられることがわかる。ここで上下の記号は，式（5.91）におけるエネルギーの正および負の分岐に関連している。スピン流は，二次元の電子気体の平面にあって，ナノワイヤにおいて，運動量方向に対してつねに垂直である（事実，スピン流はその方向にかかわらず運動量に対してつねに正である）。これは，スピンフィルタおよびほかのスピントロニクス応用において利用できる。

5.3 アンサンブルモンテカルロ法

上記のボルツマン輸送方程式の使用，およびこの方程式を解くためにさまざ

5.3 アンサンブルモンテカルロ法

まなグループによって使用されている開発された技術は，非放物線状のエネルギーバンドや複雑な散乱過程を有する半導体の本来の状況において，厳密に値を求めるのはきわめて困難である。代替方法としては，確率的な方法論で輸送問題を完全に解くためにコンピュータを使用することが挙げられる。**アンサンブルモンテカルロ（EMC）法**が，半導体材料およびデバイスでの平衡状態から遠い状態の輸送現象をシミュレートするための数値解析法として 50 年以上ものあいだ用いられてきた。そしてそれは，多くの総説の対象となってきた[34)-36)]。この節でのアプローチは，方法論を導入して，それがどのように行われるかについて説明することである。多くの人々は EMC 法が実際にボルツマン方程式を解析すると思っているであろうが，これは長い時間の極限においてだけ正しい。短い時間において EMC は，実際のところその問題に対する最も正確なアプローチといえる。

EMC は，一般のモンテカルロ法周辺で確立され，そこでは，衝突過程に従う粒子の確率的な運動をシミュレーションするためにランダムウォークが発生する。これらの衝突は，例えば式（5.4）に現れる運動量緩和過程およびランダムな力の両方をもたらす。ランダムウォークおよび確率的な技法は，複雑な複数の次元の積分の値を求めるために用いることができる[37),38)]。モンテカルロ法を輸送現象に適用する場合，キャリヤの基本的な自由飛行をシミュレートして，瞬間的な散乱事象を伴うこの飛行をランダムに中断する。そして，それはキャリヤの運動量（及びエネルギー）をシフトすることになる。ここで，各自由飛行の長さ，そして適切な散乱過程の選択は加重確率によって選択され，そこでは輸送過程の物理に従って調整される加重を伴う。このようにして，非常に複雑な物理は（ほとんどの場合で大規模な計算時間になったとしても），その数式のいかなる付加的な複雑さもなしに導くことができる。シミュレーションにかかる適当な時間において，関心のある量（例えば移動速度，平均エネルギー，その他）を決定するために平均値が計算される。キャリヤのアンサンブルをシミュレーションすることによって，モンテカルロ法の手順で通常使われる単一のキャリヤよりもむしろ，キャリヤ分布の非定常的で時間依存的な発

展,および適当なアンサンブル平均が,時間平均のいかなる必要性にも頼ることなく,非常に容易に決定できる。

まず始めに,ボルツマン方程式は,EMC過程におけるステップを例示する方法として,経路積分で記述される。この中で,左側上の流動項は六次元位相空間の「経路」に沿った時間運動の一般導関数の偏微分として記述され,このときこれは分布関数に関する閉形式積分方程式を展開するために用いられる。この積分自体は,反復的な技術を開発するために用いられているが,モンテカルロ法の手順とボルツマン方程式との間の結合の一つの基礎を提供する。シミュレーションを開始するために,ボルツマン方程式は

$$\left(\frac{\partial}{\partial t}+\mathbf{v}\cdot\nabla+e\mathbf{F}\cdot\frac{\partial}{\partial \mathbf{p}}\right)f(\mathbf{p},\mathbf{r},t)$$
$$=-\Gamma_0 f(\mathbf{p},\mathbf{r},t)+\int d^3\mathbf{p}' P(\mathbf{p},\mathbf{p}')f(\mathbf{p}',\mathbf{r},t) \quad (5.95)$$

と記述され,ここで

$$\Gamma_0=\int d^3\mathbf{p}' P(\mathbf{p}',\mathbf{p}) \quad (5.96)$$

は,**外部**(out)**散乱確率**の総量である。すなわち式(5.96)は,この状態からの粒子の散乱により,$f(\mathbf{p},\mathbf{r},t)$で記述される状態の占有確率の減少の割合を表す。式(5.95)における残りの散乱項は,この状態の中への粒子の相補的な散乱を示す。

この点において,位相空間の軌道に沿った分布関数の運動を記述する変数に変換するのが便利である。通常は分布関数の運動について考えるのは困難であるが,おそらく,分布関数を特徴づける典型的粒子の運動を考えるのはより容易であろう。このため,その運動は六次元位相空間に記載されており,ここで考慮されている1粒子分布関数に対しては十分である[39]。この軌道に沿った座標はsであるとし,その軌道は半古典の軌道によって厳密に定義される。そして,その軌道は古典力学(すなわち,それは作用の極値であるその経路に対応する)の技術のいずれかによって見出される。しかしながら,それがニュートンの法則に従うことを思い出すのは容易である。そこでは,力はすべての可

能性のあるポテンシャルによって誘導されており，デバイスシミュレーション中でのセルフコンシステント（自己無撞着）な力を誘導している．各直角座標は，この変数の関数として

$$\mathbf{r} \to \mathbf{x}^*(s), \quad \mathbf{p}=\hbar\mathbf{k} \to \mathbf{p}^*(s), \quad t \to s \tag{5.97}$$

のようにパラメータ化でき，そして偏微分は

$$\frac{d\mathbf{x}^*}{ds}=\mathbf{v}, \quad \mathbf{x}^*(t)=\mathbf{r}, \quad \frac{d\mathbf{p}^*}{ds}=e\mathbf{F}, \quad \mathbf{p}^*(t)=\mathbf{p} \tag{5.98}$$

の関係により置換され，これらの変形に伴い，ボルツマン方程式は

$$\frac{df}{ds}+\Gamma_0 f = \int d^3\mathbf{p}^{*\prime} P(\mathbf{p}^*, \mathbf{p}^{*\prime}) f(\mathbf{p}^{*\prime}, \mathbf{x}^*, s) \tag{5.99}$$

のように簡単になる．これはいま，比較的解きやすい方程式となっている．この時点で，$P(\mathbf{p}^*, \mathbf{p}^{*\prime})$ は単位時間当りにキャリヤが衝突によって $\mathbf{p}^{*\prime}$ の状態から $\mathbf{p}^*$ へと散乱する確率であり，上述の位相空間での変化のためにこれらの変数は遅延する (retard) ということを思い出すべきである．式 (5.99) はただちに積分因子 $\exp(\Gamma_0 s)$ の使用を促し，その結果この方程式は

$$\frac{d}{\partial s}(f(\mathbf{p}^*)e^{\Gamma_0 s})=\int d^3\mathbf{p}^{*\prime} P(\mathbf{p}^*, \mathbf{p}^{*\prime}) f(\mathbf{p}^{*\prime}, \mathbf{x}^*, s) e^{\Gamma_0 s} \tag{5.100}$$

となる．ここでは，外部電場による加速のためにエネルギーが経路 s に沿って時間に対して増加するにしたがって，それに併せて運動量が発展する．実際のところ，s によって定義される位相空間上ではそのエネルギーは増加しないが，「実験室空間」の座標が復元するにつれて，このエネルギーの増加が現れる（これは，まさに場と運動量に関するゲージの選択である）．実際，大きな時間変化は，運動量それ自体に関わっている．いまボルツマン方程式は

$$f(\mathbf{p}^*, t) = f(\mathbf{p}^*, 0) e^{-\Gamma_0 t} + \int_0^t ds \int d^3\mathbf{p}^{*\prime} P(\mathbf{p}^*, \mathbf{p}^{*\prime}) f(\mathbf{p}^{*\prime}, \mathbf{x}^*, s) e^{-\Gamma_0(t-s)} \tag{5.101}$$

のように書き直すことができる．そして，もし実験空間にふさわしく時間変数を復元するならば

$$f(\mathbf{p}, t) = f(\mathbf{p}, 0) e^{-\Gamma_0 t}$$

$$+ \int_0^t dt' \int d^3\mathbf{p}' P(\mathbf{p}, \mathbf{p}' - e\mathbf{F}t') f(\mathbf{p}' - e\mathbf{F}t', t') e^{-\Gamma_0(t-t')}$$

(5.102)

に至る。この最後の式は，しばしば Chambers-Rees 経路積分[40)]と呼ばれており，反復的な解を得ることができる形式である。

式 (5.102) の積分は，二つの主要な成分を有する。一つ目は，$f(p')$ によって表記されるキャリヤが (P の範囲内の過程によって) 散乱される散乱過程である。二つ目は，電場の影響下において以下のような弾道的ドリフトであり，$\exp[-\Gamma_0(t-t')]$ によって与えられるドリフト時間の確率を有する。モンテカルロアルゴリズムには二つの部分があり，単に確率的に積分の値を算出しているだけであると認めるような積分から成る。それに関する問題は，散乱過程における遅延がないということである。その結果，散乱確率およびエネルギーは経路 $p' - e\mathbf{F}t'$ に沿って即座に運動量の変化に対して反応すると考えられる。すなわち，積分の中の分布関数によって表される粒子数は，前述のドリフトの際中に即座に反応する。本質的には，これはマルコフ過程の仮定であり，長時間の極限でのみ真となる。EMC過程は短い時間内で使用されることができ，変形の伴わない過渡的領域で使用できる。しかし，それはボルツマン方程式の非マルコフ過程の場合の解であって，それは Prigogine-Resibois 方程式と呼ばれている[41)]。

5.3.1 自由飛行モデル

先述のとおり，粒子の動力学は，瞬間的に散乱する事象により中断される自由飛行から成るとみなされる。特定の散乱過程の物理学によると，散乱事象後粒子の運動量およびエネルギーが変わることになる。もちろん，キャリヤが散乱する前にどれくらい長くドリフトするかについては正確に知ることはできない。それが間断なく格子と相互作用するとき，前章で説明したように，第一近似の時間依存摂動法で決定される散乱確率を有するこの過程を近似するだけである。その近似の範囲内で，確率密度 $P(t)$ を導入することによって実際の輸

5.3 アンサンブルモンテカルロ法

送をシミュレーションできる。ここで，$P(t)dt$ は同時確率であって，キャリヤが（$t=0$ での最後の散乱事象のあと）時間 t に散乱することなく到着し，そしてそのときキャリヤがこの時間（すなわち，t を中心に時間間隔 dt の範囲内）で散乱事象を受けるという両方の確率である。時間 t におけるこの短い時間間隔の中で実際に散乱する確率は，$\Gamma[\mathbf{k}(t)]dt$ として書くことができ，ここで $\Gamma[\mathbf{k}(t)]$ は波数ベクトル $\mathbf{k}(t)$ のキャリヤの全散乱確率である（この節では，速度または運動量よりもむしろ，ほぼ排他的にその波数ベクトルを使用する）。この散乱確率は，この波数ベクトル（およびエネルギー）のキャリヤについて発生することのあるそれぞれの散乱過程の寄与の和を示している。明確な時間依存性は，加速をもたらす電場（および磁場）の下における波数ベクトル（およびエネルギー）の発展の結果である。この全散乱確率の観点から，時間 t 後に衝突を受けない確率は

$$\exp\left(-\int_0^t \Gamma[\mathbf{k}(t')]dt'\right) \tag{5.103}$$

で与えられる。このように，自由飛行時間 t（最後の散乱イベントから測定）以後の時間間隔 dt の範囲内の散乱の確率は，同時確率として

$$P(t)dt = \Gamma[\mathbf{k}(t)]\exp\left(-\int_0^t \Gamma[\mathbf{k}(t')]dt'\right)dt \tag{5.104}$$

と表せる。

ランダムな飛行時間は，確率密度 $P(t)$ に従って発生させることができる。例えば，ほぼ不規則な数値の発生は，ほとんどすべての現代のコンピュータで利用可能であり，$[0,1]$ の範囲の乱数を得る。単純で直接的な方法論を使用すると，ランダムな飛行時間は乱数 r によって $P(t)$ からサンプリングされ

$$r = \int_0^t P(t')dt' \tag{5.105}$$

となる。この手法に関して，r が単位間隔で一様に分布されることが本質的であり，その結果 t は，所望の飛行時間となる。式（5.105）に式（5.104）を適用すると

$$r = 1 - \exp\left(-\int_0^t \Gamma[\mathbf{k}(t')]dt'\right) \tag{5.106}$$

が得られる。$1-r$ が統計学的に r と同じであることから，この後者の表式は

$$-\ln(r) = \int_0^t \Gamma[\mathbf{k}(t')]dt' \tag{5.107}$$

と簡略化できる。

方程式（5.107）は，アンサンブルにおける各キャリヤに関するランダムな自由飛行を生成するために用いる基本的な方程式である。加速する電場がない場合，波数ベクトルの時間依存性は消失し，その積分は自明に値が求まる。しかしながら，一般的にはこの単純化は可能ではなく，もう一つの<u>手段</u>に頼るのが良い。ここで，キャリヤに影響を及ぼさない架空の散乱過程を導入する。この方法は**自己散乱**と呼ばれ，キャリヤのエネルギーおよび運動量はこの方法のもとで不変である[42]。すべての散乱確率が一定であるというこのような状態にこの過程に対するエネルギー依存性を割り当てることで

$$\Gamma_{\text{self}}[\mathbf{k}(t)] = \Gamma_0 - \Gamma[\mathbf{k}(t)] = \Gamma_0 - \sum_i \Gamma_i[\mathbf{k}(t)] \tag{5.108}$$

と記述でき，そしてその和はすべての実際の散乱過程にわたって行う。自己散乱過程はキャリヤに対する効果をもたないので，それは観測可能な輸送特性をまったく変えない。しかしその導入は自由飛行時間の値の算出を容易にし

$$t = -\frac{1}{\Gamma_0}\ln(r) \tag{5.109}$$

となる。その全散乱確率係数 Γ_0 は，シミュレーション間隔の間に生じる最大の散乱より大きくなるように先験的に選択される。最も単純な場合では，一つの係数がシミュレーションを通して全体で使われる（定ガンマ法）。ただし，より計算を効率化するためには，一定の時間が進むにつれて Γ_0 の値を修正するなどの方式が提案されている。

5.3.2 散乱後の終状態

式（5.102）のほかの部分は，散乱過程である。典型的な電子は，（前節の方法によって任意に選択された）時間 t において，運動量 $\mathbf{p}_a$，位置 $\mathbf{x}_a$ およびエネルギー E で特徴付けられる状態に達する。このとき，加速される飛行期間

は散乱されないという確率から決定される。それは乱数 r_1 によって上述のように与えられ，間隔 $[0, 1]$ の間に存在する。この時点で，エネルギー，運動量および位置は，加速的な周期の期間に，電場からこれらの値に与えられたエネルギーに従って最新の値となる。すなわち，時間 t の間に印加された電場中で与えられた電子が加速されるに従って，運動量およびエネルギーを得ることになる。一旦これらの新しい動的な変数がわかると，さまざまな散乱確率は，いまこの粒子のエネルギーについて値を求めることができる（実際には，これらの確率は，通常，計算速度を上げるためのテーブルとして保存されている）。典型的な確率は，第二の乱数 r_2 に依存して密接な関係がある散乱過程として選択され，それはつぎの方法で使われる。すべての散乱過程は，過程1，過程2，...，過程 $n-1$，そして最後には自己散乱過程といった順序で並んでいる。これらの散乱過程の順番は，すべてのシミュレーションの間に変化しない。それゆえ，時間 t において

$$\sum_{i=1}^{s-1} \Gamma_i[E(t)] < r_2 \Gamma_0 < \sum_{i=1}^{s} \Gamma_i[E(t)] \tag{5.110}$$

に従って，この新しい乱数 r_2 を使用することができる。このようにして，過程 s が選択される。このとき，エネルギーおよび運動量の保存関係は，散乱後の運動量およびエネルギー $\mathbf{p}_2$ および E_2 を決定するために用いられる（すなわち，$E_2 = E \pm \hbar\omega_0$ は，過程がそれぞれ吸収か放出であるかによって決まり，運動量は，フォノン運動量に起因して最適化される）。

付加的な乱数は，例えば散乱過程に関連する角度 θ や ϕ のように，散乱過程によって十分に定義されない運動量の個々の要素の値も算出するために用いられる。例えば，極性散乱において，その天頂角は，マトリックス要素の $1/q$ の変化によって十分に定義される。一方で，方位角 ϕ の変化はマトリックス要素によって特定されない。その結果，ϕ は $2\pi r_3$ として第三の乱数によって，ランダムに選択される。無極性光学および音響フォノン散乱のような等方性散乱過程では，両角度はランダムに選択される。これらの角度の分布に従って，第四の乱数は，天頂角を選択するために用いられる。もう一度，極性光学散乱を具体例として考えてみよう。天頂角 θ を通した散乱の確率は，加重された δ

関数によるマトリックス要素の2乗によって与えられ，それは $1/q^2 = 1/|\mathbf{k}-\mathbf{k}'|^2$ に比例する角確率を与える．これは，まさに規格化されない関数

$$P(\theta) = \frac{\sin\theta}{2E \pm \hbar\omega_0 - 2\sqrt{E(E \pm \hbar\omega_0)}\cos\theta} \tag{5.111}$$

である．このとき，この分布関数は，つぎの方程式を通じて乱数 r_4 を有する散乱角 θ を選択するために用いられ

$$r_4 = \frac{\int_0^\theta P(\theta')d\theta'}{\int_0^\pi P(\theta')d\theta'} = \frac{\ln[(1-\xi\cos\theta)/(1-\xi)]}{\ln[(1+\xi)/(1-\xi)]} \tag{5.112a}$$

ここで

$$\xi = \frac{2\sqrt{E(E \pm \hbar\omega_0)}}{(\sqrt{E} - \sqrt{E \pm \hbar\omega_0})^2} \tag{5.112b}$$

である．最終的に，この最後の表式は，この乱数により選択される実際の散乱角度を得るために，逆数をとることができ

$$\theta = \cos^{-1}\left[\frac{(1+\xi) - (1+\xi)^{r_4}}{\xi}\right] \tag{5.113}$$

として得られる．この方法は，非放物線状のバンドに容易に拡張される．

散乱過程を完了したあとに得られる動的な変数の最終セットは，つぎの反復のための初期セットとして使われ，その過程は数10万サイクルの間続けられる．この特定のアルゴリズムは，完全にベクトル化（および／または並列化）に従うものである．高速ワークステーションではこのような巧妙さは必要ではないが，そのプログラムはほとんどのPCでパイプライン化された構成ではかなり効率的である．一つの一般的な変形として，プログラムは，さまざまな散乱過程のすべてがエネルギーの関数として格納される，大きな散乱するマトリックスをつくることから始める．すなわち，この散乱テーブルはエネルギーにおいて1 meVの増分に対して設定できる．これは，自己散乱過程を含む．エネルギーは離散化され，そして，エネルギーにおける各基本的ステップの大きさは，調べられている物理的な状況の命令（dictates）によってセットされる．

そのとき初期の分布関数は見積もられ，実際にシミュレーションされているN個の電子は，平衡アンサンブルに対応するエネルギーおよび運動量の初期値を与えられる。そして，それらは位置の初期値およびシミュレーションされている物理的な構造に対応するほかの可能性のある変数を与えられる。この時点で，$t=0$である。もしキャリヤ間の力が分子動力学的相互作用によって実空間で計算されるならば，これらの力の初期値も，空間中の初期分布に応じて計算される。式（5.89）によると，初期化処理の一部は，時間t_1におけるN個の電子のそれぞれ時間t_1を割り当てることでもあり，そして，それはその自由飛行を終えて散乱を受ける個々の時間である。それから，各電子はその自由飛行および散乱過程を受け，そしてそれは自己散乱であっても良い。新しい時間が各粒子に対して選択され，そして要求される限り，その過程は繰り返される。

5.3.3 時間同期

粒子のアンサンブルを扱う際の鍵となる問題は，各粒子が独自の時間的尺度を有するということである。しかしながら，ドリフト速度および平均エネルギーといった量のためのアンサンブル平均を計算したい。そこで前者は

$$\mathbf{v}_d(t) = \frac{1}{N}\sum_{i=1}^{N} \mathbf{v}_i(t) \tag{5.114}$$

と定義される。最高の精度を得るためには，すべての粒子が同じ時間tに整列されていることを必要とする。そして，ここではシミュレーションの初期から実行する。このように，グローバルな時間的尺度でシステムを上書きすることを必要とし，それによって，それぞれの局所的な粒子の時間的尺度は同期できる。実際，これはグローバルな時間変数Tを導くことにより達成され，ここでは$n\Delta T$としたステップに離散化される。それからこの時間ステップの整数倍において，すべての粒子はそれらの自由飛行中に止められ，そしてアンサンブル平均が計算される。式（5.102）に記述されているように，各粒子は加速および散乱の過程からなる自由飛行を有する。通常，同期時間T'における到

達は,自由飛行のうちの一つの期間に存在する。このように,自由飛行は,この時点で止められ,パラメータが計算され,それから粒子全体にわたる平均に含められる。一旦これがなされると,粒子はその散乱時間に達するまで,その自由飛行を続ける自身の経路上に送られる。この方法は非常に効果的ではあるが,これはアルゴリズムの中により多くの行数をもたらすことになる。

もし,例えば分子動力学を介した実空間の電子-電子相互作用,あるいは非平衡フォノンまたは縮退誘起の散乱後の最終状態の充填といった非線形効果が組み込まれている場合,そのときこれらの過程は同様に T の時間的尺度の休止でアップデートされる。この意味で,第二の時間的尺度を課すことは,分布を同期させて,グローバルな,つまり実験室レベルでの,実験に対する意味ある時間的尺度を与える。

5.3.4 非線形過程での棄却法

極性のある光学フォノン散乱の場合,実際に角度確率関数(5.111)を積分することは可能であった。これは必ずしもこういった場合になるわけでもなく,それゆえほかの統計方法に訴えなければならない。これらのうちの一つは,いわゆる棄却法と言われている。例えば式(5.111)のように,その過程に関する確率密度関数がきわめて非線形で,全確率を得るために容易に積分できないと仮定する。そのとき,その角度の値を求めるために,一対の乱数 (r_1, r_2) を使用することができる。**図 5.3** を考えると,そこでは複雑な確率密度関数がプロットされている。ここで,x 座標の最大値は 1 であり,よって,

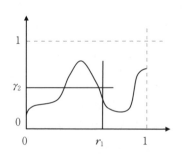

図 5.3 非線形関数に対するリジェクション法の図。ここで,ランダムな数 r_1 および r_2 は,曲線上のそれぞれの交点において棄却される。このとき,第二の自己散乱または第二の試行のための新たなランダム数のペアを選択することができる。

5.3 アンサンブルモンテカルロ法

関数の変数の範囲は 0 から 1 となる（適当な規格化のために，例えば π といったほかの値を使うことも容易にできる）．関数の最大値も 1 近くに設定されている．そして，乱数の幅に，これをつねに繰り込むことができる．現在，第一の乱数は，関数（x 軸）の幅に対応するためにとられる．これは，値を求めることになっている関数の変数を決定する．例えば，これが $r_1 = 0.75$（これは，図の点線により示される）であると仮定しよう．ここで，$f(r_1) > f(\gamma_2)$ かどうかを決定するために第二の乱数を使用する．もしこの関係が保たれるならば，値 r_1 は関数の議論のために受理される．そして，散乱過程はこの値で続けられる．一方で，もしその関係が有効でない場合，二つの新しい乱数が選択され，その方法は繰り返される．たしかに，関数が大きいときの r_1 の値は，この棄却過程においてさらに加重される．これについて二つの重要な過程においてさらに詳細に考える．その過程は，（1）電子気体の縮退による状態の充填（2）非平衡フォノンである．

モンテカルロ法の有効性を例示するために，EMC 過程のいくつかの実施例について考えてみる．**図 5.4** に，77 K での InSb における電子の速度および平均エネルギーを示す．おもな散乱は極性光学フォノンであり，平均エネルギーが急速に約 400 V/cm を超えて増加する場合であっても，ドリフト速度の本当の飽和は発生していない．この材料では，77 K において約 200 V/cm でイ

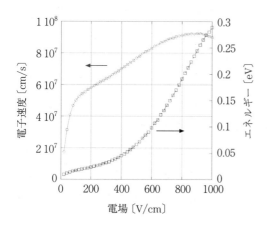

図 5.4 EMC 過程によって決定された，印加された電場の関数とした 77 K での InSb の電子の速度および平均エネルギー．

ンパクトイオン化が始まることが観測されている[43),44)]。図 5.5 では，InGaN の電子についての過渡的な速度および平均エネルギーが示されている。その構成は，エネルギーギャップが 1.9 eV となっている。電子は，電場パルスの始まりから約 50 fs 後に，小さな速度オーバーシュートを示す。ここでの平均的電場は，200 kV/cm である。

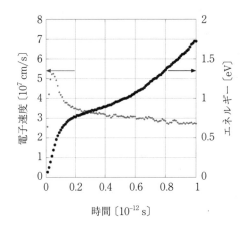

図 5.5　室温における InGaN 内の電子の過渡的な速度と平均エネルギー。

縮退およびフェルミ-ディラック統計は，棄却法に基づく第二の自己散乱過程[45),46)]の概念に基づいて導入された。それは第二の自己散乱と呼ばれており，その理由は，もし状態 $f(r_1) > f(\gamma_2)$ が満たされない場合，正確に棄却を自己散乱過程として扱い，それは以前に導かれたものと同じであるためである。それぞれの散乱過程は $[1-f(E)]$ の因子を含まなければならない。ここで $f(E)$ は動的な分布関数であり，散乱のあとの終状態が空である確率を表す。分布関数が縮退を取り入れるために発展するとき，散乱確率を再計算するよりはむしろ，あたかも最終的な状態がつねに空であるかのように，すべての散乱確率は計算される。運動量空間の格子は維持されており，各状態の粒子の数は追跡される（この格子の各セルは，セルの大きさに依存するそのセルの中のすべての状態の数で割った占有率を有し，そのセル中の分布関数の値を提供している）。散乱過程それ自体は求まるが，過程の受理は棄却に依存する。すなわち，もし

$$r < 1 - f(\mathbf{p}_{\text{final}}, t) \tag{5.115}$$

ならば，付加的な乱数はその過程を受理するために用いられる．このように，状態が満たされるにつれて，その状態の中の大部分の散乱イベントは棄却されて，自己散乱過程とみなされる．

縮退法で最もデリケートな点は，分布関数 $f(\mathbf{p})$ の規格化を含むことにある．アンサンブルモンテカルロアルゴリズムへの第二の自己散乱法の拡張は，N 個の電子がシミュレーションアンサンブルに存在するという事実を含み，それは n の電子密度を表す．シミュレーションされている「実空間」の有効体積 V は，N/n である．$\mathbf{k}$-空間において単一のスピンの許される波数ベクトルの密度は，ちょうど $V/(2\pi)^3$ となる．三次元の波数ベクトル空間の格子を組み立てる際，基本セルの体積は $\Omega_k = \Delta k_x \Delta k_y \Delta k_z$ で与えられる．すべてのセルは N_c 電子まで収容でき，ここで $N_c = 2\Omega_k V/(2\pi)^3$ であり，ここでは 2 の係数は電子スピンによるものである．例えば，密度が $10^{17}/\text{cm}^3$, $N = 10^4$, および $\Delta k_x \Delta k_y \Delta k_z = (2 \times 10^5/\text{cm})^3$ (77 K において $k_F = 2.4 \times 10^6/\text{cm}$) ならば，そのとき $V = 10^{-13} \text{cm}^3$ および $N_c = 6.45$ となる．N_c は，運動量空間における格子の一つのセルの最大の占有率を構成する（明らかに，便宜的にパラメータをより慎重に選択すれば，N_c が整数となるようにすることができる）．分布関数は，各セルの電子の数を数えることによって，運動量空間の格子を通じて定められる．分布関数は，棄却法での使用のため，各セルにおいて N_c で割ることで 1 に規格化されている．（もし上記の場合のように，数値が適切に働かないならば）整数値への四捨五入によって重要な統計エラーが生じないために，N_c は十分に大きい値にする必要があることを知っておくべきである．

キャリヤの縮退の存在を利用した EMC 法のもう一つの応用は，半導体中の電子-正孔キャリヤのピコ秒（またはさらに短い）励起現象の研究である．これらは，さまざまな方法によって，測定されたキャリヤの特性と比較されることができる[47]．図 5.6 において，この種の比較を示す．ここでは，単一粒子ラマン散乱は，伝播方向に沿った分布関数を測定するために用いられている．これらは，フォノンの代わりにキャリヤによって導入されるラマンシフトを使

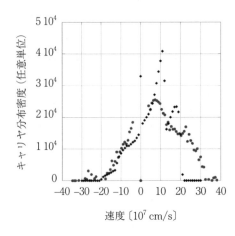

図5.6 InNにおける単一粒子ラマン散乱強度（●）と，そのピコ秒の励起電子に関する過渡的なEMCシミュレーションによって決定された分布（◆）との比較。

ってなされている．特定のシフトにおいて後方散乱された信号は，そのときにその速度を有するキャリヤの数と比例している．図5.6の結果は，InNにおけるこの種の測定値に関するものである[48]．有効質量がより小さいため，その散乱信号は，おもに電子からのものであるといえる．EMC計算手法において使用された電子の有効質量は，$0.045\,m_0$である．これについていくらかの議論はあるが，この値は通常許容されている値である．

2番目の使用例は，非平衡フォノン分布の考察である[49]．この章の初めに示されたことの派生として，フォノンが平衡状態にあり，N_qによって特徴づけられるという仮定がなされた．しかしながら，多くの状況下（例えば高強度のレーザーパルスによる半導体の励起）で，キャリヤはエネルギーバンドの中に高く生成され，そして，フォノンのカスケード放出過程によって減衰する．このカスケード過程の結果，フォノン分布は平衡状態からずれて，キャリヤがフォノンと相互作用することによる放出および吸収過程に影響する．前述のとおり，フォノンの運動量には，**k**よりはむしろ**q**を使用する．もう一度，運動量空間はフォノン分布に関して離散化される．その結果，この離散化された空間における個々のセルは体積$\Delta q_x \Delta q_y \Delta q_z$を有することになる．この小さな体積は，以前に$V/(2\pi)^3$によって与えられた許容される状態の数を有しており，ここでは，p.221で示したとおり，Vは有効なシミュレーション量N/nで決

5.3 アンサンブルモンテカルロ法

定される．キャリヤ縮退に関する状態の充填とフォノン状態の充填の違いは，状態の中に存在できるフォノンの数に対する制限がないということである．基本的なアプローチは，フォノンが平衡状態の外にあると仮定して行われる．そして，キャリヤ散乱過程は，仮定された $N_{\max}(\mathbf{q})$ により算出される．そのとき，シミュレーションの中では，波数ベクトル $\mathbf{q}$ で放出または吸収される多くのフォノンは，慎重に観察される．グローバルな時間的尺度の同期時間で，運動量空間の各セルのフォノン占有率は，その時間ステップの間に集められた放出／吸収の統計によって更新される．フォノンの減衰も含まれていなければならず，そこでは格子振動のほかのモードへの 3-フォノン過程を介しており，その結果，更新アルゴリズムは

$$N(\mathbf{q}, t+\Delta t) = N(\mathbf{q}, t) + G_{\mathrm{net}, \Delta t}(\mathbf{q}) - \left[\frac{N(\mathbf{q}, t) - N_{\mathbf{q}0}}{\tau_{\mathrm{phonon}}}\right]\Delta t \qquad (5.116)$$

のように簡単化される（3.5.2 項を参照）．ここで $N_{\mathbf{q}0}$ は平衡状態での分布であり，$G_{\mathrm{net}, \Delta t}(\mathbf{q})$ は時間ステップの間の特定のセルにおける正味のフォノン生成（放出量－吸収量）である．そして，τ_{phonon} はフォノン寿命である．シミュレーションの間，それぞれのフォノンの散乱過程は，推定されるフォノンの占有率の最大値が存在するかのように求まる．そのとき，棄却法が用いられ，それによって

$$r_{\mathrm{test}} > \frac{N(\mathbf{q}, t)}{N_{\max}} \qquad (5.117)$$

が満たされる場合，フォノン散乱過程は棄却される（そして，第二の自己散乱プロセスであるとみなされる）．ここで $N_{\max}$ は，散乱行列を準備する際にみなしたピークの値である．これはすべてのフォノン波数ベクトルに対する係数であるとみなされるが，これは必要ではない．より高度な方法としては，運動量に依存するピーク占有率を使用する．

演習問題

問 5.1 アインシュタインの関係式は，非縮退統計に関して導出される。キャリヤ密度のフェルミ積分の表式を使って，縮退統計の場合について再び導出しなさい。

問 5.2 有効質量が $m^* = 0.5\, m_0$，移動度が $10^3\,\mathrm{cm^2/Vs}$ の電子について，300 K での平均自由行程を求めなさい。100 V/cm の電場について，衝突と衝突の間の平均自由時間と電子のドリフト長を計算しなさい。

問 5.3 Si においてホール電圧が消失するとき，正孔と電子の相対数はいくらか。ホール因子は 1，温度は 300 K として考えなさい。

問 5.4 移動度比 b を 10 として，与えられた温度においてホール係数がゼロとなるアクセプター密度の値を得る関係を示しなさい。

問 5.5 イオン化不純物散乱と音響型変形ポテンシャル散乱のみを使って，結果として平均緩和時間が簡単に計算できるようにし，n 型 Ge に関する W. W. Tyler and H. H. Woodbury：*Phys. Rev*, **102**, 647 (1956) のデータを解析しなさい。不純物密度と変形ポテンシャルは任意の値とする。

問 5.6 $2 \times 10^{12}/\mathrm{cm^2}$ のキャリヤ密度を有する擬二次元の自由電子ガスを考えなさい。シュブニコフード・ハース振動に関して期待される周期は（$1/B$ の単位で）いくらになるか。スピン分裂は無視しなさい。

問 5.7 アンサンブルモンテカルロ法を用いて，速度-電場およびエネルギー-電場の曲線を 77 K での InSb と InAs 中の電子について計算しなさい。ただし，キャリヤ密度は $10^{14}/\mathrm{cm^3}$ とする。それぞれの場合において，計算において仮定されるパラメータの表を与えなさい（それぞれの値の引用文献を示しなさい）。単純化のため，伝導帯は放物線状で，音響および極性光学フォノンと不純物のみを考慮しなさい。

引用・参考文献

1) N. N. Bogoliubov : *J. Phys. Soviet Un.*, **10**, 256 (1946)
2) M. Born and H. S. Green : *Proc. Roy. Soc.* A, **188**, 10, London (1946)
3) J. G. Kirkwood : *J. Chem. Phys.*, **14**, 180 (1946)
4) J. Yvon : *Act.Sci. Ind.*, **542, 543**, Herman, Paris (1937)
5) D. K. Ferry : *Semiconductors*, pp. 179-185, Macmillan, New York (1991)
6) K. Hess and P. Vogl : *Phys. Rev.* B, **6**, 4517 (1972)
7) P. Price : in *Fluctuation Phenomena in Solids*, Ed. by R. E. Burgess, pp. 355-80, Academic, New York (1965)
8) J. Nougier and M. Rolland : *Phys. Rev.* B, **8**, 5728 (1973)
9) J. M. Ziman : *Electrons and Phonons*, Ch. 12, Clarendon Press, Oxford (1960)
10) D. K. Ferry : *Quantum Mechanics*, 2nd Ed., Inst. Phys. Publ., Bristonl (2001)
11) See, e.g., L. D. Landau and E. M. Lifshitz : *Quantum Mechanics: Non-Relativistic Theory*, Ch. 16, Pergamon, London (1958)
12) C. Kittel : *Quantum Theory of Solids*, p. 220, Wiley, New York (1963)
13) K. von Klitzing, G. Dorda, and P. Pepper : *Phys. Rev. Lett.*, **45**, 494 (1980)
14) See, e.g., J. E. Avron, D. Osadchy, and R. Seiler : *Physics Today*, **56**(8), 38 (2003)
15) R. Laughlin : *Phys. Rev.* B, **23**, 5632 (1981)
16) J. Zak : *Phys. Rev.*, **134**, A1602 (1964)
17) D. R. Hofstadter : *Phys. Rev.* B, **14**, 2239 (1976)
18) D. Tsui, H. L. Störmer, and A. C. Gossard : *Phys. Rev. Lett.*, **48**, 1559 (1982)
19) R. B. Laughlin : *Phys. Rev. Lett.*, **50**, 1395 (1983)
20) D. K. Ferry, S. M. Goodnick, and J. P. Bird : *Transport in Nanostructures*, 2nd Ed., Cambridge Univ. Press, Cambridge (2009)
21) P. Zeeman : *Phil. Mag.*, **43**, 226 (1897)
22) M. Oestreich and W. W. Rühle : *Phys. Rev. Lett.*, **74**, 2315 (1995)
23) S. Datta and B. Das : *Appl. Phys. Lett.*, **58**, 665 (1990)
24) I. Žutic, J. Fabian, and S. das Sarma : *Rev. Mod. Phys.*, **76**, 323 (2004)
25) S. Murakami, N. Nagaosa, and S. Zhang : *Science*, **301**, 1348 (2003)
26) Y. A. Bychov and E. I. Rashba : *J. Phys.* C, **17**, 6039 (1984)
27) J. Inoue, G. E. W. Bauer, and L. W. Molenkamp : *Phys. Rev.* B, **70**, 041303 (2004)
28) B. K. Nikolic, S. Souma, L. B. Zarbo, and J. Sinova : *Phys. Rev. Lett.*, **95**, 046601 (2005)
29) A. W. Cummings, R. Akis, and D. K. Ferry : *Appl. Phys. Lett.*, **89**, 172115 (2006)

30) J. Jacob, G. Meier, S. Peters, T. Matsuyama, U. Merkt, A. W. Cummings, R. Akis, and D. K. Ferry : *J. Appl. Phys.*, **105**, 093714 (2009)
31) G. Dresselhaus : *Phys. Rev.*, **100**, 580 (1955)
32) J. J. Sakurai : *Advanced Quantum Mechanics* (Addison-Wesley, Reading, MA., 1967) pp. 85-87
33) A. W. Cummings, R. Akis, and D. K. Ferry : *J. Phys. Condens. Matter*, **23**, 465301 (2011)
34) C. Jacoboni and L. Reggiani : *Rev. Mod. Phys.*, **65**, 645 (1983)
35) C. Jacoboni and P. Lugli : *The Monte Carlo Method for Semiconductor Device Simulation*, Springer-Verlag, Vienna (1989)
36) K. Hess : *Monte Carlo Device Simulation: Full Band and Beyond*, Kluwer Academic, Boston (1991)
37) K. Binder, Ed. : *Monte Carlo Methods in Statistical Physics*, Springer-Verlag, Berlin (1979)
38) M. H. Kalos and P. A. Whitlock : *Monte Carlo Methods*, New York, Wiley (1986)
39) H. Budd : *J. Phys. Soc. Jpn.* (Suppl.), **21**, 424 (1966)
40) H. D. Rees : *J. Phys. C*, **5**, 64 (1972)
41) H. J. Kreuzer : *Nonequilibrium Thermodynamics and Its Statistical Foundations*, Oxford University Press, London (1981)
42) H. D. Rees : *J. Phys. Chem. Sol.*, **30**, 643 (1969)
43) J. C. McGroddy and M. I. Nathan : *J. Phys. Soc. Jpn.* (suppl.), **21**, 437 (1966)
44) D. K. Ferry and H. Heinrich : *Phys. Rev.*, **169**, 670 (1968)
45) S. Bosi and C. Jacoboni : *J. Phys. C*, **9**, 315 (1976)
46) P. Lugli and D. K. Ferry : *IEEE Trans. Electron Dev.*, **32**, 2431 (1985)
47) R. R. Alfano, Ed. : *Semiconductors Probed by Ultrafast Laser Spectroscopy*, Academic, Orlando (1984)
48) L. W. Liang, K. T. Tsen, C. Powleit, D. K. Ferry, S.-W. D. Tsen, H. Lu, and W. J. Schaff : *Phys. Stat. Sol.* (c), **2**, 2297 (2005)
49) P. Lugli, C. Jacoboni, L. Reggiani, and P. Kocevar : *Appl. Phys. Lett.*, **50**, 1251 (1987)

索引

【あ】

アインシュタインの関係式　185, 200
圧縮応力　96
圧電効果　131
圧電散乱　148
圧電相互作用　130
粗い粒子化　174
アンサンブルモンテカルロ法　2, 4, 6, 208

【い】

イオン化不純物散乱　147
移動演算子　36
一次散乱　138
移動度　2, 4, 9

【う】

ウムクラップ過程　137
ウルツ鉱結晶　106
運動量演算子　68

【え】

エバルト和　112
エルミート　29, 36
エルミート共役　36

【お】

音響型変形ポテンシャル　126, 138
音響モード　89, 94

【か】

拡散　184
拡散係数　2, 4, 185
殻模型　103
化合物半導体　1
重なり積分　127
仮想結晶ポテンシャル　73
仮想結晶模型　159
価電子帯　5
価電子力場模型　105
緩和時間近似　4, 9, 178

【き】

棄却　220
棄却法　218
擬ポテンシャル　23, 111, 114
逆格子ベクトル　31, 123, 124
キャルコパイライト変形　76
球対称バンド　126
球対称ポテンシャル　44
強調平面波法　44
共有結合半導体　105
極性光学フォノン散乱　144
極性モード　102, 144

【く】

空乏層　154
グラフェン　30
グラフェン電子系　5
クーロン散乱　151
クーロン相互作用　8

【け】

結晶運動量　59, 66
結晶ポテンシャル　12, 13
ゲート酸化膜　4

【こ】

高温近似　128, 129
光学型結合定数　138
光学遷移　5
光学モード　90
合金散乱　72, 159, 160
格子欠陥散乱　161
格子振動　4, 6, 90
格子力学　7, 9, 83
構造反転非対称性　203, 206
混晶比　1

【さ】

最近接相互作用　25, 32
最低伝導帯　6
散乱断面積　148

【し】

シェル模型　103
時間周期　218
磁気長　191
磁気伝導度　186
自己散乱　214
自己散乱過程　216, 221
自己相関関数　157
四面体結晶構造　34
四面体配位半導体　96
終状態　214
自由飛行　209
自由飛行モデル　212
シュブニコフード・ハース効果　193
準運動量　67, 68
準粒子　12, 66
人工格子　1

【す】

スティフネス定数　98, 99

【せ】

スピン-軌道相互作用 12, 54, 202
スピンホール効果 208
ゼーマン効果 201
ゼロ次散乱 134
閃亜鉛鉱型格子 34, 100, 160
閃亜鉛鉱型構造 108
選択則 136
せん断応力 97
せん断歪み 96
せん断ポテンシャル 130

【そ】

双曲線バンド 63

【た】

第一原理アプローチ 111
第一伝導帯 6
第二ルジャンドル多項式 52
ダイヤモンド構造 2, 108
楕円体バンド 129
縦波光学モード 102
ダングリングボンド 151
弾性散乱 128
弾性スティフネス定数 96
断熱近似 9, 83, 111

【ち】

チャーン数 197
調和振動子 92, 93
直交化平面波法 45

【て】

ディラック点 165
ディラックバンド 155
デバイ遮蔽 146
デバイ遮蔽の距離 131
デバイ遮蔽の波数 148, 162
転位 162
転位散乱 163
電荷捕獲中心 151

電界効果デバイス 2
電気伝導度 9
電子-格子相互作用 9
電子親和力 159
電子正孔の溜り 165
電子バンド構造 3
電子-フォノン相互作用 7, 122
伝導帯 5
伝導度 180

【と】

動的遮蔽 145
トーマス-フェルミ遮蔽 107
トーマス-フェルミ遮蔽の波数 148
トンネル効果 4

【な】

ナノスケールデバイス 2

【は】

パウリのスピン行列 59, 204
バーテックス補正 203
ハートリー近似 22
ハートリー-フォック近似 22
ハートリーポテンシャル 154
バルク反転非対称性 203, 208
バレー間散乱 133
半経験的タイトバインディング法 40
反転層 151, 154, 157
バンド間散乱 133
バンド構造 6
バンドゾーン境界 18

【ひ】

ピエゾ相互作用 130
ピエゾ効果 131
ピエゾ散乱 148
非局所擬ポテンシャル 50
非極性光学フォノン 140

非縮退半導体 152
非弾性散乱過程 133
非調和項ポテンシャル 115
非調和力 115
非放物線バンド 123
表面粗さ散乱 156

【ふ】

フェルミの黄金則 116, 117, 124
フォノン寿命 115, 118
複素転置行列 36
フックの法則 94, 96
ブリユアンゾーン 2, 3, 83
ブロッホ関数 16
ブロッホ状態 69
ブロッホ振動 67
ブロッホ波動関数 69
ブロッホ和 32
分数量子ホール効果 199

【へ】

ヘヴィサイドの階段関数 135, 139, 146
ベガード則 75
ヘテロ構造 1
変形ポテンシャル 126, 127, 139

【ほ】

ポアソン方程式 3
膨張ポテンシャル 130
ボーア磁子 201
ボーズ-アインシュタイン分布関数 127
膨張歪み 129
放物線バンド 160
ホール効果 9
ボルツマン輸送方程式 3, 4, 172
ボンド電荷 107
ボンド-電荷モデル 107

索引

【ま】
マチーセン則   201

【め】
メゾスコピック構造   151
面心立方格子   34, 71

【も】
モンテカルロアルゴリズム   212

【ゆ】
有効質量   4
有効質量近似   66
有効電荷   100
誘電関数   100
輸送現象   2

【よ】
横波光学モード   101

【ら】
ランダムポテンシャル   72, 159, 165
ランダウ準位   192, 193
ランダムウォーク   209
ランダム合金   73, 74
ランダム合金理論   72

【り】
リジッドイオン近似   143
リジッドイオン模型   142
リデン-ザックス-テラーの関係式   102
量子ホール効果   196

【る】
ルジャンドル多項式   51

【わ】
湾曲パラメータ   159

【A】
APW   44

【B】
BBGKY 階級方程式   174

【C】
Chern 数   197
Conwell-Weisskopf の方法   148

【D】
Dresselhaus スピン-軌道結合   203
Dresselhaus バルク反転非対称性   208

【F】
f-フォノン   140

【G】
g-因子   202
g-フォノン   136

【H】
Hellmann-Feynman の定理   111

【K】
$k \cdot p$ 法   57
$k \cdot p$ 項   58

【O】
OPW   45

【R】
Rashba エネルギー   207
Rashba 項   207, 208
Rashba スピン-軌道結合   203
Rashba の式   203

【V】
vertex 補正   203

【数字】
2 原子格子   27
II-VI 族半導体   144
III-V 族化合物   141
III-V 族半導体   50, 104, 144

―― 訳者略歴 ――

落合　勇一（おちあい　ゆういち）
1969年　東京教育大学理学部物理学科卒業
1974年　筑波大学技官
1976年　理学博士（東京教育大学）
1977年　筑波大学助手
1980年　筑波大学講師
1989年　文部省国際研究派遣（米国）
1992年　千葉大学助教授
1997年　千葉大学教授
2012年　千葉大学名誉教授

関根　智幸（せきね　ともゆき）
1971年　東京教育大学理学部応用物理学科卒業
1976年　東京教育大学大学院理学研究科博士課程修了（物理学専攻）
　　　　理学博士
1976年　東京教育大学助手
1977年　筑波大学助手
1979年　筑波大学講師
1987年
〜1988年　パリ第6（Pierre et Marie Curie）大学客員研究員
1990年　上智大学助教授
1995年　上智大学教授
2013年　上智大学名誉教授

青木　伸之（あおき　のぶゆき）
1994年　明治大学理工学部電子通信工学科卒業
1996年　北陸先端科学技術大学院大学材料科学研究科博士前期課程修了（物性科学専攻）
1998年　北陸先端科学技術大学院大学材料科学研究科博士後期課程修了（物性科学専攻）
　　　　博士（材料科学）
1999年　千葉大学助手
2004年　日本学術振興会海外特別研究員（米国アリゾナ州立大学フェリー研・兼任）
2007年　千葉大学大学院助教
2008年　千葉大学大学院准教授
2012年　科学技術振興機構さきがけ研究員（併任）
　　　　現在に至る

詳説　半導体物性
Semiconductors—Bonds and bands—
　　　　　　　　　　　© Yuichi Ochiai, Tomoyuki Sekine, Nobuyuki Aoki　2016

2016年5月2日　初版第1刷発行

|検印省略| 訳　者　　落　合　勇　一
　　　　　　　　　関　根　智　幸
　　　　　　　　　青　木　伸　之
　　　　発行者　　株式会社　コロナ社
　　　　　　　　　代表者　牛来真也
　　　　印刷所　　新日本印刷株式会社

112-0011　東京都文京区千石 4-46-10
発行所　株式会社　コ ロ ナ 社
CORONA PUBLISHING CO., LTD.
Tokyo Japan
振替 00140-8-14844・電話(03)3941-3131(代)
ホームページ http://www.coronasha.co.jp

ISBN 978-4-339-00879-1　　（中原）　　（製本：愛千製本所）
Printed in Japan

本書のコピー，スキャン，デジタル化等の
無断複製・転載は著作権法上での例外を除
き禁じられております。購入者以外の第三
者による本書の電子データ化及び電子書籍
化は，いかなる場合も認めておりません。

落丁・乱丁本はお取替えいたします

電子情報通信レクチャーシリーズ

■電子情報通信学会編　　　　　　　　　　（各巻B5判）

白ヌキ数字は配本順を表します。

			頁	本体
㉚ A-1	電子情報通信と産業	西村吉雄著	272	4700円
⑭ A-2	電子情報通信技術史 ―おもに日本を中心としたマイルストーン―	「技術と歴史」研究会編	276	4700円
㉖ A-3	情報社会・セキュリティ・倫理	辻井重男著	172	3000円
⑥ A-5	情報リテラシーとプレゼンテーション	青木由直著	216	3400円
㉙ A-6	コンピュータの基礎	村岡洋一著	160	2800円
⑲ A-7	情報通信ネットワーク	水澤純一著	192	3000円
㉝ B-5	論理回路	安浦寛人著	140	2400円
⑨ B-6	オートマトン・言語と計算理論	岩間一雄著	186	3000円
① B-10	電磁気学	後藤尚久著	186	2900円
⑳ B-11	基礎電子物性工学 ―量子力学の基本と応用―	阿部正紀著	154	2700円
④ B-12	波動解析基礎	小柴正則著	162	2600円
② B-13	電磁気計測	岩﨑俊著	182	2900円
⑬ C-1	情報・符号・暗号の理論	今井秀樹著	220	3500円
㉕ C-3	電子回路	関根慶太郎著	190	3300円
㉑ C-4	数理計画法	山下・福島共著	192	3000円
⑰ C-6	インターネット工学	後藤・外山共著	162	2800円
③ C-7	画像・メディア工学	吹抜敬彦著	182	2900円
㉜ C-8	音声・言語処理	広瀬啓吉著	140	2400円
⑪ C-9	コンピュータアーキテクチャ	坂井修一著	158	2700円
㉛ C-13	集積回路設計	浅田邦博著	208	3600円
㉗ C-14	電子デバイス	和保孝夫著	198	3200円
⑧ C-15	光・電磁波工学	鹿子嶋憲一著	200	3300円
㉘ C-16	電子物性工学	奥村次徳著	160	2800円
㉒ D-3	非線形理論	香田徹著	208	3600円
㉓ D-5	モバイルコミュニケーション	中川・大槻共著	176	3000円
⑫ D-8	現代暗号の基礎数理	黒澤・尾形共著	198	3100円
⑱ D-11	結像光学の基礎	本田捷夫著	174	3000円
⑤ D-14	並列分散処理	谷口秀夫著	148	2300円
⑯ D-17	VLSI工学 ―基礎・設計編―	岩田穆著	182	3100円
⑩ D-18	超高速エレクトロニクス	中村・三島共著	158	2600円
㉔ D-23	バイオ情報学 ―パーソナルゲノム解析から生体シミュレーションまで―	小長谷明彦著	172	3000円
⑦ D-24	脳工学	武田常広著	240	3800円
	D-25	福祉工学の基礎	伊福部達著	近刊
⑮ D-27	VLSI工学 ―製造プロセス編―	角南英夫著	204	3300円

以下続刊

共通
- A-4　メディアと人間　原島・北川共著
- A-8　マイクロエレクトロニクス　亀山充隆著
- A-9　電子物性とデバイス　益・天川共著

基礎
- B-1　電気電子基礎数学　大石進一著
- B-2　基礎電気回路　篠田庄司著
- B-3　信号とシステム　荒川薫著
- B-7　コンピュータプログラミング　富樫敦著
- B-8　データ構造とアルゴリズム　岩沼宏治著
- B-9　ネットワーク工学　仙石・田村・中野共著

基盤
- C-2　ディジタル信号処理　西原明法著
- C-5　通信システム工学　三木哲也著
- C-11　ソフトウェア基礎　外山芳人著

展開
- D-1　量子情報工学　山崎浩一著
- D-4　ソフトコンピューティング
- D-7　データ圧縮　谷本正幸著
- D-13　自然言語処理　松本裕治著
- D-15　電波システム工学　唐沢・藤井共著
- D-16　電磁環境工学　徳田正満著
- D-19　量子効果エレクトロニクス　荒川泰彦著
- D-22　ゲノム情報処理　高木・小池編著

定価は本体価格＋税です。
定価は変更されることがありますのでご了承下さい。

図書目録進呈◆